新编农药经营人员读本

农业农村部农药检定所　编

中国农业出版社
北京

前　言

农药的使用不仅直接关系到农业发展、农民增收致富和国家粮食安全，也与人畜健康、农产品质量和环境保护密切相关。农药作为特殊商品，其经营活动除一般商品经营的基本属性外，还具有自身的特殊属性。一是法律规章的特殊要求。包括经营人员的素质、经营场地的物理环境、药品的摆放、台账管理、可追溯体系的建设等多个方面。二是买卖活动的复杂性。一般商品的买卖活动，消费者对拟购商品的性能、价格比较了解，基本心中有数，容易做决策。而农药的买卖活动则不同，农作物病虫草害千奇百怪，即使是同一种病、虫、草害，地域、气候、季节不同，所需对症之药也不相同；另外，农药的品种、类别、性能又千差万别。除了少数的专业技术人员，一般的农户很难搞明白需要购买什么药。因此，一个合格的农药经营者不仅要关注买卖过程本身，还要更加注重技术指导。从这方面讲，农药经营还是一个技术活，是给植物"看病、开方、抓药"的过程。三是售后服务的复杂性。农药怎么用？何时用？谁来用？包装废弃物如何处理？平时如何存放？……这些问题都需要经营人员对消费者做正确、详细的解答。因此，农药经营活动不仅是"销售"过程，还是"技术推广"和"政策宣传"过程，这是农药经营区别于一般商品经营的显著特点。显然，农药经营人员需要更高的素质。

我国现有 36 万多农药经销户，近 70 万经销人员。从未接受过专业知识培训的经销人员比例达到 1/3。其中，高中以下人员占 90%，初中以下人员达到 50%。总体上看，农药经营人员比较缺乏农药基础知识和相关法律法规知识，与农药行业对经营者的特殊要求有较大的差距。

2017 年 6 月 1 日实施的《农药管理条例》（以下简称《条例》）规定我国实行农药经营许可制度，并明确了经营者的条件、责任和义务等。随后，农业部颁布了《农药经营许可管理办法》（农业部 2017 年第 5 号令，以下简称《办法》），进一步细化了《条例》关于经营许可的相关内容，对经营人员的学历、培训经历、法律法规和专业知识等方面更是明确规定：农药经营者必须具有农学、植保、农药等相关专业中专以上学历或者专业教育培训机构 56 学时以上的培训经历，熟悉农药管理规定，掌握农药和病虫害防治专业知识，能够指导农民安全合理使用农药。

为落实《办法》规定，保证农药经营人员培训的系统性、规范性，增强培训效果，我们组织专家在历次编写的《农药经营人员读本》的基础上编写《新编农药经营人员读本》（以下简称"读本"）。"读本"一方面系统介绍了农业和农药经营发展趋势，旨在帮助农药经营人员认清形势，调整思路，跟上时代的步伐。更重要的是传播经营理念，引导农药经营者变被动服务为主动服务，变物质服务为技术服务，及时掌握农田病虫害发生情况和作物种植的生产进度及农药需求动向，为农业生产提供合适的农药产品，不断提高服务水平和服务质量，增强信誉，树立形象，实现发展，做大做强。另一方面，"读本"也对农药和植保的基础知识进行了较为详尽的介绍，并在编写方式上进行了改革，更加注重实用性，力求经营人员通过"读本"内容的培训及查阅，可以解决农药经营中的实际技术及管理问题。如农药基础知识一章，按照标签内容逐项展开，掌握了此章内容，基本可以解决经营人员进货查验标签的技术问题；植保基础一章，将植保知识与作物病虫害的发生、防治融为一体，着重介绍解决问题的途径和方法，列举了多种作物病虫害防治配方，力图让经营者成为"开方者"；农药经营管理规定、经营基本技能等篇章，除了将与农药经营有关的各项法规、政策进行了归纳外，还结合案例进行剖析，力求较为全面地讲解农药经营者必须掌握的知识，帮助提高农药经营人员的专业素质、知识水平，增强按照法律法规办事的意识和能力，进一步规范经营行为。

为了引导读者边学习边思考，提高学习效果，我们还在每章节最后，针对章节的具体内容列出了相应的"学习与思考"题，也可供培训考试出题参考。

作为一本专门培训农药经营人员的教材，"读本"内容较多，但培训学时有限。为最大程度消化"读本"内容，我们对各章节培训学时作出如下建议。

总学时：56 学时。

第一章我国农业的特点和农药经营使用发展趋势：包括农业生产的特点及发展趋势、农业新型主体用药行为及需求、农药经营的发展趋势（4 学时）。

第二章农药基本知识：包括标签内容及具体杀虫剂、杀菌剂、除草剂、植物生长调节剂、生物农药基础知识（12 学时）。

第三章农药合理选择——开方抓药：包括熟悉当地农作物生产特点和病虫害发生规律、认识病情，诊断、开方抓药、科学选药、问题求救途径等（24 学时）。

第四章农药经营基本要求与技能：包括进货查验、进销台账、柜台摆放、销售技巧、客户关系维护、特殊问题处理等（8 学时）。

第五章自觉做好守法经营：包括熟悉农药经营法律规定、主动配合农药经营监管、牢记农药经营者法律责任等（8 学时）。

本书的编写得到了上海劲牛信息技术有限公司及河北、吉林、黑龙江、浙江等农药检定机构的大力支持。在此，我们谨对支持本书编写的所有单位、领导和专家表示衷心的感谢。

由于农药经营行业发展较快，情况不断变化，再加上编者水平所限，编写时间仓促，不足与疏漏之处在所难免，恳请读者批评指正。

编　者

2018 年 6 月

目 录

前言

第一章　我国农业的特点和农药经营使用发展趋势 ·············· 1

第一节　我国农业的特点及发展趋势 ·············· 1
一、我国农业的现状 ·············· 1
二、目前我国农业存在的主要问题 ·············· 3
第二节　国家相关的农业政策 ·············· 6
一、关于粮食安全 ·············· 7
二、关于农业可持续发展 ·············· 7
三、关于农产品质量安全 ·············· 8
四、关于农村土地政策 ·············· 9
五、支持新型农业经营主体的发展 ·············· 9
第三节　关于《农药管理条例》 ·············· 12
第四节　农药及其经营使用发展趋势 ·············· 13
一、农药是现代农业重要的不可或缺的特殊农业生产资料 ·············· 13
二、农药经营发展趋势 ·············· 14
三、农药使用发展趋势 ·············· 15
四、农业新型主体用药行为及需求 ·············· 18

第二章　农药基本知识 ·············· 22

第一节　农药概念和分类 ·············· 22
一、农药的概念 ·············· 22
二、农药的分类 ·············· 22
三、有关农药的相关基本概念 ·············· 39

第二节　农药标签内容相关知识 ·················· 41
　　一、农药名称 ································ 41
　　二、农药剂型 ································ 42
　　三、农药成分和含量 ·························· 47
　　四、农药登记证号、产品标准号及农药生产许可证号 ····· 47
　　五、农药类别及其颜色标志带、产品性能 ··········· 50
　　六、毒性及其标识 ···························· 51
　　七、使用范围、使用方法、剂量 ················· 52
　　八、使用技术要求 ···························· 53
　　九、注意事项 ································ 54
　　十、中毒急救措施 ···························· 56
　　十一、储存和运输方法 ························ 58
　　十二、生产日期、产品批号、质量保证期、净含量 ····· 58
　　十三、农药登记证持有人名称及其联系方式 ········· 59
　　十四、像形图 ································ 59
　　十五、可追溯电子信息码 ······················ 63
第三节　标签上禁止标注的内容及常见农药标签
　　　　　不规范表述 ···························· 64
　　一、标签上禁止标注的内容 ···················· 64
　　二、常见农药标签不规范表述 ··················· 65
第四节　农药产品质量、药效、残留及环境影响 ······· 69
　　一、农药产品质量 ···························· 69
　　二、农药药效 ································ 70
　　三、农药残留 ································ 75
　　四、农药的环境影响 ·························· 76

第三章　农药合理选择——开方抓药 ··············· 79

第一节　农药合理选择的原则 ····················· 79
　　一、熟悉当地农作物生产特点 ··················· 79
　　二、准确诊断鉴定识别病虫草害 ················· 80
　　三、掌握农药的作用方式 ······················ 80
　　四、合理混用农药 ···························· 82

第二节　害虫的发生与防治 …………………………………………… 84

　　一、害虫的识别 ……………………………………………………… 84

　　二、地下害虫的发生与防治 ………………………………………… 87

　　三、食叶害虫的发生与防治 ………………………………………… 89

　　四、潜叶害虫的发生与防治 ………………………………………… 99

　　五、卷叶害虫的发生与防治 ………………………………………… 101

　　六、蛀茎害虫的发生与防治 ………………………………………… 103

　　七、蛀果害虫的发生与防治 ………………………………………… 106

第三节　病害的发生与防治 …………………………………………… 108

　　一、病害诊断 ………………………………………………………… 108

　　二、病害防治原则 …………………………………………………… 110

　　三、真菌病害的症状与防治 ………………………………………… 112

　　四、卵菌病害的症状与防治 ………………………………………… 135

　　五、细菌病害的症状与防治 ………………………………………… 138

　　六、病毒病害的症状与防治 ………………………………………… 145

　　七、线虫病害的症状与防治 ………………………………………… 151

第四节　杂草的发生与防除 …………………………………………… 155

　　一、杂草识别 ………………………………………………………… 155

　　二、稻田杂草的发生与防除 ………………………………………… 157

　　三、麦田杂草的发生与防除 ………………………………………… 160

　　四、玉米田杂草的发生与防除 ……………………………………… 162

　　五、花生田杂草的发生与防除 ……………………………………… 164

　　六、油菜田杂草的发生与防除 ……………………………………… 165

　　七、大豆田杂草的发生与防除 ……………………………………… 167

　　八、棉花田杂草的发生与防除 ……………………………………… 169

　　九、蔬菜田杂草的发生与防除 ……………………………………… 170

　　十、果园杂草的发生与防除 ………………………………………… 172

第五节　开方抓药（农药处方） ……………………………………… 176

　　一、开方抓药防水稻病虫草害 ……………………………………… 176

　　二、开方抓药防玉米田病虫草害 …………………………………… 178

　　三、开方抓药防小麦田病虫草害 …………………………………… 182

　　四、开方抓药防苹果病虫害 ………………………………………… 185

五、开方抓药防黄瓜病虫害 ………………………………… 186

六、开方抓药防蔬菜田草害 ………………………………… 188

第四章 农药经营基本要求与技能 …………………………… 190

第一节 设店选址及前期准备 ………………………………… 190

一、农药经营场所位置选择 ………………………………… 190

二、合理配置农药经营设备设施 …………………………… 191

三、加强农药经营内部管理 ………………………………… 193

四、申请营业执照和农药经营许可证 ……………………… 198

第二节 农药进货及查验 ……………………………………… 198

一、熟悉当地农业生产和农药使用实际情况 ……………… 198

二、选择合适的农药品种 …………………………………… 198

三、选择合适的农药生产企业和产品 ……………………… 199

四、选择合适的进货渠道，建立良好供销关系 …………… 199

五、签订进货合同 …………………………………………… 200

六、严把进货关，做好农药进货查验 ……………………… 200

七、保留有关凭证 …………………………………………… 205

第三节 经营场所内农药摆放要求 ………………………… 205

一、货架摆放农药的原则 …………………………………… 205

二、货架摆放农药的排序 …………………………………… 206

第四节 农药进销台账要求 ………………………………… 206

一、建立进销台账目的 ……………………………………… 206

二、进货台账要求 …………………………………………… 207

三、销售台账要求 …………………………………………… 208

四、电子台账软件的选择 …………………………………… 208

五、台账管理 ………………………………………………… 209

第五节 农药的销售 ………………………………………… 209

一、经营人员要懂得客户 …………………………………… 210

二、搜集了解农药新政策及信息 …………………………… 212

三、多种形式开展宣传促销等活动 ………………………… 213

四、做好经销与服务的有效衔接 …………………………… 214

五、客户关系维护 …………………………………………… 215

第六节　特殊问题处理 …………………………………… 217

一、农药经营纠纷种类及前期处置 ……………………… 218

二、农药经营纠纷处理方式 ……………………………… 222

三、农药废弃物的回收与处置 …………………………… 223

四、问题农药的召回 ……………………………………… 225

第五章　自觉做好守法经营 ………………………………… 227

第一节　熟悉农药经营法律规定 …………………………… 227

一、与农药经营相关的法律法规 ………………………… 227

二、开办农药经营单位的要求 …………………………… 232

第二节　如何申请、延续和变更农药经营许可证 ………… 234

一、农药经营许可证的申请 ……………………………… 234

二、农药经营许可证的延续 ……………………………… 236

三、农药经营许可证的变更 ……………………………… 237

第三节　如何守法经营 ……………………………………… 237

一、履行农药经营单位应承担的义务 …………………… 237

二、做好标签的查验 ……………………………………… 240

第四节　违法经营的法律责任 ……………………………… 244

一、刑事责任 ……………………………………………… 244

二、行政处罚 ……………………………………………… 252

三、民事责任 ……………………………………………… 257

附录 …………………………………………………………… 259

一、相关法律 ……………………………………………… 259

二、禁止生产、销售和使用的农药名单 ………………… 259

三、限制使用农药名录（32种） ………………………… 260

四、部分限制使用农药的特别限制和特殊要求 ………… 260

后记 …………………………………………………………… 262

第一章 我国农业的特点和农药经营使用发展趋势

第一节 我国农业的特点及发展趋势

一、我国农业的现状

农业是人类的衣食之源，生存之本。人类的生存与发展离不开农业，而我国的国情，又决定了农业在国民经济和社会发展具有的极端重要性。1949 年以来，我国农业经营形式经历了人民公社、联产承包等阶段，发展到目前多种经营形式并存。在解决 13 亿人吃饭穿衣的同时，农业作为国民经济的基础，为我国经济的快速腾飞提供了有力保障。新时期，党中央十分重视农业的发展，制订了一系列发展农业的政策，促进了我国农业生产平稳、快速发展。当前，我国农业生产的发展主要表现为以下几个方面。

（一）传统农业与现代农业并存

传统农业是在自然经济条件下，采用以人力、畜力、手工工具、铁器等为主的手工劳动方式，靠世代积累下来的传统经验发展，以自给自足的自然经济居主导地位的农业，具有低能耗、低污染、精耕细作等特征。现代农业是指应用现代科学技术、现代工业提供的生产资料和科学管理方法的社会化农业。

近年来，由于城市化进程加快，农业人口和劳动力在减少，人员素质在提高，人地比例下降等，使得农业规模趋于扩大，资本供给相对充裕，劳动成本越来越高。因此，机械替代体力劳动发展较为迅速。一家一户的小农经济在逐步转向规模化，农村一二三产业加紧融合，农业合作经济组织也在壮大，家庭农场、合作经济组织等多元化的农业新型经营主体不断发展壮大，职业农民成为农业生产的主导力量。截至 2016 年年底，各种形式加入合作社的农户占全国总农户的四成以上，构建起了农业生产的职业队伍，植保方面的专业化防治、统防统治也得到了大力发展。传统农业自给性消费正在快速向现代农业商品性生产的利润最大化转变。生产目标的转换，加快了农业结构的调整，由单纯提高土地产出率、增加产量向适应市场对农产品质量的需求、满足工业化大规模生产需要的方向调整。农业生产现代化水平不断提升。我国三大粮食作物已具有较高机械化水平，小麦、玉米和水稻的机耕占比分别达到 90%、70% 和 80% 以上。随着低成本、高功能、高效益的设施农业技术及设备的大量研究开发，具有中国特色的设施农业已经建立，农业的工厂化进程得以加快，我国各类温室大棚占地面积稳居世界第一。工厂化生产、规模农业经营、设施农业和循环农业生产快速增长，工厂化种养呈高速发展态势。随着设施农业的发展，种植条件、收获时间的变化，特别是病虫越冬环境改变，病虫害也发生了重大变化，施药技术和设备更需要现代化。

（二）小块经营与规模化经营并存

由于地形条件复杂，我国山地、高原、丘陵、盆地、平原等各类地形交错分布，形成了复杂多样的土地资源类型，区域差异明显，为综合发展农、林、牧、副、渔业生产提供了有利条件的同时，也形成了农业小块经营的现实。最近，党中央关于农村土地确权的政策指出，农村土地第二轮承包到期后再延长 30 年。这使得承包关系从农村改革之初算起稳定长达 75 年，也决定了小规模土地承包将长期存在。同时，延长土地承包年限，也将进一步促进土地流转，可使那些无力或无心经营土地的农民自主、自由地转出土地使用权，在愿意种地时又能自由地转入土地，促进土地向种田大户集中，同时打开了"财产性收入"的大门，盘活了存量资源，有利于农村产业结构的调整和农业增效、农民增收，确保农产品质量安全，推动了农业产业化进程。近年来，我国土地经营权流转范围不断扩展，2017 年全国 2.3 亿承包农户中 30％左右已全部或部分地将承包地流转出去，流转承包地面积 4.97 亿亩[①]，占家庭承包耕地总面积的 36.5％，每年新增流转面积 4 000 多万亩，提高了农业生产的规模化、机械化、组织化，促进了现代农业的发展。

（三）农业新型经营主体与小农户并存

小农户大量且长期存在，既是我国的国情，也是我国与一般农业发达国家不同的地方。小农生产在传承农耕文明、解决就业增收、促进社会和谐有序等方面都有不可替代的作用。但是农村贫困群众大多是小农户，生产方式极其落后。土地集约化、耕种规模化的发展催生了一批新型种植主体，并培育了一批职业农民。新型职业农民懂技术、会经营、善管理，既能促进当地产业的发展，又能激发当地贫困户的脱贫积极性，很好地实现了"帮贫带富"。植保是作物栽培管理的重点之一，农药科学合理施用关系到防治效果和农产品质量安全，技术性强，职业农民应该是病虫害防治的主力军，既可以给统防统治组织打工，也可以自己开办打药队，承包农民的病虫害防治。

二、目前我国农业存在的主要问题

（一）农业资源匮乏，后劲不足，自然灾害多发，生产不稳

我国人口占全球人口总数的 1/4 多，而耕地面积占全球耕地总面积不到 1/10，并逐年减少；中低产田占耕地面积的 2/3。此外，还有不少耕地受到中、重度污染，不宜耕种；还有一定数量的耕地因开矿塌陷造成地表土层破坏；部分耕地或因地下水超采，已影响正常耕种。水资源严重缺乏，农业用水更为奇缺。我国森林覆盖率 15％左右，为世界平均值的一半。资源匮乏，使得农业发展后劲严重不足。

---

① 亩为非法定计量单位，15 亩＝1 公顷，下同。——编者注

在我国，已知危害农作物的病、虫、草、鼠害达到 2 300 余种，其中病害约 750 种，害虫（螨）约 840 种，杂草 70 余种，农田鼠害 20 余种，常年危害农作物的有害生物在 100 种以上。

（二）农产品供给总体偏紧，粮食需求增长加快

我国温饱问题基本解决，已进入小康社会，特别是 21 世纪以来，城镇居民鲜奶、家禽、水产品、植物油、鲜蛋等消费量增长幅度为 30%～50%。农村居民的主要食品消费量因原来的消费水平低，表现出增长率大多高于城镇居民。加之人口的增长，人民生活水平的提高和工业用粮的增加等，粮食需求量将越来越大，农产品供给结构性矛盾会日益突出。农作物靠大量投入化肥、农（兽）药、农膜等化学农用品连年丰收，农产品品质大幅下降，甚至存在不少安全风险，竞争力减退，稳定增产难度大。农产品供给总体紧张的局面虽已改观，但结构性矛盾依然突出。

（三）农产品质量安全水平不高竞争力不强

近些年农业发展成绩斐然，但土壤、水源等环境生态资源承载压力越来越大，加之农业面源污染严重，以及部分农产品供给出现结构性失衡，农产品质量堪忧，农产品竞争力减弱，不能适应国际贸易竞争和广大人民群众对健康食品日益增长的需求。农业生产过程中不合理和不规范地大量使用化学农业投入品，使水环境、土壤环境、大气环境等都遭到不同程度地污染，成为农产品质量不安全的主要根源。目前农产品质量安全状况与人们对安全、健康又美味农产品及食品日益增长的需求有较大差距，这个问题已成为广大民众最关心、最聚焦、最困扰的问题之一。

（四）农村劳动力减少，文化程度低，发展困难重重

随着经济结构调整和城镇化进程的加快，大量农村劳动力进城务工，外出劳动力已占农村劳动力资源的 60% 以上，且为主要劳动力。农村种地的多为留守老人、妇女。一些新生代农民没有掌握

耕种技术，也不愿吃苦；进城务工农民的后代大多数也不愿回乡种田；在校读书的青年人，绝大多数都没选择农业作为未来的职业；来自农村的学生，把好好学习，作为"跳农门"的资本等。这些问题，使得农村发展动力不足，农业现代化困难重重。

（五）阻碍农业可持续发展的问题突出

1. 生态环境总体污染阻碍现代农业发展　工业飞速发展排放出的废气，污染了大气，危害了人畜健康，且形成酸雨，严重阻碍农作物的生长；排放出的废水污染土壤、水源，危害农业生产的事件频频发生。过度开采地下水，不仅造成地下水位下降和水资源减少，也加快了土地的沙化、盐碱和沉降变形。我国主要水系监测断面中半数以上受到不同程度的污染，绝大多数流经城市的河段受到污染。国土资源部门的统计数据显示，全国 1/10 以上的耕地受到不同程度的污染，每年因重金属污染的粮食产量高达上千万吨，经济损失超过几百亿元。

2. 农村生态环境破坏不利现代农业建设　一是受工业化的影响，广泛大量地使用化肥、农（兽）药、农膜、饲料添加剂等化学投入品，以及畜禽养殖废弃物的排放，污染了水域、土壤、农产品、畜产品和水产品，并使土壤日趋贫瘠。二是农村生活方式的改变，以煤、气代替柴草秸秆等为燃料，以及日常生活中大量使用工业品，又因没有配套的垃圾处理措施，使得柴草秸秆、废弃塑料制品、废电池、废弃电器等造成污染。三是一些无序泛滥的作坊式加工企业加剧了农村水域和土壤的污染。四是原处城市的污染企业大规模迁往农村和选址农村新建的大型化工、重金属等企业，有的不依法保持与周围农村生产、生活区域的法定距离；有的废水、废气、粉尘处理设施备不用，甚至违法排污，严重危害周边农村居民的生命健康，并造成农村水域、土壤的污染。五是城市垃圾、工业固体废弃物、矿业废料，甚至是境外废物等，也有置于农村堆放、填埋、拆解、处理等，造成农村空气、水体和土壤污染。

3. 农业面源污染危害现代农业　化学投入品的使用，大幅度提高了劳动生产率，也带来了越来越多的问题，尤其是农业面源污染相当严重。世界上发达国家"高投入、高产出、高能耗、高污染"的经济发展模式使得生态环境遭受极大的破坏，土壤严重侵蚀，农田地力不断降低，教训十分惨痛。发展中国家为了生存和发展，大规模地毁林开荒，滥垦滥伐，广种薄收，出现大面积水土流失、土地沙化、耕地盐碱化和荒漠化。化肥的长期过量使用，造成了土壤板结和地力大幅下降。被称为"白色革命"的塑料地膜广泛应用后，已积累成严重的"白色污染"。我国广大农村地区在农业生产和人们生活过程中产生的大量未经合理处置的污染物对水体、土壤和空气及农产品也造成了严重的面源污染，且污染范围广，污染成分和过程复杂，难以控制。有关资料显示，我国农村污染排放已经占到了全国的"半壁江山"，农业源主要污染物如化学需氧量、总氮、总磷分别占全国总排放量的一半以上。我国是全球化肥、农药生产和使用第一大国，单位面积使用量远高于世界平均水平，且利用率低于发达国家；畜禽粪便大部分没有进行有效地污染治理；每年农用塑料薄膜只能回收一半左右；全国农村的生活污水、生活垃圾，大部分未经处理随意排放；全国绝大多数行政村没有环保基础设施。治理农业面源污染迫在眉睫。

第二节　国家相关的农业政策

2018年中央一号文件《中共中央国务院关于实施乡村振兴战略的意见》，是改革开放以来第二十个、21世纪以来第十五个指导"三农"工作的中央一号文件，对实施乡村振兴战略进行了全面部署。此前，习近平总书记在中共十九大报告中首次提出实施乡村振兴战略，并作为新时代七大战略之一，写入了党章。同时，党中央还制定了保证粮食安全、农业的可持续发展、农产品质量安全及稳定农村土地政策等一系列方针、政策。

一、关于粮食安全

国家确保粮食安全的基本思路：一是坚持不懈抓好国内粮食生产，不断提升农业综合生产能力，集中力量确保谷物基本自给、口粮绝对安全。二是更加积极地利用国际农产品市场和农业资源，有效弥补国内粮食供给。三是在重视数量安全的同时，更加注重品质和质量安全；在保障当期供给的同时，更加注重农业可持续发展。构筑了18亿亩耕地保护粮食生产的"外墙"，划定了永久基本农田"内墙"，建立了粮食生产功能区，三道防线筑起了保障粮食生产耕地面积的铜墙铁壁。

二、关于农业可持续发展

中央一号文件指出，实现农业永续发展，必须走产出高效、产品安全、资源节约、环境友好的现代农业发展道路，由数量增长为主转到数量质量效益并重上来，由主要依靠物质要素投入转到依靠科技创新和提高劳动者素质上来，由依赖资源消耗的粗放经营转到可持续发展上来。

中共十九大要求，"像对待生命一样对待生态环境，统筹山水林田湖草系统治理"。要以绿色发展引领农业生态振兴，遵循人与自然是生命共同体的和谐共生规律，保护大自然，并对受到破坏的自然生态加以修复。政府将加强农村环境突出问题的综合治理，建立行之有效的生态补偿机制，增加农业生态产品和服务供给，充分体现了新型自然生态的人类生态文明建设成就。

因地制宜地构建绿色农业可持续发展的产业结构，大量增加优质绿色农产品的供给，是实施乡村振兴战略的重大任务之一。"产业兴旺"的关键是，汲取其他发达国家和我国以往的经验教训，决不能再污染环境，并最终消除农业面源污染，使农业成为生态文明建设的积极贡献者。

在强化绿色引领的同时，农业农村部还将加强创新驱动，协调发展，大力推进技术集成创新，创建绿色高质高效农业示范区；加强污染耕地修复治理，深入开展化肥农药使用量零增长行动，加大对有毒农用化学投入品的监管力度，严格农药兽药及各类化学生长激素减量控害要求；扩大耕地用养结合的轮作休耕试点，加快节水农业发展，促进农业生产生态系统可持续永久利用的良性循环。

三、关于农产品质量安全

鉴于农产品质量安全的突出问题，中央要求要用最严谨的标准、最严格的监管、最严厉的处罚、最严肃的问责确保广大人民群众"舌尖上的安全"。保障食品安全要在"管"和"产"两方面发力。

在"产"的方面，一是要把住生产环境安全关，治地治水，净化农产品产地环境。二是要把住农产品生产安全关，控肥、控药、控添加剂，严格制止乱用、滥用农业投入品，积极发展循环农业、生态农业。三是要大力推进农业标准化生产和规模化健康养殖。

在"管"的方面，一是要构建全程覆盖、运转高效的监管体系，把所有农户、食品生产经营企业和个体工商户都纳入监管视野，并建立严格的食品安全监管责任制和责任追究制度，真正实现上下左右有效衔接、织出一张确保食品安全的天罗地网。二是要把全国统一的农产品质量和食品安全追溯信息平台建立起来，实现农产品和食品生产、收购、储存、运输、销售、消费全过程可追溯，用可追溯倒逼和引导生产。三是要"下猛药、出重拳"，严厉打击食品安全犯罪，形成全社会维护食品安全的铜墙铁壁。

农业农村部要求扎扎实实落实生产标准化推进行动、农产品质量安全监测行动、农产品质量安全执法行动、农产品质量安全县创建行动、产地环境净化行动、农业品牌提升行动、质量兴农科技支撑行动、生产经营主体能力提升行动，坚定不移走质量兴农之路，推动农业高质量发展的底线，确保农产品质量安全。要求各级部门以提高农产品质量为主攻方向，坚持把优质"产出来"、把安全"管出来"、把品牌"树起来"。

四、关于农村土地政策

（一）第二轮土地承包到期后再延长 30 年

第一轮土地承包，到期后直接延长 30 年，第二轮土地承包到期后再延长 30 年。

（二）土地确权

土地确权就是给农民"确实权、颁铁证"，让农民吃上"定心丸"，通过航拍照片、卫星测量、实地勘测丈量等，使农民搞清楚承包地的详实位置和面积。

（三）实施土地"三权"分置

指土地所有权、承包权和经营权三权分置，目的是要搞活农村土地。

上述土地政策，可以使农民不再单靠"土里刨食"，实现农民收入渠道多元化，土地租赁收入、工资性收入、经营性收入、转移性收入、财产性收入成了农民增收的新动能；可以引导农民就地就近就业和返乡创业，扩大农村的就业门路，使农民在家门口就能找到工作，领到工资。这样，农民增收在稳存量、扩增量上内涵更厚实、外延更拓展、动能更强劲、亮点更多元，比如组建打药队，开展植保服务将成为一种职业。

五、支持新型农业经营主体的发展

2017 年 5 月 31 日，中共中央办公厅、国务院办公厅印发了《关于加快构建政策体系培育新型农业经营主体的意见》，明确了新型经营主体的地位作用及相关政策。家庭农场、农民合作社、农业产业化龙头企业等各类新型经营主体将快速发展。目前，加入合作社的农户占全国总农户的四成以上，构建起了农业生产的职业队伍。工商企业、返乡农民工、大学生、退伍军人，也将纷纷加入到农业农村的创业创新浪潮中，成为带动农民参与现代农业，实现增收重要的生力军，一系列农业新技术新装备新模式的应用，将推动农业生产节本增效，带动农民有效增收。

（一）家庭农场

家庭农场，是指以家庭成员为主要劳动力，从事农业规模化、集约化、商品化生产经营，并以农业收入为家庭主要收入来源的新型农业经营主体，目前，我国共有近百万家。家庭农场是世界上比较通用的农业经营方式。美国农业就是在家庭农场经营基础上进行的。法国有各类家庭农场60多万个，平均经营耕地42公顷，绝大部分家庭农场的劳动力由经营者家庭自行承担，只有1/10左右的农场需雇佣劳动力进行生产。日本政府采取强硬措施购买地主土地转卖给无地、少地的农户，家庭农场占总农户的比重和家庭农场耕地占总耕地的比重都在90%左右，并且把农户土地规模限制在3公顷以内。"家庭农场"（我国的家庭农场规模一般默认10公顷左右）的概念在我国于2013年首次在中央一号文件中出现，鼓励和支持承包土地向专业大户、家庭农场、农民合作社流转。家庭农场有多种经济形式，如个体工商户、个人独资企业、合伙企业、有限责任公司。如果一个家庭农场年效益在10万元以上，农民大多数就不会外出打工。家庭农场使用农药主要是自己防治病虫害，有的也参与社会化打药组织的托管。所以，要不断提升家庭农场的施药水平，严格控制施药间隔期，发展统防统治，鼓励做好农药使用记录，做到科学、合理施药，降低农药的施用量，确保农产品质量安全，推进农业农村现代化。

（二）农民合作社

农民合作社的发展约有200年历史，组织形式和运行机制大同小异，形成了"成员拥有、成员控制、成员受益"的普遍原则。近年来，农民专业合作社快速发展。我国农民专业合作社是在农村家庭承包经营基础上，同类农产品的生产经营者或者同类农业生产经营服务的提供者、利用者，自愿联合、民主管理的互助性经济组织。农民合作社以其成员为主要服务对象，提供农业生产资料的购买，农产品的销售、加工、运输、贮藏以及与农业生产经营有关的技术、信息等服务。进入市场经济以来，面对激烈的市场竞争，组织起来成为小农户的必然选择。农业合作社施用农药，可以做到统一购买、统一储备、统一施用、统一废弃物回收，对农作物病虫害实行标准化防治。而且，统一建立打药队，或者接受统防统治组织的服务，提供农药和施药技术，有针对性地提出作物病虫害防治方案，节约成本，提高防效。农药企业还可以直接与合作社开展施药服务。

（三）经营大户

农村经营大户经济是当前农村产业组织创新的阶梯，与自然农户相比，农村经营大户经济突破了家庭的生产边界，拥有较多的设备和较先进的技术，是农村生产关系调整、农业生产经营形式创新和农户整合变异的产物。农村经营大户经营规模扩大，分工明确，有的生产、加工、销售一体化，有的就做一个行业，比如植保施药、统防统治等；具有较多的设施、设备，机械化程度比较高，有的大户并不是一户，而是亲戚多户的联合。植保技术具有较高的科技含量，除满足自己的需要外，还能托管一定范围农户的病虫害防治，专业化植保大户雇请了一定数量的职业农民，多的达数十人，飞机、大型机械等现代化设备服务成为常态，并在一定的区域内，有一定的垄断性，其他竞争对手难以进入。

（四）龙头企业

龙头企业指在某个行业中，对同行业的其他企业具有很深影响、号召力和一定的示范、引导作用，并对该地区、该行业或者国家做出突出贡献的企业。目前，我国有产业化经营组织40多万家，其中龙头企业13万家。工商资本进农村，有开拓市场、创新科技、带动农户和促进区域经济发展的重任，能够促进农业和农村经济结构调整，带动商品生产发展，推动农业增效和农民增收。龙头企业带动能力强，产加销各环节利益联结机制健全；有稳定的较大规模的原料生产基地，产品具有市场竞争优势，有施药队伍，有先进的施药设备，有管理规章和施药方案，能严格按照标准化栽培管理，病虫害的预测预报与防治也比较及时和科学，农产品质量安全能得到保障。

（五）社会化服务组织

目前，我国有社会化服务组织超百万家。一是供销社系统；二是为农业生产服务的企业。目前全国农作物病虫害防治专业化服务组织已发展到近 10 万个，从业人员近 140 万人，日作业能力近亿亩。

第三节　关于《农药管理条例》

我国 1997 年 5 月 8 日就发布了《农药管理条例》（以下简称《条例》），对于保证农药质量，有效防治农业和环境有害生物，促进农业生产发展和维护人体健康，发挥了重要作用。

但是，随着我国农药工业的快速发展和市场经济体制的逐步完善，人民群众对农产品质量安全和生态环境安全的认识和要求不断提高，原《条例》的一些规定已经不能适应现代农业的发展以及农产品质量安全监管工作的需要，亟须修改完善。主要表现在：一是农药生产、经营的管理制度不完善，存在多头管理、部门职责不清的情况，假劣农药及各种违法行为时有发生，影响了农业和农药产业的健康发展。二是临时登记门槛低，低水平、同质化农药供给多，安全、经济、高效农药供给少，需要依法促进农药产业转型升级，提高农药质量水平。三是农药专营"名存实亡"，个体及私营企业已经成为农药经营的主体，但规模小、布局散、经营不规范，有的售假甚至销售禁用农药，需要依法推动转变经营管理方式，完善经营管理制度。四是农药使用存在擅自加大剂量、超范围使用以及不按照安全间隔期施药的现象，发生了"毒豇豆""毒生姜"等农产品质量安全事件，需要依法加强农药使用监管，促进科学使用农药。五是法律法规处罚力度不够，可操作性不强，需要综合运用民事、行政、刑事等措施，对违法生产经营者实行严厉处罚。

2017年2月，国务院颁布《农药管理条例》（新修订）。新《条例》在总结原《条例》实施经验和调查研究的基础上，借鉴国际上先进的农药管理经验，对上述问题进行了反复调研，对相应条款进行了修订，确立了一系列农药管理制度。如：改革了农药管理体制，由原来的多部委共同管理，变为农业部门一家负责农药生产、经营和使用的监督管理；取消了临时登记；设立了农药经营许可；细化了监管措施等。

为了更好地推动新《条例》的贯彻落实，农业部发布了《农药登记管理办法》等5个《条例》的配套规章，提出"提高产业集中度、提高登记门槛、提高经营进入门槛，严格准入条件、严格审核把关、严格技术审核"的要求。强调要从全局高度充分认识加强农药管理的重要性，以担当的精神扛起农药管理的责任，以务实的作风抓好各项管理措施的落实，把农药管好、用好。

第四节　农药及其经营使用发展趋势

一、农药是现代农业重要的不可或缺的特殊农业生产资料

中国是全球人口最大国和农业大国，但人均耕地资源不足世界平均水平的一半，粮、棉、油、糖、果、菜、茶等主要农作物种植面积和总产量均居世界前列。由于生态条件复杂，中国又是一个农作物有害生物多发国，农作物的病、虫、草、鼠等有害生物高达上千种，常年可造成严重危害的有百余种。近些年来，全国每年农、牧、林的病、虫、草、鼠害等发生面积在70多亿亩次，其中病虫害发生面积占70%以上。频繁发生或大规模发生病虫害，会造成农牧林生产重大损失，施用农药是目前快速、高效、简便和必要的

防治手段。21 世纪以来，我国农业年年丰收，粮食连续十几年增产，农药的使用功不可没。农药对草场和林业生产保护的意义也很大。

未来我国的人口将持续增加，老龄化加重，农业劳动力严重缺失，农业生产使用农药更是必不可少。随着全球气候变暖，极端天气增多，农作物病虫害呈频发、重发趋势，加之国外重大危险性有害生物入侵的数量剧增，频率在加快。因此，农药，特别是高效低毒低风险农药的使用，对确保广大民众对美好生活向往的农产品供给需求，具有不可替代的作用。

二、农药经营发展趋势

我国现有农药经营人员 60 多万，近 90% 为高中以下文化。新修订的《农药管理条例》，对农药经营人员的素质、专业技术水平、电子台账记录、农药仓储面积、与其他商品经营店户的物理距离等提出了更高的要求；对限制使用农药提出了更严格的使用要求，对违法经营设定了更严厉的处罚条款。这样，一些达不到规定条件的经销商必将被淘汰出局，农药经营将会健康有序发展。

（一）农药经销由批发到零售的环节越来越向扁平化过渡

随着农药经营企业管理水平的提高，特别是信息技术发展等多重因素的影响，多层级批发已经失去了存在的根基，将形成"农药生产企业—经营企业—区域代理—零售商"的模式，甚至形成"农药生产企业—区域代理—零售商""农药生产企业—网络—服务者"的模式。

（二）终端服务水平将成为农药经销的决胜武器

在农药市场充分竞争的环境下，农药质量、药效、价格几乎完全透明，价格弹性很少，差别主要在于终端服务水平。农药的消费者将选择服务便利、服务水平高的经销商。农药经销坐商（等人上门）—行商（上门推销）—服务商（直接提供植保服务）的趋势难以逆转。由于农业生产的区域性、季节性特点，农村熟人社会的人际关系格局，决定了本土农药生产企业在围绕主要作物，提出解决方案，提升终端服务水平上还会具有一定优势。

（三）合作和集成是农药经营企业的必由之路

农药作为农资的一种，单独经营农药的底层经销商不仅经营利润非常低薄，经营难以为继，而且也不会受到农民用户的欢迎。加强与化肥、种苗、机械等生产、经销商的合作，达到技术集成、服务集成，实现一揽子便民服务，甚至托管服务，将更具吸引力和广阔的市场前景。

（四）研发、生产、经营、用户端的合作将越来越紧密

从产品的供给过程来看，研发者—生产者—经营者—用户，用户是最低端的，是最终环节，只能做出"要与不要"的被动选择；而从需求上看，却是用户—经营者—生产者—研发者，用户是发端、是上帝、是命运决定者。充分竞争的市场，最终胜出者只能是及时、充分反映用户需求的企业。特别是技术快速更新、社会环境变化加快的时代，及时发现、挖掘用户的现实需求和潜在需求，及时传导到研发和生产端，变成现实的产品将更为重要。为此，研发、生产、经营、用户端的合作将越来越紧密，谁把用户的需求早一步变成产品，谁就是胜出者。与此同时，政府通过安排研发、绿色防控、低毒低残留农药补贴等项目，引导农药生产企业、经营者、服务组织围绕农业生产需要，统防统治病虫草害。

三、农药使用发展趋势

使用绿色农药、采取绿色防控、生产绿色农产品，满足人们"舌尖上"的安全是大势所趋。

（一）用药范围拓宽到储藏、保鲜、运输和城市用药多领域

我国已初步形成了以大中城市为核心，遍布城乡的多层次、多

元化的农产品市场流通格局。全国由农产品批发市场交易的农产品比重高达 70％以上；在北京、上海、广州、深圳、成都、沈阳等大城市由批发市场提供的农产品比例在 80％以上。农产品流通加速，储藏、保鲜、运输都需要用药，而且随着城市的发展，园林、庭院花草、树木、蔬菜用药激增，低毒低残留高效的环境友好型农药有很大的市场空间。而且，绿色防控、生物农药、低容量喷雾器、施药服务企业的发展空间也较大。

（二）推行"绿色植保"

随着农机补贴的开展和统防统治、绿色防控、"绿色惠农卡"等项目的实施，施药者购买或者租赁大型施药器械的热情高涨，农药社会化服务组织蓬勃兴起。例如，浙江省遂昌县整合各类惠农补贴资金，打入农户的"绿色惠农卡"，用于按比例补贴农户购买农药等农资及社会化服务等，补贴资金不得提取现金或用于非农支出，实现专款专用。补贴比例向高效低毒环保型农药和诱虫板、性诱剂等绿色防控物资倾斜，引导农民应用绿色防控新技术。黑龙江省采取省财政补贴 50％、农户自筹 50％的方式，更换农户自制喷杆式喷雾机的喷头和喷头体，可提高防效，减少农药用量 10％～20％。

（三）实施公益植保

各级政府公益植保的理念在不断增强，统防统治、绿色防控等作为财政支持的重点，设立项目，安排资金，购买植保服务，促进了公益植保的开展。例如，吉林省 2017 年投入专项资金 8 868 万元，购买赤眼蜂、白僵菌和性诱剂，防治玉米螟 3 300 万亩，覆盖率达到了 60％以上，实际防效高达 71％，改变了水稻田间二化螟雌雄性比，减少雌雄蛾交尾率，降低幼虫发生量和减轻危害，实现了无害化控制水稻二化螟，显著减少了农药使用量。北京市着力探索以绿色生态为导向的"以补代发"新型绿色防控产品补贴模式，2017 年投入 3 000 万元开展设施蔬菜农药使用减量行动技术示范，以引导鼓励农民应用农药减量增效与绿色防控产品。该项工作以"谁购买使用补贴谁、买多少补多少"为原则，对 11 个区 12 万亩多设施蔬菜生产农户、园区、合作社在病虫害防治中实际使用的绿色防控产品进行一定比例的限额补贴。其中天敌产品补贴 90%，每亩补贴最高不超过 300 元；生物农药、理化诱控授粉昆虫产品补贴 50%，每亩补贴最高不超过 350 元；高效低毒低残留化学农药补贴 30%，每亩补贴最高不超过 100 元。

（四）农药和农产品实施二维码全程可追溯

2017 年 9 月 5 日，农业部发布了《农药二维码管理规定》，要求"2018 年 1 月 1 日起，农药生产企业、向中国出口农药的企业生产的农药产品，其标签上应当标注符合本公告规定的二维码。"每一瓶农药产品都有"身份证"，不管在哪里出了问题，都可以通过二维码和连接的网站查询到生产源头。农药产品二维码的强制实施，为引导行业和企业向更好的方向和轨道上前进，保证产品质量溯源可控、防止窜货和假货，打击假冒产品生产起到决定性的作用。山东省安丘市是农产品出口、外销大市，生姜出口量大面广，名声在外。他们实现农药使用记录、农产品二维码全覆盖，全检测，为产出入市的农产品贴上质量安全"身份证"。2016 年，对大姜、大葱等 18 种种植类原产地鲜食农产品率先实施产地二维码准出管理。对进入市场的每一单农产品进行抽检，标注二维码，消费者通过扫描二维码，可以准确获取食用农产品的产地、生产者姓名、施药情况、收获时间、检测结果等信息，实现了从生产到餐桌的全过程可追溯。农产品二维码产地准出措施取得了明显效果，全市检测的所有食用农产品质量合格率达到 100%。

（五）实施农药减量行动提高农药利用率

近几年，各级农业植保、农药部门积极行动，重点发力，加强组织领导和资金投入，创新工作理念和机制，强化技术支撑和示范引领，围绕"控、替、精、统"技术路线，应用农业防治、生物防治、物理防治等绿色防控技术，推进统防统治与绿色防控融合，推广多种减量增效技术，减少农药残留，改善农产品产地环境，保障农产品质量安全，提升了作物品质，创响了绿色品牌；大力推广新产品，重点研发高效低毒低残留、生物等新农药；积极推广先进施药机械，加快替代落后机械；大力推进机制创新，加快培育一批有技术、有实力的社会化服务组织，开展统防统治和专业化服务；加大科学安全用药培训力度，有力地减少了化学农药使用，提高了农药使用效率，农药使用量连续三年实现负增长。

四、农业新型主体用药行为及需求

新型经营主体经营农业的显著特点是规模化、专业化、品牌化。土地的经营规模和产品的产出规模增大，农业经营集中于一个或几个专业品种，更加注重树立自己的品牌，追求安全、生态和环保的产品形象。植保方面，在农药的需求和使用上，一是对农药的总体使用量大，与农药经销商的议价能力强；二是重视绿色与环保，注重农药质量，要求高效低毒低残留的农药；三是注重农药使用的综合性能和便利化；四是专业技术能力强，要求农药经营商具有更强更全面的服务能力。

（一）小农户用药行为

小农户土地经营规模小，家庭主要劳动力外出务工，经营农业的主要为老人或妇女，文化层次、技术水平、经营能力普遍偏低，农业收入在家庭收入中占比较小，农业已事实上成为副业。这些农户对农药的辨别、选择、使用能力差，在农药的选择和使用上，表现为强烈的从众意识，人云亦云，盲目模仿，主要靠农药经销商推荐用药。

小农户用药存在以下问题：一是农药使用率低。我国农药利用率不到40%，欧美发达国家小麦、玉米等粮食作物的农药利用率均在60%左右。农药利用率低，造成农药浪费，增加有害生物的抗药性，又污染环境。二是乱配药。有的农户对安全使用农药的重要性认识不足，在实际操作中，不按标签规定使用，甚至将 3～5 种农药全部倒入喷雾器里，导致药剂太稠，无法均匀分散，得不偿失。三是施药过量。随着新型超高效农药品种相继问世，单位面积农药的使用量降低。四是施药品种单一。有些农民对某一品种农药用习惯了，便反复使用，没有科学轮换，有害生物的抗药性不断提高，用药量也不断增加。五是不按照间隔期施药。尤其是大棚蔬菜，导致农药残留物超标。六是农药喷施机械老化、不配套、不合理等问题，有的还一械多用，不管什么作物、什么药剂，都用同一器械喷洒，导致药剂互相作用或无法有效分散而出现分层、溢流，造成效果不佳，甚至产生药害。

（二）农业新型主体用药行为

2017 年，中共中央办公厅、国务院办公厅印发了《关于加快构建政策体系培育新型农业经营主体的意见》，明确了新型经营主体的地位作用及相关政策。家庭农场、农民合作社、农业产业化龙头企业等各类新型经营主体将较快发展。农业新型经营主体用药要立足差异化功能定位，利用先进植保技术，扩大专业化防治面积，提高规模效益。还要积极培育和发展家庭农场联盟、合作社联合社、产业化联合体等，提升社会化服务和机械化防治水平，发展优势和倍增效率。

1. 龙头企业用药 农业产业化龙头企业实力雄厚，在农产品生产基地，能购买大型施药器械，建立植保组织，接受农业部门的技术指导，按照预测预报实行统防统治，标准化生产，主要使用低毒低残留农药，其农产品主要出口或者进入大城市超市。由于此类企业施药技术水平较高，因此，机防、大型施药设备增长迅速，能大力推进病虫害专业化统防统治，能大力推广绿色防控集成模式和多种减量增效技术。

2. 农民合作社用药 主要是制定统一的病虫害防治方案，统一购药，能直接到农药生产企业购进农药。有的实行统一防治，有的发放给各社员，告知防治时间、用量、间隔期等，收获产品的时候，统一扣除农药、用工费用。由于用量大、施药时间集中，用药成本低、效果好，还能减少化学农药使用，提高农药使用效率。

3. 农业大户用药 农业大户使用农药两种形态：一是托管给专业化防治组织；二是自己购买施药设备，家庭成员或者雇工打药。自己施药，一般从农药经销商购进农药，有自己的防治方案，防治水平有所提高，可以做到精准施药，用药成本比较低，防治及时。有的还可以帮助其他小农户施药。

(三) 社会化服务组织用药行为

社会化服务组织具有专业性强、效率高、新技术应用水平高的优势，能够解决一般农户难以解决的问题，成为政府推进现代农业的有力抓手，也受到政府在政策和项目上的积极支持，近年来发展势头迅猛。施药组织把小农户选择和施用农药的权力转移过来，集合形成了较强的农药议价能力，有的甚至抛开经销商直接从生产企业进货；对农药的辨别、选择和施用的技术能力不仅大大强于小农户，甚至远高于一般的经销商。

1. 专业化服务组织施药 各种农业服务公司、统防统治组织、土地托管银行、专业服务合作社应运而生，通过协议的方式把分散在农户手中的土地集中起来，实行综合性一揽子托管或者对农民开展专项植保服务。社会化专业组织不仅懂技术、购药成本低，器械使用效率高，施用效果也好。专业化服务组织取代小农户甚至部分新型经营主体开展植保服务是大势所趋。不仅如此，考虑到植保服务的季节性，为均衡使用人力和器械，增加收益，社会化服务组织必然向多方面、综合性服务延伸。此时，服务已是重点，通过服务销售农药，比如灭蟑螂、灭蚂蚁、灭老鼠的服务公司，人们购买的是公司的服务，只要效果好，价格可接受就行，一般不会关注公司使用什么药、药从哪里来，什么价格。

2. 农药生产企业参与农业生产施药服务 农药生产企业组建植保组织，参与统防统治、专业化防治。他们结合自己生产的农药，提出作物病虫害防治解决方案，或者与合作经济组织合作，建设农业科技示范园，有的还承接政府项目招标，做好试验示范样板，通过技术服务来销售农药，从卖农药发展到推广技术，提供系列服务，获得优质农产品。这样，做到了根据农业生产需要研制生产农药，指导农民使用农药，统防统治作物病虫害，解决农产品生产、储藏、运输、保鲜的农药需要和服务。

3. 托管服务施药　土地托管实际上是一种更加有效和便捷的组织形式，在不改变农民土地承包权、所有权、经营权的情况下，迅速实现土地规模化生产和经营的有效形式。2017 年，农业部、国家发展改革委、财政部印发了《关于加快发展农业生产性服务业的指导意见》，当年农业部办公厅还下发了《关于大力推进农业生产托管的指导意见》，要求明确中央财政支持以农业生产托管为重点的社会化服务，积极发展多元化多层次农业生产性服务业，支持各类农业生产服务组织开展土地托管、联耕联种、代耕代种、统防统治等直接面向农户的农业生产托管，扩大服务规模，集中连片推广绿色高效农业生产方式。推进农业生产托管服务标准建设，规范服务行为和服务市场。目前，全国农业生产托管面积已达到耕地总面积的 1/10 以上，服务组织达到 20 多万个，服务农户近 4 000 万户。

第二章 农药基本知识

第一节 农药概念和分类

一、农药的概念

农药是指用于预防、控制危害农业、林业的病、虫、草、鼠和其他有害生物以及有目的地调节植物、昆虫生长的化学合成或者来源于生物、其他天然物质的一种物质或者几种物质的混合物及其制剂。

农药包括用于不同目的、场所的下列各类物质。

（1）预防、控制危害农业、林业的病、虫（包括昆虫、蜱、螨）、草、鼠、软体动物和其他有害生物。

（2）预防、控制仓储以及加工场所的病、虫、鼠和其他有害生物。

（3）调节植物、昆虫生长。

（4）农业、林业产品防腐或者保鲜。

（5）预防、控制蚊、蝇、蜚蠊、鼠和其他有害生物。

（6）预防、控制危害河流堤坝、铁路、码头、机场、建筑物和其他场所的有害生物。

从以上农药的法定概念可以看出，一种物质是否属于农药，应当从其功能和使用场所来判断。通俗地讲，用于农业、林业生产防治病、虫、草、鼠害的属于农药；用于家居及周边生活环境，防治卫生害虫、鼠害的为农药。

二、农药的分类

截至 2017 年 12 月 31 日，全国农药登记产品 38 248 个，涉及

2 206 家企业（其中境外企业 118 家），678 个农药有效成分。根据用途，农药可以划分为杀虫（杀螨）剂、杀菌（杀线）剂、除草剂、植物生长调节剂、杀鼠剂等。

（一）杀虫（杀螨）剂

指用于防治农业、林业、贮粮以及人生活环境和农林业、养殖业中用于防治动物生活环境卫生害虫等方面害虫的药剂，包括杀螨剂、杀软体动物剂等。该类药剂应用范围广泛，种类较多。

1. 有机磷类　有机磷杀虫剂是一类含磷的有机合成杀虫剂，这类杀虫剂是胆碱酯酶抑制剂，能损害或抑制动物体内神经系统的正常功能，兼有触杀、胃毒和熏蒸等不同的杀虫作用，具有高效速杀性能。有机磷制剂品种繁多，性能千差万别，特点是对害虫毒力强、药效高，有些品种杀虫范围很广，具有广谱性，有些品种杀虫范围很窄，具有选择性；有些品种易于分解，残效期很短，适于在果树、蔬菜上使用；有些品种残效期很长，适于防治地下害虫；有些品种具有内吸或渗透作用，使用方便又不易伤害天敌。有机磷杀虫剂的主要缺点是：有些常用品种属剧毒药剂，容易造成人、畜急性中毒。绝大多数品种容易分解失效。主要品种有：乙酰甲胺磷、水胺硫磷、氧乐果、敌敌畏、马拉硫磷、辛硫磷、甲拌磷、毒死蜱、三唑磷、甲基异柳磷、敌百虫、丙溴磷等。

2. 氨基甲酸酯类　氨基甲酸酯类农药具有选择性强、高效、广谱、对人畜低毒、易分解、残毒少和残留期短的特点，在农业、林业和牧业等方面得到了广泛的应用。氨基甲酸酯类农药一般在酸性条件下较稳定，遇碱易分解，暴露在空气和阳光下易分解，在土壤中的半衰期为数天至数周。主要品种有：克百威、丁硫克百威、甲萘威、抗蚜威、灭多威、速灭威、涕灭威、异丙威等。

3. 拟除虫菊酯类　拟除虫菊酯是一类仿生合成的杀虫剂，是改变天然除虫菊酯的化学结构衍生的合成酯类，是能防治多种害虫的广谱杀虫剂，其杀虫毒力比老一代杀虫剂如有机氯、有机磷、氨基甲酸酯类提高 10～100 倍。拟除虫菊酯对昆虫具有强烈的触杀作用，有些品种兼具胃毒或熏蒸作用，但都没有内吸作用。其作用机理是其氰基影响机体细胞色素 c 及电子传递系统，使脊髓神经膜去极期延长，出现重复动作电位，兴奋脊髓中间神经元和周围神经。扰乱昆虫神经的正常生理，使之由兴奋、痉挛到麻痹而死亡。拟除虫菊酯因用量小、使用浓度低，故对人畜较安全，对环境的污染很小；其缺点主要是对鱼毒性高，对某些益虫也有伤害，长期重复使用也会导致害虫产生抗药性。主要品种有：溴氰菊酯、氯氰菊酯、氰戊菊酯、醚菊酯、氯氟氰菊酯、联苯菊酯等。

4. 沙蚕素类 沙蚕毒素是从生活在海滩泥沙中一种叫沙蚕的环节蠕虫体内提炼的有杀虫作用的毒素，人们对其化学结构进行研究，并仿生人工合成一系列可杀虫的沙蚕毒素类型似物，故而得名。主要作用于胆碱能突触，造成神经冲动受阻，昆虫中毒症状表现为很快呆滞不动；或麻痹，失去取食能力而死亡。特点：一是杀虫谱广，且具有多种杀虫作用。对多种作物上的食叶害虫、钻蛀性害虫以及刺吸式害虫均有良好防效。此类杀虫剂除具有触杀和胃毒作用外，还具有内吸作用，某些品种还有熏蒸作用，对害虫的成虫、幼虫、卵都有一定杀伤力。田间使用比较灵活，既有速效性，又有较长的持效性。二是低毒低残留，对环境污染小。目前使用的品种均属于低毒到中毒范围，在自然条件下易分解，使用起来较大多数有机磷和氨基甲酸酯杀虫剂更安全。三是对家蚕、蜜蜂毒性较高。在放养蜜蜂、饲养家蚕等地区，使用时须特别慎重，选择合适的施药方法、剂型、时期，以免污染桑树和蚕具，并避开蜜蜂采蜜期。四是某些品种对一些作物有不良影响，如十字花科和某些品种对杀螟丹、杀虫双敏感，豆类、棉花地杀虫单、杀虫双更易产生药害。主要品种有：杀虫双、杀虫单、杀螟丹。

5. 新烟碱类（氯化烟碱类） 主要是通过选择性控制昆虫神经系统烟碱型乙酰胆碱酯酶受体，阻断昆虫中枢神经系统的正常传导，从而导致害虫出现麻痹进而死亡。由于该类杀虫剂具有独特的作用机制，与常规杀虫剂没有交互抗性，其不仅具有高效、广谱及良好的根部内吸性、触杀和胃毒作用，而且对哺乳动物毒性低，可有效防治同翅目、鞘翅目、双翅目和鳞翅目等害虫，对用传统杀虫剂防治产生抗药性的害虫也有良好的活性。新烟碱类杀虫剂既可用于茎叶处理，也可用于土壤、种子处理。主要品种有：吡虫啉、啶虫脒、烯啶虫胺、氯噻啉、噻虫啉、噻虫嗪、噻虫胺、呋虫胺等。

6. 苯甲酰脲类　苯甲酰脲杀虫剂，主要成分是苯甲酰基脲类化合物，是一类能抑制靶标害虫的几丁质合成而导致其死亡或不育的昆虫生长调节剂，被誉为第三代杀虫剂或新型昆虫控制剂。对害虫主要是胃毒作用，触杀作用很小，兼有杀卵作用。对成虫无杀伤力，但有不育作用。与有机磷、氨基甲酸酯、菊酯类等杀虫剂之间无交互抗性。用药量少，毒力高于有机磷和氨基甲酸酯，相当或略低于菊酯类杀虫剂。选择性高，人及畜禽等没有几丁质，所以对人畜毒性很低，也无慢性毒性问题，在动植物体内及土壤和水中都易分解，因此在农产品中残留量很低，对环境无污染。对家蚕剧毒，须严防污染桑叶和养蚕用具。杀虫谱广，能防治鳞翅目、鞘翅目、同翅目的许多农业害虫，以及双翅目中的蚊、蝇等卫生害虫。有些品种对螨类，以及为害家畜的寄生螨、蜱亦有较好的防治效果。由于氟啶脲、氟铃脲、氟虫脲、杀铃脲、灭幼脲等脲类产品对甲壳类水生生物毒性高，存在使用风险，不能在水稻上使用。主要品种有：除虫脲、灭幼脲、杀铃脲、氟铃脲、氟啶脲、抑食肼等。

7. 双酰胺类　双酰胺类杀虫剂在大田对鳞翅目害虫的表现非常突出，在卵孵盛期—低龄幼虫期使用，防效优于目前绝大多数杀虫剂，持效期长，保叶效果显著；毒性极低，安全性高。双酰胺类杀虫剂产品对蜜蜂、鱼类、天敌生物、人畜、鸟类等高度安全，对甲壳类动物有一定风险；对成虫、幼虫均有效果。对幼虫主要通过胃毒作用，兼有触杀作用；对成虫主要通过触杀作用。对低龄幼虫具有极高活性，对高龄高活性，对成虫中等活性。双酰胺类杀虫剂从结构上包括邻苯二酰胺、邻甲酰氨基苯甲酰胺和间苯甲酰氨基苯甲酰胺类杀虫剂 3 种结构。

（1）邻苯二甲酰胺类。氟苯虫酰胺具有独特的作用方式，高效广谱，残效期长，毒性低，用于防治鳞翅目害虫，对除虫菊酯类、苯甲酰脲类、有机磷类、氨基甲酸酯类已产生抗性的小菜蛾 3 龄幼虫具有很好的活性。对几乎所有的鳞翅目类害虫均具有很好的活性。主要用于蔬菜、水果、水稻和棉花防治鳞翅目害虫，对成虫和幼虫均有优良活性，作用迅速、持效期长。

（2）邻甲酰氨基苯甲酰胺类。氯虫苯甲酰胺高效广谱，在低剂量下就有可靠和稳定的防效，害虫立即停止取食，药效期长，防雨水冲洗，在作物生长的任何时期提供即刻和长久的保护。由于该药具有较强的渗透性，药剂能穿过茎部表皮细胞层进入木质部，从而沿木质部传导至未施药的其他部位，因此在田间作业中，用弥雾或细喷雾效果更好。药剂主要作用途径以胃毒为主，施药后药液内吸传导性均匀分布在植物体内，害虫取食后迅速停止取食，慢慢死亡；有一定触杀性，但不是主要杀虫途径；对初孵幼虫有强力杀伤性，害虫出孵咬破卵壳接触卵面药剂中毒而死。

溴氰虫酰胺是第二代鱼尼汀受体抑制剂类杀虫剂，除了具有氯虫苯甲酰胺的渗透性、传导性、化学稳定性、高杀虫活性，另外还具有很强的内吸活性，杀虫更彻底。该产品与氯虫苯甲酰胺相比，适用作物更为广泛，既能防治咀嚼式口器害虫，又能防治刺吸式口器害虫，包括鳞翅目、半翅目和鞘翅目害虫。室内和田间的试验表明，其对主要的飞虱有非常优异的活性，主要用于蔬菜和果树上。由于溴氰虫酰胺具有内吸活性，因此可以采用很多方法，包括喷雾、灌根、土壤混施、种子处理及其他方式。可防治小白菜小菜蛾、小白菜菜青虫、小白菜蚜虫、小白菜斜纹夜蛾、小白菜跳甲、菜豆美洲斑潜蝇、菜豆豆荚螟、黄瓜瓜蚜、黄瓜烟粉虱、大葱斑潜蝇、大葱蓟马、大葱甜菜夜蛾、豇豆美洲斑潜蝇、豇豆豆荚螟、豇豆蓟马、豇豆蚜虫、西瓜烟粉虱、西瓜蚜虫、西瓜棉铃虫、西瓜甜菜夜蛾、番茄棉铃虫、番茄烟粉虱、番茄蚜虫、棉花蚜虫、棉花棉铃虫、棉花烟粉虱等。

8. 其他类

（1）抗生素类。利用微生物代谢产物杀虫的药剂。阿维菌素作用于昆虫神经元突触或肌肉神经元突触的 GABAA 受体，干扰神经末梢的信息传递，延长氯离子开放通道，大量氯离子的涌入阻断了神经末梢和肌肉的联系，使昆虫麻痹、拒食、死亡。主要品种：阿维菌素、伊维菌素、多杀菌素等。

（2）甲脒类。作用机理首先是麻醉轴突膜局部，然后对章鱼胺受体具有激活效果。主要品种：双甲脒。

（3）苯基吡唑类。这类物质是 γ-氨基丁酸调节的氯离子通道的有效阻塞剂，能干扰昆虫中枢神经系统的正常工作。主要品种：氟虫腈、丁虫腈、乙虫腈。

9. 杀螨剂　杀螨剂是一类用来防治蛛形纲中有害种类的药剂。主要品种：哒螨灵、噻螨酮、四螨嗪、矿物油等。

（二）杀菌（杀线）剂

指对植物病原真菌、细菌、病毒以及线虫等有害生物有预防和控制作用的药剂。

1. 铜制剂　铜制剂依靠植物表面水的酸化，逐步释放铜离子，与病菌的蛋白质结合，使其蛋白酶变性而死亡，抑制病菌萌发和菌丝发育。作为一种广谱杀菌剂，铜制剂对众多作物的细菌性病害均有突出的防治效果，如：对柑橘溃疡病、水稻白叶枯、黄瓜角斑病等有预防功能。无机铜制剂主要品种：氢氧化铜、碱式硫酸铜、波尔多液、硫酸铜钙、王铜、络氨铜等。

2. 有机硫类　此类杀菌剂的特点：杀菌广谱，对鞭毛菌、子囊菌、担子菌和半知菌等真菌有生物活性，一般为保护性杀菌剂，兼有保护和治疗作用。主要是二硫代氨基甲酸盐化合物和三氯甲硫基类化合物。主要品种：代森铵、福美锌、代森锌、代森锰锌、福美双、丙森锌、灭菌丹。

3. 有机磷类　有机磷杀菌剂是具有杀菌或抑菌活性的含磷有机化合物杀菌剂，具有内吸性，能被植物吸取，并在植物体内传导。因此，对侵入植物体内或种胚内病原菌起治疗作用。低残留，使用不当病原菌可产生抗药性。此类药剂对白粉病、水稻病害和各种卵菌有效。主要品种：异稻瘟净、敌瘟磷、甲基立枯磷、三乙膦酸铝等。

4. 苯并咪唑类 以有杀菌活性的苯并咪唑环为母体的一类有机杀菌剂，几乎所有这类化合物均显示内吸杀菌活性，广谱内吸杀菌剂，兼保护和治病作用，对真菌中多数的子囊菌、半知菌和担子菌引起的病害有防治效果。适用于多种经济作物，如禾谷类、果树、蔬菜、园林植物、花卉等。主要品种：苯菌灵、多菌灵、硫菌灵、甲基硫菌灵、噻菌灵等。

5. 三唑类 这类药剂除对鞭毛菌亚门中卵菌无活性外，对子囊菌亚门、担子菌亚门和半知菌亚门的病原菌均有活性，其作用机理为影响甾醇类生物合成，使菌体细胞膜功能受到破坏。主要品种：三唑醇、氟环唑、戊唑醇、丙环唑、苯醚甲环唑、氟硅唑、已唑醇等。

6. 酰胺类 自第一个酰胺类杀菌剂萎锈灵于 1966 年由有利来路公司（现科聚亚公司）成功开发以来，该类化合物作为杀菌剂已有 40 多年的历史，且一直有结构新颖的品种报道。众多研究结果表明，酰胺类杀菌剂主要是通过影响病原菌的呼吸链电子传递系统从而达到抑制病原菌的生长，最终导致其死亡。早期开发的产品如萎锈灵主要是通过抑制呼吸传递链上的复合体 Ⅱ 铁的琥珀酸脱氢酶从而阻碍了病原菌的呼吸，作用位点单一且杀菌谱不广。现如今酰胺类杀菌剂已发展出具有作用机理独特或多作用机理的新型化合物。按照作用机制可分为以下几类。

（1）生物合成抑制剂。主要品种：氟吡菌胺、苯酰菌胺、烯酰吗啉、缬霉威、联苯三唑醇、啶斑肟、烯效唑。

（2）生物氧化抑制剂。主要品种：氟啶胺、氰霜唑、噁唑菌酮。

（3）非卵菌纲杀菌剂。主要品种：啶酰菌胺、环氟菌胺。

7. 甲氧基丙烯酸酯类 甲氧基丙烯酸酯类杀菌剂是基于天然抗生素 strobilurin A 为先导化合物开发的新型杀菌剂，是能量生成抑制剂。它的作用机理是病原菌的生命过程需要能量，尤其是孢子萌发，更需要较多的能量供应。这些能量来自于呼吸过程中碳水化合物、脂肪和蛋白质的氧化分解，最终生成 ATP。其中碳水化合物的氧化尤为重要。糖的氧化主要通过糖酵解生成乙酰辅酶 A，然后进入三羧酸循环转及电子传递链及末端氧化。多作用位点的传统保护性杀菌剂主要影响糖酵解和三羧酸循环过程中多个酶的活性，而抑制或干扰菌体能量形成。电子传递链及末端氧化是生物有氧呼吸能量生成的主要代谢过程。一个分子的葡萄糖完全氧化为 CO_2 和 H_2O 时，在细胞内可产生 36 个分子 ATP，其中 32 个是在呼吸链中通过氧化磷酸化形成的。因此，抑制或干扰呼吸链的杀菌剂常表现很高的杀菌活性。

主要品种：吡唑醚菌酯、嘧菌酯、肟菌酯、烯肟菌酯、苯醚菌酯、啶氧菌酯、丁香菌酯和烯肟菌胺等。

8. 其他

（1）抗生素类杀菌剂：井冈霉素、多抗霉素、春雷霉素等。

（2）噁唑烷酮类：噁唑菌酮。

（3）嘧啶类：嘧霉胺和嘧菌环胺。

（三）除草剂

指预防和控制农田或非耕地杂草的药剂。依据除草剂对杂草的选择性作用方式，可将除草剂分为选择性和灭生性除草剂。选择性除草剂：除草剂在不同的植物间具有选择性，即能控制或杀死杂草而不伤害作物，甚至只防控某种或某类杂草，而不损害作物和其他杂草，凡具有这种选择性作用的除草剂称为选择性除草剂，如 2 甲4 氯钠盐、苄嘧磺隆、氯氟吡氧乙酸等。灭生性除草剂：这类除草剂对植物缺乏选择性或选择性小，草苗不分，"见绿就杀"，这类除草剂一般不能直接用于处于生长期的农田，如草甘膦、草铵膦和苯嘧磺草胺。

根据除草剂在植物体内的输导性的差异，可以将除草剂分为触杀型和输导型。触杀型除草剂：此类除草剂接触植物后不在植物体内传导，只限于对接触部位的伤害。在应用这类除草剂时应注意到喷施均匀，如唑草酮、广灭灵、敌稗等。输导型除草剂：这类除草剂被植物茎叶或根部吸收后，能够在植物体内输导，将药剂输送到其他部位，甚至遍及整个植株，如二氯喹啉酸、苯磺隆、草甘膦等。

除草剂按施用方法的不同可以分为土壤处理剂和茎叶处理剂。土壤处理剂：以土壤处理法施用的除草剂称为土壤处理剂。这类除草剂是通过杂草的根、芽鞘或下胚轴等部位吸收而发挥除草作用，如乙草胺、氟噻草胺等。茎叶处理除草剂：以茎叶处理法施用的除草剂称之为茎叶处理剂。这类除草剂一般能被杂草的茎叶或根系吸收，如唑草酮、苯磺隆、唑啉草酯等。有些除草剂既有土壤活性又有茎叶活性，既可做土壤处理剂，又可作茎叶处理剂，如吡氟酰草胺等。

依据除草剂的化学结构分类，除草剂可以分为如下类型：酰胺类、均三氮苯类、磺酰脲类、二苯醚类、脲类、苯基氨基甲酸酯类、硫代氨基甲酸酯类、苯氧羧酸类、苯甲酸类、芳氧基苯氧基丙酸类、联吡啶类、二硝基苯胺类、有机磷类、咪唑啉酮类、哒嗪酮类、三氮苯酮类、脲嘧啶类、环己烯酮类、腈类、邻苯二甲酰亚胺类、磺酰胺类、嘧啶水杨酸类等。

依据除草剂的作用机制，分光合作用抑制剂、氨基酸生物合成抑制剂、脂肪生物合成抑制剂、细胞分裂抑制剂和激素型除草剂。

常用除草剂分类见表 2-1。

表 2-1　常用除草剂按作用机制分类

作用机制	化学结构	除草剂种类
乙酰辅酶 A 羧化酶抑制剂（ACCa-se）	芳氧苯氧丙酸类	喹禾灵、精喹禾灵、吡氟氯草灵、精噁唑禾草灵、精吡氟禾草灵、乳氟禾草灵、喔草酯、炔草酯、氰氟草酯
	环己烯酮类	烯草酮、禾稀定、肟草酮、苯草酮、噻草酮、丁苯草酮、吡喃草酮、环苯草酮
	苯基吡唑啉类	唑啉草酯

（续）

作用机制	化学结构	除草剂种类
乙酰乳酸合成酶抑制剂（ALS）或乙酰羟酸合成酶（AHAS）抑制剂	磺酰脲类	苯磺隆、噻磺隆、苄嘧磺隆、磺酰磺隆、氯吡嘧磺隆、甲基碘磺隆钠盐、甲基二磺隆、单嘧磺隆、甲磺隆、绿（氯）磺隆、醚苯磺隆、单嘧磺酯、氟唑磺隆
	三唑并嘧啶类	啶磺草胺、唑嘧磺草胺、唑嘧磺草胺、甲氧磺草胺、氯酯磺草胺、双氯磺草胺、双氟磺草胺、五氟磺草胺
	嘧啶水杨酸类	双草醚、嘧草硫醚、嘧啶肟草醚、环酯草醚
光合作用光合系统Ⅱ（PSⅡ）抑制剂	三嗪类	莠去津、西玛津、扑草净、氰草津、西草净、莠灭净、扑草津、异丙净、氟草净
	取代脲类	异丙隆、绿麦隆、利谷隆、敌草隆、莎扑隆、伏草隆
	腈类	溴苯腈、辛酰溴苯腈
	苯并噻二唑类	苯达松
原卟啉原氧化酶（PPO）抑制剂	三唑啉酮类	唑草酮、唑酮草酯
	吡唑类	吡草醚
	N-苯基肽亚胺类	氟烯草酸、丙炔氟草胺、氟噻甲草酯、嗪草酸甲酯
对-羟苯基丙酮酸双氧化酶（HP-PD)	三酮类	磺草酮、硝磺草酮、双环磺草酮、苯唑草酮、吡氟酰草胺
	异噁唑类	异噁唑草酮、异噁氯草酮
	吡唑类	吡唑特、吡草酮、苄草唑
脂类合成抑制剂	酰胺类	乙草胺、甲草胺、丙草胺、异丙甲草胺、苯噻草胺、甲氧噻草胺、异噁草胺、吡草胺、四唑酰草胺、氟丁酰草胺、吡氟草胺、氟吡草胺、氟噻草胺
	硫代氨基甲酸酯类	丁草特、禾草丹、野麦畏、灭草猛、禾草特、环草特、哌草丹、磺草灵

（续）

作用机制	化学结构	除草剂种类
人工合成的植物生长素	苯氧羧酸类	2，4-滴异辛酯、2甲4氯钠盐、2甲4氯胺盐
	芳香基吡啶甲酸类	氟氯吡啶酯
	苯甲酸类	麦草畏
	吡啶羧酸类	氯氟吡氧乙酸、氨氯吡啶酸、二氯吡啶酸

1. 苯氧羧酸类 苯氧羧酸类除草剂属激素型除草剂，植物吸收这类除草剂后，通过木质部或韧皮部在植物体内上下传导，在分生组织积累，从而打破植物体内激素平衡，影响到植物正常代谢，导致敏感杂草组织损伤。该类除草剂主要是用作茎叶处理，适用于禾谷类作物、非耕地、牧地和草坪，防除一年生和多年生阔叶杂草，如苋、藜、苍耳、田旋花、马齿苋、大巢菜、婆婆纳、播娘蒿等。主要品种有：2，4-滴异辛酯、2，4-滴丁酸、2甲4氯等。

2. 二苯醚类 二苯醚类化合物是一种原卟啉原氧化酶抑制剂，使叶绿素合成受阻，从而导致杂草叶片枯萎死亡。这类除草剂作用速度快，对后茬作物安全。土壤封闭处理剂主要防除一年生杂草，应在杂草萌芽前施用，对阔叶杂草防除效果好于禾本科杂草；在土壤中不易移动，持效期中等。对植物主要起触杀作用，对作物易产生药害，但只是触杀性药害，一般5～10天可恢复，不影响产量。主要品种：乙氧氟草醚、氟磺胺草醚、乙羧氟草醚、乳氟禾草灵、三氟羧草醚等。

3. 二硝基苯胺类 二硝基苯胺类除草剂是通过干扰能量发生机制或阻碍能量传递机制来破坏ATP的形成，主要抑制次生根生长，严重抑制细胞的有丝分裂与分化，对幼芽也产生抑制作用。除了仲丁灵以外，所有品种对杂草和耐药性作物的次生根都有明显抑制作用；此外，抑制幼芽生长造成植物生长停滞而导致死亡，该类除草剂在作物播种前或出苗前进行土壤处理。对禾本科杂草的防除效果好于阔叶杂草。土壤有机质含量、含水量、结构、pH等土壤条件与除草剂活性关系密切。主要品种：氟乐灵、二甲戊灵、仲丁灵等。

4. 三氮苯类　三氮苯类除草剂作用机制是光合作用光合系统Ⅱ（PSⅡ）抑制剂，影响同化产物合成。主要是土壤封闭处理，莠去津、氰草津等也可在苗后杂草 3 叶期前作茎叶兼土壤处理，效果更好。可用于玉米、黍、甘蔗及苹果、葡萄等，"津"类除草剂的持效期长，注意后茬作物安全性，可以通过与其他类除草剂混用减量使用提高安全性，西马津防治马唐属、黍属的杂草效果优于莠去津，莠去津用于高粱地除草比较安全，同时可播前混土、播后苗前或苗后处理。"净"类除草剂对茎叶的活性较强，可在苗后早期进行茎叶兼土壤处理。甘蔗耐药性较强，对品种要求不严。果园里施用莠去津、扑草净等宜在雨季来临前施用，雨季中发挥高效。主要品种：莠去津、莠灭净、扑草净、西玛津、氰草津、西草净等。

5. 酰胺类　酰胺类除草剂主要通过阻碍植物体内蛋白质合成抑制细胞分裂而起作用，属芽前除草剂，是目前生产中应用较为广泛的一类除草剂，可以用于水稻、玉米、大豆、棉花、花生等多种作物，防除一年生禾本科杂草和部分阔叶杂草，由于该类药剂杀草谱广、效果突出、价格低廉、施用方便等优点，在生产中应用广泛，使用面积较大。主要品种：乙草胺、丁草胺、异丙甲草胺、丙草胺、苯噻草胺等。

6. 磺酰脲类　磺酰脲类除草剂的作用机制是抑制植物体内乙酰乳酸合成酶 ALS，使 3 种支链氨基酸合成受阻，从而阻止细胞分裂，植物生长点生长受抑制，达到除草目的；属超高效除草剂，用量很低，比传统除草剂的除草效率提高 $100\sim1\,000$ 倍，磺酰脲类除草剂具有除草活性高、杀草谱广、对人畜安全的特点被广泛使用。主要品种：苄嘧磺隆、烟嘧磺隆、吡嘧磺隆、甲嘧磺隆、乙氧磺隆等。

7. 磺酰胺类　磺酰胺类通过抑制乙酰乳酸合成酶 ALS 的活性来阻碍植物体内支链氨基酸（亮氨酸、异亮氨酸、缬氨酸）的生物合成，从而抑制杂草生长直到死亡。该类除草剂属于长残留除草剂，在土壤中通过微生物降解而消失，对大多数后茬作物安全。以防除阔叶草为主，在生产中使用时与防禾本科草除草剂混用，扩大杀草谱，提高田间总体防效。主要品种：唑嘧磺草胺、五氟磺草胺、氟酮磺草胺等。

8. 咪唑啉酮类 咪唑啉酮类通过抑制乙酰乳酸合成酶 ALS 的活性来阻碍植物体内支链氨基酸（亮氨酸、异亮氨酸、缬氨酸）的生物合成，此类除草剂通过植物茎叶与根吸收，在木质部与韧皮部进行传导，积累于分生组织，抑制生长，最终造成植物死亡。其选择性强、杀草谱广、用量低及对环境安全，这类除草剂某些品种残留期较长，从而伤害轮作中的敏感后茬作物。主要品种：咪唑乙烟酸、甲氧咪草烟、甲咪唑烟酸。

9. 芳氧苯氧基丙酸类 芳氧苯氧基丙酸类除草剂主要通过抑制禾本科植物体内乙酰辅酶 A 羧化酶 ACCase 的活性，抑制脂肪酸的合成，主要防除禾本科杂草，该类除草剂通常被加工成酯类，更容易被杂草所吸收。主要品种：精吡氟禾草灵、乳氟禾草灵、噁唑禾草灵等。

10. 环己烯酮类 环己烯酮类除草剂主要通过抑制禾本科植物体内乙酰辅酶 A 羧化酶 ACCase 的活性，抑制脂肪酸的合成，主要应用于阔叶作物田防除禾本科杂草。主要品种：烯禾啶、烯草酮、肟草酮、苯草酮等。

11. 苯甲酸类 苯甲酸类除草剂具有类生长素和干扰内源生长素的作用，主要造成植物根与芽的生长畸形，通常作为茎叶处理剂，用于禾本科作物田，防除一年生和多年生阔叶杂草。主要品种：麦草畏。

12. 氨基甲酸酯类 氨基甲酸酯类中的双氨基甲酸酯类除草剂的作用机理和三氮苯类除草剂相似，抑制光合作用系统 II 的电子传递。氨基甲酸酯类除草剂中的其他品种的作用机理则是抑制分生组织的细胞分类。该类土壤处理剂主要通过植物的幼根和幼芽吸收，叶面处理剂则是通过茎叶吸收。主要品种：禾草丹、禾草敌、哌草丹、野麦畏、甜菜宁、甜菜安、氯苯胺灵等。

13. 吡啶类 吡啶类除草剂通过抑制线粒体系统的呼吸作用及核酸代谢，促进三磷酸腺苷的活性，改变线粒体的容积及粒体膜的构形，阻碍细胞的有丝分裂，致使植物变畸、滞长，为内吸传导型除草剂。主要品种：氟硫草定、氨氯吡啶酸、氯氟吡氧乙酸、三氯吡氧乙酸。

14. 有机磷类 有机磷类除草剂为内吸传导型除草剂。莎稗磷等少部分为选择性土壤处理剂，由植物的根系、胚芽鞘及幼龄叶片吸收，主要通过非共质体传导，而后积累在根部和茎叶的分生组织中。草甘膦为灭生性茎叶处理剂，由植物的绿色叶片吸收，通过共质体传导，而后也积累在根部和茎叶的分生组织中。主要品种：莎稗磷、草甘膦、草铵膦。

（四）植物生长调节剂

指对植物的生长、发育起调节作用的药剂，常见的如赤霉素、多效唑、乙烯利等。

植物生长调节剂进入植物体内刺激或抑制植物内源激素转化的数量和速度，从空间和时间上调节植物的生长发育或改变某些局部组织的微观结构，从效果上起到了植物内源激素的作用。根据植物生长调节剂在农业生产中所发挥的作用，可把植物生长调节剂分为植物生长促进剂、植物生长延缓剂和植物生长抑制剂三类。

1. 植物生长促进剂 植物生长促进剂是指能促进植物细胞分裂、分化和伸长的化合物。根据其化学结构或活性的不同，又可分为生长素类、赤霉素类、细胞分裂素类、乙烯类和油菜素甾醇类。

（1）生长素类。生长素类植物生长调节剂主要品种有吲哚乙酸、吲哚丁酸、萘乙酸、萘乙酰胺、萘氧乙酸等，可被植物根、茎、叶、花、果吸收，并传导到作用部位，促进细胞伸长生长；诱导和促进植物细胞分化，尤其是促进植物维管组织的分化；促进侧根和不定根发生；调节开花和性别分化；调节坐果和果实发育；控制顶端优势。应用于生产中，生长素类植物生长调节剂可促进插条生根，果实膨大，防止落花落果，提高坐果率，最终达到增产目的。

（2）赤霉素类。赤霉素主要通过发酵来生产，其中以 GA_3（赤霉酸，也称为 920）为主，也有 GA_4、GA_7 的混合物，目前通过发酵法的改良，可以单一生产 GA_4。应用赤霉素可打破种子、块茎、鳞茎等植物器官的休眠，促进发芽；可促进植物茎节的伸长和生长；促进花芽分化和开花，改变雌、雄花比例。赤霉素的主要用途之一是种植无核葡萄、促进成熟及果实肥大，在盛花期两周前，开花后 10 天，用 100 毫克/升溶液浸渍处理两次，即可使葡萄无核，成熟期提前 2～3 周。赤霉素对谷物种子的 α-淀粉酶的生物合成有促进作用，所以在啤酒工业制备麦芽时，用赤霉素处理，可以提高麦芽的 α-淀粉酶的活性。GA_3 用于水稻、芹菜，增产作用明显。苄氨基嘌呤与 GA_4、GA_7 混用可促进坐果、调节果型。GA_4、GA_7 混用可使黄瓜雄花比率大大提高。

（3）细胞分裂素类。细胞分裂素类植物生长调节剂可被植物发芽的种子、根、茎、叶吸收，促进植物的细胞分裂、促进细胞扩大、促进芽的分化、促进侧芽发育和消除顶端优势、延缓叶片衰老。糠氨基嘌呤 20 毫克/升喷洒促进多种作物幼苗生长；20 毫克/升喷洒芹菜、菠菜、莴苣叶片，40 毫克/升喷洒白菜、结球甘蓝叶片，可保绿，延长存放期。

苄氨基嘌呤在开花前后 50～100 毫克/升浸或喷花，可促进葡萄、瓜坐果；采收前后用 10～20 毫克/升喷洒，可延长菠菜、芹菜、莴苣等叶菜类蔬菜存放期；10～20 毫克/升处理作物块根、块茎可刺激膨大。氯吡脲经根、茎、叶、花、果吸收并运输；可以促进细胞分裂，增加细胞数量，增大果实，提高花粉可育性，诱导果树单性结实，促进坐果，改善果实品质；可用于猕猴桃、桃树、葡萄果实膨大；在桃开花后 30 天以 20 毫克/升喷幼果，在中华猕猴桃开花后 20～30 天以 5～10 毫克/升浸果，可促进果实增大。

（4）乙烯类。乙烯释放剂具有促进开花、脱花脱叶、催熟果实、抑制生长等生理功能。乙烯利应用最为普遍，可用于番茄、黄瓜、苹果、烟草、棉花等作物催熟；用于玉米、水稻矮化、防止倒伏；诱导不定根的形成；刺激某些植物种子萌发，解除种子休眠；在割胶期涂割胶带、处理橡胶树树皮，促进胶乳分泌和增产；诱导黄瓜、葫芦、南瓜、甜瓜开花和促进雌花形成等。

（5）油菜素甾醇类。与传统的五大类植物激素相比，其作用机理独特、生理效应广泛、生理活性极高，但用量仅是五大激素的1‰，应用范围很广，粮、棉、油、蔬菜、茶、桑、瓜果、花卉和树木等均可使用，而且增产幅度大、产品质量好，无毒副作用。在蔬菜上应用除提高叶菜类产量外，还可保花、保果、增大果实和改善品质等。

除了上述种类之外，还有一些种类也具有植物生长促进作用。如核苷酸用于籼稻、黄瓜提高产量；三十烷醇广泛用于水稻、小麦、玉米、花生、大豆、棉花及蔬菜等多种作物增产；复硝酚钠可用于促进植物生长发育、提早开花、打破休眠、促进发芽、防止落花落果、改良植物产品的品质等方面，在植物播种开始至收获之间的任何时期皆可使用；氯化胆碱主要用于甘薯、水稻、大豆、玉米等作物增产。

2. 植物生长延缓剂　植物生长延缓剂不抑制顶端分生组织的生长，而对茎部亚顶端分生组织的分裂和扩大有抑制作用，因而它只使节间缩短、叶色浓绿、植株变矮，而植株形态正常，叶片数目、节数及顶端优势保持不变。外施赤霉素可逆转植物生长延缓剂的效应。

多效唑可以通过植物的根、茎、叶吸收，其通过抑制赤霉素的合成，减少细胞的分裂和伸长。植物主要表现为延缓生长、矮化植株。另外，多效唑还可增加叶绿素、核酸、蛋白质含量，阻滞或延迟植物衰老，增加抗逆性。多效唑也是一种杀菌剂，可以用来防治锈病、白粉病。烯效唑的功效与多效唑相同。

矮壮素可使被处理的植物茎部缩短，减少节间距，从而使植株变矮，茎秆变粗，叶色变绿，叶片加宽、加厚，增加抗倒伏能力；广泛用于小麦、水稻、棉花、烟草、玉米等作物；还可防止棉花落铃，增加马铃薯及甘薯的产量。

3. 植物生长抑制剂　植物生长抑制剂主要作用于植物顶端，对顶端分生组织具有强烈的抑制作用，使其细胞的核酸和蛋白质合成受阻，细胞分裂慢，顶端停止生长，导致顶端优势丧失。植物形态也发生变化，如侧枝数目增加，叶片变小等。这种抑制作用不是由抑制赤霉素引起的，所以外施生长素等可以逆转这种抑制效应，而外施赤霉素则无效。

三碘苯甲酸抑制植物生长素的传导或减低植株体内的生长素浓度，因而可抑制茎尖和侧枝的形成，阻碍节间伸长，使植株变矮，增加分蘖，叶片增厚、浓绿，顶端优势受阻，对植株有整形和促使花芽形成的作用。整形素阻碍生长素从顶芽向下传导，减弱顶端优势，促进侧芽生长，形成丛生株，并抑制侧根形成。

抑芽丹用于马铃薯、洋葱、大蒜、萝卜等作物，防止贮藏期发芽变质，也用于棉花、玉米杀雄，对核桃、女贞等可起到打尖、修剪作用。

氟节胺是一种烟草侧芽抑制剂，烟草打顶后采用杯淋法施药 1 次，即可抑制烟草腋芽发生直至收获。

二硝基苯胺类除草剂仲丁灵、二甲戊乐灵在烟草上广泛用于烟芽抑制剂。

（五）杀鼠剂

指用于预防和控制鼠类有害啮齿类动物的药剂，如敌鼠钠盐、溴敌隆、溴鼠灵等杀鼠药剂。杀鼠剂进入鼠体后可在一定部位干扰或破坏体内正常的生理生化反应：作用于细胞酶时，可影响细胞代谢，使细胞窒息死亡，从而引起中枢神经系统、心脏、肝脏、肾脏的损坏而致死（如磷化锌等）；作用于血液系统时，可破坏血液中的凝血酶源，使凝血时间显著延长，或者损伤毛细血管，增加管壁的渗透性，引起内脏和皮下出血，导致内脏大出血而致死（如抗凝血杀鼠剂）。

按杀鼠作用的速度可分为速效性和缓效性两大类。

1. 速效性杀鼠剂或称急性单剂量杀鼠剂 其特点是作用快，鼠类取食后即可致死。缺点是毒性高，对人畜不安全，并可产生第二次中毒，鼠类取食一次后若不能致死，易产生拒食性。主要品种：磷化锌、毒鼠强等。

2. 缓效性杀鼠剂或称慢性多剂量杀鼠剂 其特点是药剂在鼠体内排泄慢，鼠类连续取食数次，药剂蓄积到一定剂量方可使鼠中毒致死，对人畜危险性较小。主要品种：溴鼠灵、溴敌隆、敌鼠钠盐等。

按作用方式可分为胃毒剂、熏蒸剂、驱避剂和引诱剂、不育剂四大类。

1. 胃毒性杀鼠剂 药剂通过鼠取食进入消化系统，使鼠中毒致死。这类杀鼠剂一般用量低、适口性好、杀鼠效果高，对人畜安全，是目前主要使用的杀鼠剂。主要品种：敌鼠钠、溴敌隆、杀鼠醚等。

2. 熏蒸性杀鼠剂 药剂蒸发或燃烧释放有毒气体，经鼠呼吸系统进入鼠体内，使鼠中毒死亡，其优点是不受鼠取食行动的影响，且作用快，无两次毒性；缺点是用量大，施药时防护条件及操作技术要求高，操作费工，适宜于室内专业化使用，不适宜散户使用。主要品种：氯化苦、溴甲烷、磷化锌等。

3. 驱避剂和引诱剂 驱避剂的作用是把鼠驱避，使鼠不愿意靠近施用过药剂的物品，以保护物品不被鼠咬。引诱剂是将鼠诱集，但不直接杀害鼠的药剂。

4. 不育剂 通过药物的作用使雌鼠或雄鼠不育，降低其出生率，以达到防除的目的，属于间接杀鼠剂量，亦称化学绝育剂。主要品种：莪术醇。

三、有关农药的相关基本概念

(一) 农药毒性

农药毒性是指农药对人畜及其他有益生物产生直接或间接的毒

害作用，或使其生理功能受到严重破坏作用的性能。

（二）农药药效

农药药效是衡量农药在具体环境因素下对有害生物综合作用效力的大小，也就是通常所讲的农药对病、虫、草害等有害生物的毒杀效果。评价农药产品药效主要是指农药的防治效果和对作物安全性的综合评价。

（三）农药残留

农药残留是指农药使用后，在农产品及环境中农药活性成分及其在性质上和数量上有毒理学意义的代谢（或降解、转化）产物。

（四）农药最大残留限量

为了保护公众健康，管理部门设定了食品里允许含有农药残留的上限。有一种标准叫最高残留量（MRL），它是指食品、农产品或动物饲料中含有可以允许的合法农药残留含量。

（五）农药安全间隔期

农药安全间隔期是指经残留试验确证的试验农药实际使用时，采收距最后一次施药的间隔天数。

（六）农药环境影响

大量使用农药易对土壤、水、环境及后茬作物均会产生潜在危害，影响生态环境、食品安全、人体健康。

（七）靶标生物

农药所要防治的对象。

（八）非靶标生物

非靶标生物指农作物害虫的天敌及对人类有益的人类赖以生存

的生物，如赤眼蜂、蜜蜂、鸟、家蚕、鱼等。

第二节　农药标签内容相关知识

农药的标签和说明书是指农药包装物上或者附于农药包装物的，以文字、图形、符号，以及说明农药内容的一切说明物。在农药经营活动中，要通过查看农药产品标签和说明书了解产品性能，因此，农药标签和说明书标注内容至关重要。根据《农药标签和说明书管理办法》（中华人民共和国农业部令 2017 年第 7 号），农药标签应当标注下列内容：农药名称、剂型、有效成分及其含量；农药登记证号、产品质量标准号以及农药生产许可证号；农药类别及其颜色标志带、产品性能、毒性及其标识；使用范围、使用方法、剂量、使用技术要求和注意事项；中毒急救措施；储存和运输方法；生产日期、产品批号、质量保证期、净含量；农药登记证持有人名称及其联系方式；可追溯电子信息码；像形图和农业部要求标注的其他内容。

一、农药名称

农药名称是指农药有效成分通用名称或简化通用名称。

原药（母药）名称用"有效成分中文通用名称或简化通用名称"表示。如：敌百虫原药。

单制剂名称用"有效成分中文通用名称"表示。如：溴氰菊酯、啶虫脒、甲霜灵、二氯喹啉酸等。

混配制剂名称用"有效成分中文通用名称或简化通用名称"表示。如：多菌灵和福美双混配的制剂称为"多·福"，毒死蜱和高效氯氟氰菊酯混配的制剂称为"氯氟·毒死蜱"，苯噻酰草胺、苄嘧磺隆和乙草胺混配的制剂称为"苯·苄·乙草胺"等。

植物源农药名称可以用"植物名称加提取物"表示。如：辣椒提取物。

简化通用名称由农药登记评审委员会确定，农业农村部批准后使用。如：简化通用名称"松·烟·氟磺胺"是指异噁草松（松）、咪唑乙烟酸（烟）和氟磺胺草醚（氟磺胺）的混配制剂。

对于横版标签，农药名称应当在标签上部 1/3 范围内中间位置显著标出；对于竖版标签，应当在标签右部 1/3 范围内中间位置显著标出。除"限制使用"字样外，标签其他文字内容的字号不得超过农药名称的字号。

二、农药剂型

根据是否能够直接使用，农药可以分为原药和制剂两类。原药大部分不溶于水或不能直接使用，必须和合适的助剂、乳化剂、润湿剂等制成适宜的制剂，才能使用，以发挥应有的防治效果。因此，原药是制剂加工的原材料，一般不得直接使用，不得用于农作物或其他场所，但是经过批准允许直接使用的除外。

目前，根据国家标准《农药剂型名称与代码》（GB/T 19378—2017 代替 GB/T 19378—2003）的规定，农药剂型分为原药和母药、固体制剂、液体制剂、种子处理剂及其他制剂，常见的农药剂型如下。

（一）原药和母药

产品在标签上应当注明"本品是农药制剂加工的原材料，不得用于农作物或者其他场所"，且不标注使用技术和使用方法。但是，经登记批准允许直接使用的除外。

1. 原药（TC） 在制造过程中得到有效成分及有关杂质组成的产品，必要时可加入少量添加剂（稳定剂）。

2. 母药（TK） 在制造过程中得到有效成分及有关杂质组成的产品，可能含有少量必需的添加剂（如稳定剂）和适当的稀释剂。

（二）乳油（EC）

用水稀释分散成乳状液含有效成分的均相液体制剂。由农药原药、溶剂、乳化剂经溶解混合而成的均匀透明的油状液体；有的还加入少量助溶剂和稳定剂，具有药效高、施用方便、性质稳定、不易分解、耐贮藏等特点；但由于含有大量有机溶剂，怕高温、怕火源，产品运输、贮存不安全，使用后易污染环境。

（三）可湿性粉剂（WP）

有效成分在水中分散成悬浮液的粉状制剂。由农药原药、填料和湿润剂经混合粉碎而成的粉状剂，易被水润湿并能在水中分散悬浮；具有湿润性能好、贮存运输较安全、使用方便等特点；但一般不能贮存时间过长，否则易产生结块而影响药效。

（四）颗粒剂（GR）

具有一定粒径范围可自由流动含有有效成分的粒状制剂。由农药原药、载体和助剂混合加工而成；具有持效期长、使用方便、操作安全、粉尘飞扬少、对环境污染小，以及对天敌和益虫安全、可控制释放速度、延长持效期及应用范围广等众多优点。

（五）悬浮剂（SC）

有效成分以固体微粒分散在水中成稳定的悬浮液体制剂，一般用水稀释使用。该制剂是一种可流动的液体状制剂，由不溶于水的固态农药原药与分散剂、润湿剂等助剂混合后，在水或油介质中经超微磨研而成。该剂型既克服了可湿性粉剂在倒入水中时产生的粉尘飞扬，对使用者产生危害的缺点，又克服了乳油类产品需要使用大量有机溶剂的缺点。

（六）可溶液剂（SL）

用水稀释成透明或半透明含有效成分的液体制剂，可含有不溶于水的惰性成分。水中呈微溶状态的农药原药配以大量亲水性极性溶剂，在辅以助溶剂和乳化剂后所制得的一种在使用中能在水中溶解的农药剂型。许多原来很难制成液体剂型的原药，通过可溶液剂剂型能溶于水，并能呈分子状，具有很强的穿透性，通常用于特定的防治对象。

（七）可溶粉剂（SP）

有效成分在水中形成真溶液的粉状制剂，可含有不溶于水的惰性成分。可溶粉剂是由易溶于水的农药和少量填料混合粉碎而成，有的加入少量表面活性剂，使用时加水稀释后，有效成分溶于水形成真溶液，喷雾使用。

（八）可溶粒剂（SG）

有效成分在水中形成真溶液的粒状制剂，可含不溶于水的惰性成分。

（九）可溶片剂（ST）

有效成分在水中形成真溶液的片状制剂，可含不溶于水的惰性成分。

（十）烟剂（FU）

通过点燃发烟（或经化学反应产生的热能）释放有效成分的固体制剂。由农药原药和定量的燃料（锯木屑、木炭粉、煤粉）、助燃剂（硝酸钾、硝酸铵）、消燃剂（陶土）等均匀混配加工而成。烟剂的特点是使用方便、节省劳力，它可以扩散到其他防治方法不能达到的地方，很适宜防治林业害虫，以及仓库和温室的虫害和病害。

（十一）水乳剂（EW）

有效成分（或其有机溶液）在水中形成乳状液体制剂。有效成分溶于有机溶液中，并以微小的液珠分散在连续相水中，形成非均相乳状液制剂，具有有机溶剂使用量低、产品不易飘移、低毒、高效、高稳定性等优点，但生产成本相对较高，不适合于所有农药成分，可能对高、低温敏感。

（十二）微乳剂（ME）

有效成分在水中成透明或半透明的微乳状液体制剂，直接或用水稀释后使用。特点是不易燃易爆，生产、贮运和使用安全；不用或少用有机溶剂，环境污染小；粒子比通常的乳油粒子小，对植物和昆虫细胞有良好渗透性，吸收率高；水为基质，产品成本低。

（十三）悬乳剂（SE）

有效成分以固体微粒和水不溶的微小液滴形态稳定分散在连续的水相中成非均相液体制剂。

悬乳剂可视为水乳剂和悬浮剂的组合。特点是有机溶剂使用量少，允许不同性质的农药成分混合等优点，但也有可能不稳定、贮存时易沉降聚集等缺点。

（十四）微囊悬浮剂（CS）

含有效成分的微囊分散在液体中形成稳定的悬浮液体制剂。微胶囊稳定的悬浮剂，用水稀释后成悬浮液使用；具有使用时粉尘量极低、有机溶剂量少、低毒、持效期长等优点，但也有生产设备昂贵、容易冻结、温度高时产品黏稠、包装费用较贵等缺点。

（十五）水分散粒剂（WG）

在水中崩解、有效成分分散成悬浮液的粒状制剂，即由农药原药、分散剂、润湿剂、崩解剂、黏结剂和填料等加工而成的粒状剂型，加水后能迅速崩解并分散成悬浮液；兼有可湿性粉剂和悬浮剂所具有的悬浮性、分散性、稳定性好的特点，使用时粉尘量少，包装便宜，易于处理和计量，不含有机溶剂，不易聚结，但生产设备较昂贵。

（十六）可分散片剂（WT）

在水中崩解、有效成分分散成悬浮液的片状制剂，即由农药原药、分散剂、润湿剂、崩解剂、黏结剂和填料等加工而成的片状剂型，加水后能迅速崩解并分散成悬浮液。

（十七）种子处理悬浮剂（FS）

直接或稀释用于种子处理，含有效成分、稳定的悬浮液体制剂。

（十八）粉剂（DP）

适用喷粉或撒布含有效成分的自由流动粉状制剂，由原药、填料、助剂经混合—粉碎—混合而成。此制剂加工方便、成本低，施用时无须用水作载体。

（十九）油剂（OL）

用有机溶剂稀释（或不稀释）成均相、含有效成分的液体制剂。对人畜较安全、黏附性高、耐雨水冲刷。

（二十）超低容量液剂（UL）

直接或稀释后在超低容量设备上使用的均相液体制剂；使用量少、应用迅速，使用时不需加水或加水量极少；但毒性相对较高，飘移时易带来危害、需要特殊使用设备。

（二十一）饵剂（RB）

为引诱靶标有害生物（害虫和鼠等）取食直接使用、含有效成分的制剂。一般分为饵片、饵粒、饵粉、胶饵，饵片为片状饵剂，饵粒为粒状饵剂，胶饵为可放在饵盒里直接使用或用配套器械挤出或点射使用的胶状饵剂。

（二十二）可分散油悬浮剂（OD）

有效成分（可能含其他溶解的有效成分）稳定悬浮于有机流体中的液体制剂，用水稀释后使用。

三、农药成分和含量

标签应当标明产品中具体有效成分的名称及含量，并且与农药登记证、产品标准或产品化学资料一致。对混配制剂，应当分别标注总有效成分含量、各有效成分的通用名称及含量。比如50%多·福可湿性粉剂，要标注其总有效成分含量为50%，多菌灵及含量、福美双及含量和剂型应当醒目标注在"多·福"农药名称的正下方（横版标签）或者正左方（竖版标签），字体、字号、颜色应当一致，字体高度不得小于"多·福"农药名称的1/2。

一般来说，固体产品以质量百分含量（%）表示，如50%可湿性粉剂，液体产品采用质量体积（克/升）或质量百分含量（%）表示。由于不同液体产品的密度不同，采用质量体积（克/升）与质量百分含量（%）表示，有效成分含量有时有一定差异。但对于液体原药产品，因其不直接使用，仍用质量百分含量（%）表示。

对于少数特殊农药，根据产品的特殊性，采用特定的通用单位表示。如：微生物制剂，苏云金杆菌采用IU/毫升表示，枯草芽孢杆菌等产品采用"个活芽孢/克"表示等。

四、农药登记证号、产品标准号及农药生产许可证号

（一）农药登记证号

农药登记证号格式为：产品类别代码＋年号＋顺序号。产品类别代码为PD，年号为核发农药登记证时的年份，用四位阿拉伯数字表示，顺序号用四位阿拉伯数字表示，如：PD20150015，为2015年批准的第15个农药登记产品。

由于原《农药管理条例》设有农药临时登记和农药分装登记制

度，因此相当长时间内，市场还会有农药临时登记和分装登记的产品流通。

农药临时登记证号：以"LS"开头，是"临时"两字的汉语拼音缩写，其编号原则是：在 LS 后顺序加注产品批准登记的年号和产品编号，如：LS20150136，为 2015 年批准的第 136 个临时登记产品。

农药分装登记证号：其编号原则如下：对取得农药临时登记的分装产品，分装登记证编号为 LSAFBC。其中 A 为所分装产品的农药登记证编号；F 为"分装"的意思，是分装登记证的标志；B 为生产企业取得农药分装证的年份，为了不使农药分装登记证的编号过长，分装登记的年份以两位数表示；C 为该分装产品在当年的顺序编号，如：LS20150273F170029，农药登记证号为 LS20150273，于 2017 年取得的第 29 个分装登记。对取得农药正式登记证的分装产品，分装登记证的编号为 PDADFBC，其中 D 表示所分装产品正式登记的顺序编号（老农药产品有此顺序编号，非老农药品种无此顺序编号），其他各字母的意义同临时登记的分装产品，如：PD20070051F070052。

现行《农药管理条例》取消了农药分装登记制度，即自 2017 年 6 月 1 日起，分装登记不需经过农业部批准，企业可根据需要自主委托分装，并承担相应的法律责任。因此，农药分装登记的最长有效期为 2018 年 5 月 31 日。但在此前批准的农药分装登记证，在其有效期内生产的农药产品，保质期内仍然可以在市场流通。因此，理论上，至 2020 年 5 月 31 日前，市场上仍然会有农药分装登记的农药产品。

（二）农药产品标准号

农药产品质量标准包括国家标准（GB）、行业标准（HG）和企业标准（Q）。为了管理和使用方便，每一项农药标准都有一个由标准代号、顺序号和年号组成的特定编号，分别为 GB/T 20691—2006、HG/T 3885—2006、Q/JLJQ01—2015。

（三）全国工业产品生产许可证号

现行《农药管理条例》实施前，农药的生产许可资质分别由工信部和国家质量监督检验总局颁发。生产有国家标准或者行业标准的农药，由国家质量监督检验总局颁发农药生产许可证，其证书标记及编号规则为"XK13－×××－×××××"，其中 XK 为许可证标记，13 为行业代号，××× 为农药产品代号，××××× 为企业证书编号，如：XK13－003－00096。农药生产许可证的有效期，自证书批准之日起为 5 年。

生产尚未制定国家标准、行业标准但已有企业标准的农药，由工信部颁发农药生产批准文件，编号规则为：HNPaaxxx－byyyy。其中，HNP 为农药生产批准文件标记，aa 为省市代码，xxx 为企业编码，b 为产品类别，yyyy 为产品代码。如：HNP22006－C2005。农药生产批准证书自发放之日起，原药生产有效期为 5 年，加工及复配制剂为 3 年，分装产品为 1 年。

现行《农药管理条例》规定，农药生产企业应当向省、自治区、直辖市人民政府农业主管部门申请农药生产许可证，其编号规则为：农药生许＋省份简称＋顺序号（四位数），农药生产许可证有效期为 5 年。

由于生产许可的管理部门发生了变化，为保证行业正常运行，农业部出台的《农药管理条例》配套规章，给不同部门颁发的生产许可设定了较长时间的过渡期。自 2017 年 8 月 1 日起实施的《农药生产许可管理办法》明确规定："在本办法实施前已取得农药生产批准证书或者农药生产许可证的农药生产企业，可以在有效期内继续生产相应的农药产品。有效期届满，需要继续生产农药的，农药生产企业应当在有效期届满九十日前，按照本办法的规定，向省级农业部门申请农药生产许可证。"即 2017 年 8 月 1 日前工信部和国家质量监督检验总局核发的农药生产许可资质在有效期内继续有效。因此，理论上市场流通标签上印制上述生产许可号可能会持续至 2022 年 8 月 1 日，市场上可能会流通至 2024 年 7 月 31 日。

向中国出口的农药可以不标注农药生产许可证号，应当标注其境外生产地，以及在中国设立的办事机构或者代理机构的名称及联系方式。

五、农药类别及其颜色标志带、产品性能

（一）农药类别及其颜色标志带

农药类别应当采用相应的文字和特征颜色标志带表示。不同类别的农药采用在标签底部加一条与底边平行的、不褪色的特征颜色标志带表示。除草剂用"除草剂"字样和绿色带表示；杀虫（螨、软体动物）剂用"杀虫剂"或者"杀螨剂""杀软体动物剂"字样和红色带表示；杀菌（线虫）剂用"杀菌剂"或"杀线虫剂"字样和黑色带表示；植物生长调节剂用"植物生长调节剂"字样和深黄色带表示；杀鼠剂用"杀鼠剂"字样和蓝色带表示；杀虫/杀菌剂用"杀虫/杀菌剂"字样、红色和黑色带表示。农药种类的描述文字应当镶嵌在标志带上，颜色与其形成明显反差。其他农药可以不标注特征颜色标志带，直接使用的卫生用农药可以不标注特征颜色标志带。

（二）产品性能

主要包括产品的基本性质、主要功能、作用特点等。对农药产品性能的描述应当与农药登记批准的使用范围、使用方法相符，农药生产企业应当对标注产品性能的科学性、真实性和合法性负责，不能夸大产品性能。

（1）不得含有不科学表示功效的断言或者保证，如"保证高产""强烈""最""防效达……以上"等夸大宣传的内容。

（2）要与登记的使用范围匹配，不得超过登记作物、防治对象谱进行宣传。例如，登记作物为甘蓝，在产品特性中不得将其使用范围扩大到十字花科蔬菜；不得出现未经登记的使用范围和防治对象的图案、符号、文字。不得笼统地说明产品的使用范

围，例如，"本品对鳞翅目害虫、蚜虫等具有强烈触杀、胃毒作用"。鳞翅目包括蛾、蝶两类，世界上约有十几万种；蚜虫属于同翅目内的一种，世界上大约有 2 000 多种，登记的防治对象不可能包括如此之广。

（3）不得出现对作物、人畜、环境绝对安全性表述，如"无害""无毒""无残留"。

六、毒性及其标识

农药可以防治病、虫、草、鼠害，但处置方法不当，易引发人、畜中毒事故。农药毒性越大，越容易引起中毒事故。在农药生产、分装、运输、销售和使用过程中，人体可能通过呼吸道、皮肤和消化道等途径接触农药，特别是一些挥发性强、易经皮肤吸收的剧毒或高毒农药，容易导致急性中毒，对接触者造成严重损害，甚至死亡。

（一）农药毒性的概念

农药毒性是指农药对人、畜及其他有益生物产生直接或间接的毒害作用，或使其生理功能受到严重破坏作用的性能。

农药进入人、畜体内的主要途径有三种，即口服、皮肤接触和经呼吸系统的吸入。在实际生活中，农药经皮肤接触和呼吸系统进入人、畜体内而发生中毒的现象较为常见。

农药毒性主要用高等动物（大小白鼠、兔、狗等）来进行测试。毒性的类型是根据对高等动物的试验时间和导致中毒的方式而划分的。农药对人、畜的毒性主要分为急性毒性、亚急性毒性和慢性毒性三类。

（二）农药毒性的分级

农药产品毒性按急性毒性分级，根据半数致死剂量或浓度（LD_{50} 或 LC_{50}）大小，农药毒性分为剧毒、高毒、中等毒、低毒和微毒五个级别。具体分级标准见表 2-2。

表 2 - 2 我国农药毒性分级标准

毒性指标	剧毒	高毒	中等毒	低毒	微毒
经口 LD_{50}（毫克/千克）	≤5	>5~50	>50~500	>500~5 000	>5 000
经皮 LD_{50}（毫克/千克）	≤20	>20~200	>200~2 000	>2 000~5 000	>5 000
吸入 LC_{50}（毫克/千克）	≤20	>20~200	>200~2 000	>2 000~5 000	>5 000

标签上分别用"⬧"标识"剧毒"字样、"⬧"标识"高毒"字样、"◆"标识"中等毒"字样、"微毒"标识"微毒"字样标注。标识应当为黑色，描述文字应当为红色。由剧毒、高毒农药原药加工的制剂产品，其毒性级别与原药的最高毒性级别不一致时，应当同时以括号标明其所使用的原药的最高毒性级别。

七、使用范围、使用方法、剂量

主要包括产品适用作物或使用范围、防治对象以及施用时期、剂量、次数和方法等。

（一）使用范围

主要包括适用作物或者场所、防治对象。如：在小麦上使用防治白粉病、在甘蓝上防治蚜虫以及木材防腐等。

（二）使用方法

指施用方式，如喷粉、喷雾、毒土、撒施、毒饵、浸种、拌种、浸渍、闷种、熏蒸、涂抹等。

（三）使用剂量

以每亩使用该产品的制剂量或者稀释倍数表示，如：用于大田作物时，采用每公顷使用该产品的制剂量表示，并以括号注明亩用制剂量或稀释倍数；用于树木等时，使用剂量采用总有效成分量的浓度值表示，并以括号注明制剂稀释倍数；种子处理剂的使用剂量采用每 100 千克种子使用该产品的制剂量表示。特殊用途的农药，使用剂量的表述应当与农药登记批准的内容一致（如烟剂）。

八、使用技术要求

《标签和说明书管理办法》中，"使用技术要求主要包括施用条件、施药时期、次数、最多使用次数，对当茬作物、后茬作物的影响及预防措施，以及后茬仅能种植的作物或者后茬不能种植的作物、间隔时间等。限制使用农药，应当在标签上注明施药后设立警示标志，并明确人、畜允许进入的间隔时间。安全间隔期及农作物每个生产周期的最多使用次数的标注应当符合农业生产、农药使用实际。用于食用农产品的农药应当标注安全间隔期，下列农药标签可以不标注安全间隔期：用于非食用作物的农药；拌种、包衣、浸种等用于种子处理的农药；用于非耕地（牧场除外）的农药；用于苗前土壤处理剂的农药；仅在农作物苗期使用一次的农药；非全面撒施使用的杀鼠剂；卫生用农药和其他特殊情形。"

另外，对限制农药做了严格要求，应当标注"限制使用"字样，并注明对使用的特别限制和特殊要求。

（1）施用时期、剂量、次数。根据产品特性和农业生产实际情况，应注明施药的最佳时期、次数、每次施药的间隔期等内容。

（2）使用条件。包括时间、天气、温度、湿度、光照、土壤、农业生产方式等。如：烟嘧磺隆不得在套种或间种其他作物的玉米田使用。

（3）使用地区。如果产品有限制使用地区的，应当注明。

（4）对同一作物不同品种的限制。如果农药对同一作物的不同品种敏感性不同，应当注明其影响和限制使用该农作物的品种。

（5）安全间隔期及每季最多使用次数。产品使用需要明确安全间隔期的，应当标注使用安全间隔期及农作物每个生产周期的最多施用次数。为了便于农民理解，可以将安全间隔期表述为："使用本品后的农作物至少应间隔××天才能收获"。

九、注意事项

注意事项应当标注以下内容：对农作物容易产生药害，或者对病虫容易产生抗性的，应当标明主要原因和预防方法；对人畜、周边作物或者植物、有益生物（如蜜蜂、鸟、蚕、蚯蚓、天敌及鱼、水蚤等水生生物）和环境容易产生不利影响的，应当明确说明，并标注使用时的预防措施、施用器械的清洗要求；已知与其他农药等物质不能混合使用的，应当标明；开启包装物时容易出现药剂撒漏或者人身伤害的，应当标明正确的开启方法；施用时应当采取的安全防护措施；国家规定禁止的使用范围或者使用方法等。大田用农药，应当标明如下注意事项。

（一）对后茬作物生长的影响

应当标注其影响以及后茬仅能种植的作物或后茬不能种植的作物、间隔时间等。如：苄嘧磺隆用于水稻田，应当标注施药与后茬作物安全间隔期应大于 80 天。

（二）药害

农药使用当茬对登记适用作物本身及周边作物易产生药害的（特别是敏感作物），应当在标签上注明对哪些作物（品种）、生育期或其他有关的外界条件；不能用于哪些作物上；应防止飘移到哪些作物上；其他容易产生药害事故的条件。如：杀虫单应当标明"该药不能用于棉花、烟草、十字花科蔬菜、大豆、四季豆、马铃薯等敏感作物"；乙草胺应当标明"黄瓜、菠菜、韭菜、谷子、高粱等作物对本品敏感，施药时应避免药液飘移到邻近作物上，以防产生药害"。

（三）抗性

频繁使用单一农药防治病虫草害，容易使其对农药产生抗性，导致用药量增加和防治效果差的现象，应当标明主要原因和预防方法。如：与作用机理不同的农药轮换使用。

（四）混用性

应当注明该农药不能与哪些农药、化肥及其他有机肥等混用。因为混用不当不仅会使农药降低药效、增加成本，严重时还会产生药害。如：敌敌畏应当标明"禁止与碱性物质混用"。

（五）对有益生物和环境影响

农药使用对有益生物和环境容易产生不利影响的，应当在标签上明确说明，并标注使用时的预防措施、施用器械的清洗要求、残剩药剂和废旧包装物的处理方法。如：溴氰菊酯应当标明"本品是拟除虫菊酯类杀虫剂，对鱼和蜜蜂剧毒，应注意避免污染水源；施药器械不得在河塘内洗涤；在蜜源作物花期禁止使用"。

（六）禁止使用农药和限制使用农药

根据《农药管理条例》和农业农村部的有关公告等标注。我国目前禁止生产、销售和使用农药38种（见附录）；限制使用农药32种（见附录），部分限制使用农药规定禁止在部分作物上使用（见附录）。农药经营者要指导使用者严格按照登记规定范围使用，避免使用不当对农产品安全、使用者安全、生态环境安全带来危害。

（七）使用安全防护措施

注明须穿戴的防护用品、安全预防措施及避免事项、安全防护操作要求；注明孕妇及哺乳期妇女应避免接触此药的规定。例如：磷化铝产品应当注明"本品为高毒杀虫剂，吸潮或遇水自行分解，释放出的磷化氢气体对人剧毒。施药人员要经过严格培训，施药过程要戴防毒面具，穿防护服，戴防护手套。施药时禁止吸烟、进食和饮水。发生火灾时，应使用泡沫、二氧化碳灭火剂。禁止使用含水的灭火剂。人、畜居住场所禁止使用。孕妇及哺乳期妇女应当避免接触此药。"

（八）包装开启方法

开启包装物时容易出现药剂撒漏或人身伤害的（如：粉末状农药和某些原药），应当标明正确的开启方法。

十、中毒急救措施

《农药标签和说明书管理办法》规定，中毒急救措施应当包括中毒症状及误食、吸入、眼睛溅入、皮肤黏附农药后的急救和治疗措施等内容。有专用解毒剂的，应当标明，并标注医疗建议。剧毒、高毒农药应当标明中毒急救咨询电话。具体体现在以下七个方面。

（一）中毒症状

说明具体农药品种中毒症状的主要特征。

（二）皮肤接触

一般采用软布去除沾染农药，然后用淡肥皂水和清水冲洗，或单纯用清水冲洗；脱去污染的衣物；如仍感觉不适，应当尽快携标签到医院就诊。个别品种有特殊要求应当标明，具体如下。

波尔多液：用软布去除沾染农药，可用 0.1% 亚铁氰化钾 600 毫升或用硫代硫酸钠清洗，或用清水冲洗；脱去污染的衣物。如仍感觉不适，应当尽快携标签到医院就诊。

除虫菊素：用软布去除沾染农药，然后用 5% 碳酸氢钠液或淡肥皂水和清水冲洗，或单纯用清水冲洗；脱去污染的衣物。如仍感觉不适，应当尽快携标签到医院就诊。

（三）眼睛溅入

立即用流动清水冲洗不少于 15 分钟，如仍感觉不适，应当尽快携标签到医院就诊。

（四）吸入

仅对挥发性较大的农药或相对密闭环境中使用的农药。立即离开施用农药现场，转移到空气清新处，及时更换衣物、清洗皮肤，如仍感觉不适，应当尽快携标签到医院就诊。但对一些特殊品种有特殊要求，如：磷化铝，立即离开施用农药现场，转移到空气清新处，及时更换衣物、清洗皮肤。如仍感觉不适，应当尽快携标签到医院就诊。保持安静和卧床休息，并吸氧。吸入高浓度者，至少观察 24～48 小时，以便早期发现病情变化，尤其是迟发性肺水肿。

（五）误食

立即停止服用，清醒者立即催吐，彻底清理口腔，尽快携带标签到医院就诊。

（六）特效解毒剂

对有明确特效解毒剂的，应当在标签上具体标明特效解毒剂名称及对医疗机构的建议。

有机磷类农药：阿托品、氯磷定为特效解毒剂。

丁硫克百威、霜霉威、异丙威等氨基甲酸酯类农药；杀虫双、杀螟丹、杀虫单等沙蚕毒素类农药：适量使用阿托品，禁用胆碱酯酶复能剂。

溴氰菊酯：尚无特效解毒药，主要是彻底清除毒物和对症治疗，其措施为输液、服用安定剂、大量维生素和激素等，经口误服者需及时洗胃。

（七）中毒急救电话

剧毒、高毒农药应当标明中毒急救咨询电话。

作为农药经营者，应正确了解所经营农药的毒性，采取相应的防护措施，并向农药购买者介绍农药产品毒性、使用中的防护措施等信息。为避免或减少农药中毒，应特别注意以下几点。

（1）按照农药毒性和类别的不同，应将农药分区存放。特殊品种，如杀鼠剂、磷化铝、甲拌磷等应单独存放。

（2）生活区和农药销售区要分开。

（3）农药仓库和门店应经常通风换气。

（4）随时检查农药存放情况，如有渗漏等情况出现，应及时处理。

（5）库房及其他农药存放地点应有熟悉业务的专人管理，层层加锁，并建立农药进出库登记制度。农药仓库或保管室要专用，不能与粮食、种子等其他商品特别是可食用的商品混放。

（6）在进行农药搬运、装卸时，应根据农药品种的不同，采取相应的防护措施。接触农药后，要仔细洗手、洗脸，最好洗头、洗澡、更换衣物。皮肤沾附上了药剂，应立即停止作业，用肥皂及大量清水（不要用热水）充分洗涤被污染的部位。眼睛若溅入了药液或撒进了药粉，必须立即用大量净水冲洗。冲洗时把眼睑撑开，一般应冲洗 15 分钟以上。一旦发生中毒情况，应立即携带引起中毒的农药标签到医院治疗。

十一、储存和运输方法

储存和运输方法应当包括贮存时的光照、温度、湿度、通风等环境条件要求及装卸、运输时的注意事项，并标明"置于儿童接触不到的地方""不能与食品、饮料、粮食、饲料等混合储存"等警示内容。

十二、生产日期、产品批号、质量保证期、净含量

（一）生产日期和产品批号

生产日期应当按照年、月、日的顺序标注，年份用四位数字表示，月、日分别用两位数表示。产品批号包含生产日期的，可以与生产日期合并标注。

（二）质量保证期

质量保证期应当规定在正常条件下的质量保证期限，质量保证期也可以用有效日期或者失效日期表示。生产企业在标签上标注的有效期，应当与农药登记的产品化学资料、产品标准的规定一致。

（三）净含量

净含量应当使用国家法定计量单位表示。如克、千克、毫升、升等。特殊农药产品，可根据其特性以适当方式表示。

十三、农药登记证持有人名称及其联系方式

联系方式包括农药登记证持有人、企业或者机构的住所和生产地的地址、邮政编码、联系电话、传真等。企业名称是指生产企业的名称。联系方式包括地址、邮政编码、联系电话等；联系地址原则上标注工商注册地址，或在农业农村部办理登记时注明的地址。进口农药产品应当用中文注明原产国（或地区）名称、生产者名称以及在我国设立的办事机构或代理机构的名称、地址、邮政编码、联系电话等。委托加工或者分装农药的标签还应当注明受托人的农药生产许可证号、受托人的名称及其联系方式和加工、分装日期。除《农药标签和说明书管理办法》规定应当标注的农药登记证持有人、企业或者机构名称及其联系方式之外，标签不得标注其他任何企业或者机构的名称及联系方式。

十四、像形图

像形图包括储存像形图、操作像形图、忠告像形图、警告像形图。像形图应当根据产品安全使用措施的需要选择，并按照产品实际使用的操作要求和顺序排列，但不得代替标签中必要的文字说明。

我国所使用的像形图基本上是采用国际农药协会（GIFAP）

与联合国粮农组织（FAO）共同设计完成的像形图，该像形图于1984 年由 FAO 农药登记部门的专家推荐使用于农药商品的标签上，并于 1985 年 3 月作为在罗马制定的《联合国粮农组织关于实施农药标签准则》的附件正式发表。

（一）像形图样式及分类

农药标签上的空间是有限的，必须压缩将要表达信息内容的数量。这就要求根据实际使用中所涉及的主要问题，选取最重要的警告和忠告来用像形图表达。像形图样式、分类及其意义如下。

1. 贮存像形图 放在儿童接触不到的地方，并加锁。

2. 操作像形图 配制液体农药；配制固体农药；喷药。

3. 忠告像形图 戴手套；戴防护罩；戴防毒面具；用药后需清洗；戴口罩；穿胶靴。

4. 警告像形图 危险/对家畜有害；危险/对鱼有害，不要污染湖泊、河流、池塘和小溪。

FAO 还制定了一些表示产品物理特性的像形图，这些标识用菱形并用特殊的色彩印刷，尺寸应不小于主板标签的 1/10，并绝不能小于 10 毫米×10 毫米。这类标识如下。

1. 表明易燃的像形图 该图为在红色背景上印黑色标识。该图表示此类农药可燃。

2. 表明易腐蚀的像形图 该图形上半部为黄色或橘色背景，用黑色标识。下半部为黑色背景，字体用白色印刷。该图表示可毁坏接触到的活的组织。

3. 表明易氧化的像形图 该图为在黄色或橘色背景上印刷黑色标识。该图表示此类农药为可氧化的物质。

4. 表明易爆炸的像形图 该图为在黄色或橘色背景上印刷黑色标识。该图表示此类农药在火焰的影响下或经震动、摩擦、高温等可以发生爆炸。

这类像形图一般放在最右边。

（二）像形图的使用方法

像形图的颜色及大小：像形图应用黑白两色印制，尺寸应该与标签的尺寸相协调。

像形图的位置及具体排列顺序：表示"放在儿童接触不到的地方，并加锁"的贮存像形图和表示"用后需清洗"的像形图应该在所有的标签中使用。表示"放在儿童接触不到的地方，并加锁"的贮存像形图一般放在有关配制农药的像形图组的左边；表示"用后需清洗"的像形图应位于有关施药像形图组的右边。表示有关环境警告的像形图，如有必要使用，可印于"用后需清洗"像形图的右边。

从农药包装袋或容器中倾倒并配制农药的操作像形图及喷洒农药的操作像形图，可根据配制该药时的安全措施的需要与忠告像形图配合起来作为一个组合使用，并用一个清楚的框把它们围起来，以示联系。一般表示倾倒及配制农药的像形图组放在标签的左半边，表示喷洒农药的像形图组放在标签的右半边。

以下举例说明。

1. 表示倾倒及配制农药的像形图组

这组像形图表示在定量配制本液体农药制剂时，应佩戴防护罩并戴手套。

这组像形图表示在配制本液体农药制剂时的防护级别较高，需佩戴防护罩、戴手套、穿胶靴、穿防护服。

这组像形图表示配置本固体农药制剂时需戴防护罩，并戴手套。

这组像形图表示在配制本固体农药制剂时需佩戴防护罩、戴手套、穿胶靴、穿防护服。

标签上使用的像形图必须与该产品的安全忠告相互协调，如果产品的毒性较低，则需要的防护措施较少，像形图的样式也相应较少。

例如：

这组像形图表示在配制本液体农药制剂时仅需要戴手套就可以了。

这组像形图则表示在配制本液体农药制剂时需要戴防护罩。

这组像形图则表示在配制本固体农药制剂时需要戴防护罩。

这组像形图则表示在配制本固体农药制剂时需要戴手套。

这组像形图则表示在配制本固体农药制剂时需要戴口罩。

2. 表示喷洒、施用农药的操作像形图组

这组像形图表示当施用农药制剂时应戴防护罩、戴手套、穿胶靴。

这组像形图表示当施用农药制剂时应戴防护罩、戴手套、穿胶靴、穿防护服。

同样，如果产品的毒性较低，则喷洒或施用农药时需要的防护措施也较少，也就是说需要的像形图的样式也相应较少。

例如：

这组像形图表示在施用本农药制剂时仅需要穿胶靴就可以了。

这组像形图表示在施用本农药制剂时需要戴口罩。

3. 对于打开包装即可使用，不需要稀释的农药产品（如颗粒剂），标签上则不需要显示操作像形图，仅根据毒性级别和所需要的保护措施选用忠告像形图即可。

例如：

本例表示在施用本农药制剂时要戴手套、防护罩并穿胶靴（不需要配制和用喷雾器喷洒）。

像形图通常位于标签的底部。

（三）注意事项

像形图的使用主要是为了有助于使用者理解文字说明部分，但绝不能替代标签上必要的文字说明，并应注意标签上的重要内容不要被过多的像形图弄得含混不清。

十五、可追溯电子信息码

可追溯电子信息码应当以二维码等形式标注，能够扫描识别农药名称、农药登记证持有人名称等信息。信息码不得含有违反本办法规定的文字、符号、图形。

农业部于 2017 年 9 月 5 日发布中华人民共和国农业部公告第 2 579 号，对农药标签二维码格式及生成要求有关事项做了相关规定：农药标签二维码码制采用 QR 码或 DM 码；二维码内容由追溯网址、单元识别代码等组成。通过扫描二维码应当能够识别显示农药名称、登记证持有人名称等信息；单元识别代码由 32 位阿拉伯数字组成。第 1 位为该产品农药登记类别代码，"1"代表登记类别代码为 PD，"2"代表登记类别代码为 WP，"3"代表临时登记；第 2～7 位为该产品农药登记证号的后六位数字，登记证号不足六位数字的，可从中国农药信息网（www. chinapesticide. gov. cn）查询；第 8 位为生产类型，"1"代表农药登记证持有人生产，"2"代表委托加工，"3"代表委托分装；第 9～11 位为产品规格码，企业自行编制；第 12～32 位为随机码；标签二维码应具有唯一性，一个标签二维码对应唯一一个销售包装单位；农药生产企业、向中国出口农药的企业负责落实追溯要求，可自行建立或者委托其他机构建立农药产品追溯系统，制作、标注和管理农药标签二维码，确保通过追溯网址可查询该产品的生产批次、质量检验等信息。追溯查询网页应当具有较强的兼容性，可在 PC 端和手机端浏览；2018 年 1 月 1 日起，农药生产企业、向中国出口农药的企业生产的农药产品，其标签上应当标注符合本公告规定的二维码。

标签上的二维码无论是印刷还是在生产线直接激光刻码、喷码等形式出现，其面积大小都要保证其能被扫描设备正确识别。《农药标签和说明书管理办法》第二章第十条规定：农药标签过小，无法标注规定的全部内容的应当至少标注农药名称、农药成分含量、剂型、农药登记证号、净含量、生产日期、质量保证期等内容，同时附具说明书。说明书应当标注规定的全部内容。可追溯电子信息码在标签过小、需要另附说明书时，虽然没有强制要求在标签上标注二维码，但是在说明书上必须标注二维码，但考虑生产企业自动化管理以及流通环节进销货电子台账，最好在标签和说明书上同时标注二维码。

第三节　标签上禁止标注的内容及常见农药标签不规范表述

农药经营者为了保证购进农药产品标签合法性，需要了解和掌握标签上哪些内容不能在标签上标注，以及标签上经常出现的问题，避免由于农药产品标签不合格带来的隐患。

一、标签上禁止标注的内容

根据《农药标签和说明书管理办法》第二十六条的规定，标签上不得标注以下内容。

1. 不得标注任何带有宣传、广告色彩的文字、符号、图形。

2. 不得标注企业获奖和荣誉称号。法律、法规或规章另有规定的，遵从其规定。以下为常见标注类型涉及的相关规定（表2-3）。

表2-3　常见标注类型涉及的相关规定

企业获奖或荣誉称号内容	相关依据	备注
专利权人在其专利产品或者该产品的包装上标明专利标记和专利号	《专利法》第十五条	仅限于专利所涉及的产品
有关产品、服务和体系认证证书	《认证认可条例》第二十五条	获得认证证书的，应当在认证范围内使用认证证书和认证标志，不得利用产品、服务认证证书、认证标志和相关文字、符合，误导公众认为其管理体系已通过认证，也不得利用管理体系认证证书、认证标志和相关文字、符号，误导公众认为其产品、服务已通过认证
注册商标或注册标记®	《商标法实施条例》第三十七条	仅限于注册商标

按照《农药标签和说明书管理办法》第三十四条的规定，标签中不得含有虚假、误导使用者的内容。

1. 误导使用者扩大使用范围、加大用药剂量或者改变使用方法的。如不得出现未经登记的使用范围和防治对象的图案、符号、文字。例如，登记作物为甘蓝，在标签上标注黄瓜、番茄等作物的图案。

2. 卫生用农药标注适用于儿童、孕妇、过敏者等特殊人群的文字、符号、图形的。

3. 夸大产品性能及效果，虚假宣传，贬低其他产品或者与其他产品相比较，容易给使用者造成误解或者混淆的。

4. 利用任何单位或者个人名义、形象作证明或者推荐的。如不得含有农药科研、植保单位、学术机构或者专家、用户的名义、形象作证明的内容。

5. 含有保证高产、增产、铲除、根除等断言或者保证，含有速效等绝对化语言和表示的。

6. 含有保险公司保险、无效退款等承诺性语言的。

二、常见农药标签不规范表述

《农药标签和说明书管理办法》对农药标签的内容、版面制作格式、字体大小都有具体要求。但在农药市场执法工作中，发现部分标签内容存在一些不规范表述，主要有以下几个方面。

（一）农药名称

有效成分、含量及剂型单字面积小于农药名称单字面积的1/2。

（二）产品性能

1. 含有不科学表示功效的断言或者保证，如"具有强烈的杀虫、杀螨效果，可防治各种害虫"。

2. 含有对作物、人畜、环境绝对安全性的表述，如"无味、无害、无毒、无污染、无残留，对人畜环境安全"等词语。

3. 含有持效期、防治效果等时间或百分比的承诺，如"防治效果极佳，防效可达 90％以上，药效持效期长，可达 50 天以上"。

4. 带有保险公司宣传和广告色彩的内容，如"无效退款，保险公司承保""未按本公司的使用技术和方法用药，产生药害，概不负责"。

5. 带有贬低其他产品的文字，或与其他农药进行功效和安全性对比的描述，如"本品为新一代杀虫剂，特别是对现有杀虫药剂产生抗性的害虫，防治效果最好""本品与传统的杀虫剂作用机制完全不同，无交互抗性，对其他作用机制产生抗性的害虫效果尤佳，速效性与持效性能较好，可较长时期控制害虫的发生""本品为内吸传导型广谱灭生性除草剂，对多年生深根杂草的地下组织破坏力很强，能达到一般农业机械无法达到的深度""对蚜虫防治效果比××类农药效果好"等。

6. 使用直接或者暗示的方法，模棱两可、言过其实的用语，使人在产品的安全性、适用性或者政府批准等方面产生错觉或误导使用者。

7. 出现违反农药安全使用规定的用语、画面。

（三）使用技术和使用方法

1. 与农业生产的实际情况不符，如在塑料大棚内种植的黄瓜，标签上却标注"大风天或预计 1 小时内降雨，请勿施药"。

2. 标注"在高温、低温时使用本品，不影响药效"。

3. 超过登记作物、防治对象范围的宣传。

4. 标注"本品对温度不敏感，在相对较低的温度下施药，其保护和治疗效果同样好"。

5. 标注"本品为渗透性农药，耐雨水冲刷，不受下雨影响""本品对产生抗性的害虫有效"。

6. 与农药登记内容不符，随意增加用药量，如"用药次数和用药量应当根据当地用药习惯及螨害发生情况而定"。

7. 在无相关依据的情况下，进行不合理的宣传。

例如：

（1）"受不利环境影响小，药效稳定"。

（2）"无中毒报道""不会引起全身中毒"。

（3）"在低温条件下药效更高，残效期更长"。

8. 对后茬作物有影响的，未标注后茬仅能种植的作物或后茬不能种植的作物和间隔时间等。

9. 未标注安全间隔期及每季最多使用次数，或者其字号未大于实用技术要求其他文字的字号。

（四）注意事项

1. 未标注配药与施药的安全防护措施及注意事项。

2. 对农作物易产生药害的，未标明对哪些作物（品种）、生育期或其他有关的外界条件的影响，未标注安全预防措施。

3. 未科学表述混用性问题，如"可与大多数杀虫杀菌剂、化肥混合使用"。

4. 未注明孕妇及哺乳期妇女应避免接触的内容。

（五）毒性级别及标识

1. 由剧毒、高毒农药原药加工的制剂产品，其毒性级别与原药的最高毒性级别不一致时，未标明其所使用的原药的最高毒性级别。

2. 未用标准标识标注毒性。

（六）中毒急救

1. 标注没有科学依据的中毒急救措施。如"误服中毒，可用鸡蛋催吐""误服中毒，可用高锰酸钾洗胃"；如"中毒，迅速用碱性溶液洗胃或清洗皮肤""酒精饮料和奶制品会有利于肌体对药剂的吸收"。

2. 宣称"本品不会引起全身中毒""本品无中毒现象发生"等。

3. 有专用解毒剂的产品，未在标签上标注相关内容。

4. 剧毒、高毒农药未标明中毒急救咨询电话。

（七）贮存和运输

1. 未标注贮存时的环境条件要求和装卸及运输时的注意事项。

2. 标注与贮存和运输内容不符的信息，如"用过的包装物经过清洗后才能使用"。

3. 贮存要求仅限"置于儿童触及不到之处"、未强调加锁保管的要求，避免人、畜误服。

4. 未标注"不能与食品、饮料、粮食、饲料等混合贮存"等警示内容。

（八）像形图组合

在农药标签市场监管中，常发生标签标注像形图不正确的情况，归纳起来，主要有以下几个方面。

1. 缺少像形图，如：缺少"警告像形图""加锁贮存像形图"。

2. 像形图排列顺序错误，目前标签中像形图排列顺序较为混乱，有些厂家的标签仅仅是将某种或某一些像形图罗列起来；有的标签把所有的像形图一一罗列在标签上，既不排顺序，也没有方框联系起来，没有按照《联合国粮农组织关于实施农药标签准则》中规定的那样排列。农药经营、使用者看后，不能理解其完整的意义。

3. 像形图印制的位置错误：有些标签上的像形图仅随意印在标签上，而不是按照规定印在标签底部。

4. 操作像形图与忠告像形图没有结合起来使用，或外面没有用一个清楚的框围起来。这样就不能清楚、完整地表达一个的意思，令使用者不能清楚领会制造商的意图。

5. 标注的操作像形图与产品使用实际不符：如产品是固体制剂，而却使用"配制液体农药时"的像形图，反之的情况也有，或两种操作像形图均印在标签上，有些产品是不需要配制或用喷雾器喷洒的颗粒剂，标签上也印有配制农药及喷洒农药的操作像形图。

6. 随意印制像形图：所印制的像形图不是按照《联合国粮农组织关于实施农药标签准则》中推荐的，而是自行创造的像形图，这样的像形图不符合国际准则，难以表达确切的含义，使用者不易理解。

7. 用像形图代替必要的文字说明：少数农药生产企业在农药使用注意事项栏中文字很少，未对安全合理使用其产品作出说明，仅用底部的像形图说明。

（九）其他

1. 注册商标（®商标）未放置在标签的四角，或其单字面积大于农药名称单字面积。在标签上标注了受理商标（TM商标）。

2. 农药种类的描述文字未镶嵌在农药类别颜色标识带中。

3. 未同时标注生产日期和批号。

4. 未标注产品的有效期限。

第四节　农药产品质量、药效、残留及环境影响

农药产品质量直接关系到农产品质量安全，质量的优劣也影响农药经营者的口碑和信誉好坏，农药产品质量也可以通过药效体现。使用农药的目的是防治农业有害生物，提高农作物产量和品质。同时，还要避免药残留影响农产品安全及生态环境。

一、农药产品质量

农药质量是指其是否符合相应的产品质量标准。这是狭义的农药质量概念。根据《农药管理条例》等相关的法律规定，农药产品质量的概念是广义的，应同时符合产品质量标准、有效成分种类与标签明示相符、不混有药害成分、产品在质量保证期内。

除农药有效成分含量外，产品配方（产品中有效成分以外的组

成成分及其含量)、加工工艺、贮存环境(在高温、潮湿和光照条件下,易引起农药有效成分分解。在低湿条件下,易引起农药有效成分析出)、贮存时间等均会影响农药产品质量。

二、农药药效

(一) 农药药效的概念

农药药效是衡量农药在具体环境因素下对有害生物综合作用效力的大小。也就是通常所讲的农药对病、虫、草害等有害生物的毒杀效果。

农药药效评价主要是指农药的防治效果和对作物安全性的综合评价。通常是基于对以下因素的综合考虑:一是对病、虫、草害本身的效果;二是与在病、虫、草害或作物不同生育阶段所要求的作物保护目的相适应的保护可靠性,或其他所需要的效果;三是对所施用作物或其产品产量和质量的影响;四是对不同品种作物的安全性影响;五是与常用农药或常规措施的比较;六是在可能使用的条件下,与其他植保措施及不同栽培措施的相容性;七是受气候、温度、湿度、土壤等环境因素的影响;八是农药的用药量、持效期和稳定性等方面影响;九是对有益生物、其他非靶标生物、后茬作物、其他作物的负面影响。

农药经营者要按照农药标签和说明书标注的内容介绍农药产品,不能夸大宣传产品的防治效果,容易对周边植物容易产生药害、对当茬和后茬作物容易产生药害的农药产品应告知使用者注意事项。

(二) 影响药效的主要因素

一是农药本身特性。农药种类不同,其使用范围和防治对象就有差异,即使广谱性的农药对不同防治对象的防治效果也不尽相同。如咀嚼式口器的害虫多用触杀型或胃毒型农药,刺吸式口器的害虫多用内吸型药剂药效较理想。

　　二是农药产品的质量。产品的质量也是决定药效表现的直接因素。相同有效成分的农药，不同剂型、不同助剂以及理化性质、制剂稳定性、均匀度的差异，都会造成该药剂在田间的防效差异。

　　三是用药时机。适时用药是防治成败的关键。准确进行预测、预报，掌握病虫发生动态，才能确定防治时期，只有抓住有利时机，才能发挥农药的最佳效力。

　　四是使用量。农药的田间使用量是动态的、可变的，应依据农药标签上的剂量，综合有害生物的发生特点、时期，作物生育期、用药方法、环境气候等因素，因地、因时确定药液浓度、单位面积用药量和施药次数，以达到好的防治效果。浓度过低或用药量过小，单位面积上没有足够的药量，就达不到预期效果；浓度过高或用药量过大，会增加成本，产生药害，还会加剧和增强病虫抗药性。

　　五是施药方法。在田间实际防治过程中，施药方法成为决定农药药效的关键因素之一。不同的防治对象，有不同的活动规律及危害特点，应尽量使药剂直接作用在靶标生物上。如：对地下害虫，多采用灌根、穴施等方式；对危害作物地上部分的害虫，多采用喷雾等方式；对于灭生性作物行间处理的除草剂，则要进行保护性喷雾，防止对作物产生药害。

　　六是施药器械。施药器械是将药液按要求分布到田间的操作工具，根据防治目的不同，选择的施药器械也不一样；同时，施药器械质量的优劣也会对防效产生影响。例如：质量差的喷雾器跑、冒、滴、漏严重，喷头雾化效果差，雾粒粗，黏着性差，沉积率低，药液流失严重，致使农药防治效果差，还严重地污染了环境。

　　七是环境、气候因素。不同的气象条件与农药的防治效果息息相关。不同的温度、湿度、光照、风力、阴晴等对防治对象的发生、活动规律和防治效果都有影响。如：风大药液飘移、吹散，影响防效的同时还易造成对邻近敏感作物的药害；施药后一段时间内应保证无雨，防止对药剂的冲刷，以保证药效的充分发挥。

八是农药抗性。有害生物在长期的化学农药防治条件下，会产生抗药性，不同的用药水平、不同区域的有害生物抗性上升的程度不一，因而造成同一种药剂对同一种靶标生物的药效有差异。为达到有效防治目的，应加强对有害生物的抗性监测，有针对性选择农药品种，适度控制用药水平；避免长期使用同一种或同类的农药，交替使用作用机理不同的农药可降低病虫草害的抗性的产生。在实际防治工作中，还应本着综合防治的原则，加大化学、物理、生物等不同防治手段的轮换、综合应用力度，控制抗性上升，为以后化学农药的防治留下较大的余地与空间。

农药经营者在销售产品时，针对不同产品和病虫害发生情况对购买者履行告知义务。如：最佳用药时期，施用农药时的外环境条件，不能擅自加大施药剂量、改变施药方法，施药要均匀周到，建议与不同作用机制的药剂交替使用等。

(三) 农药药效的评价标准

农药药效的评价标准是指在室外自然条件下，即在田间生产条件下测定农药对农林作物病、虫、草、鼠害产生的实际防治效果的评价标准。因其在田间生产条件下实测所得，因此，对农业生产中防治有害生物更具有指导意义。现将杀虫剂、杀菌剂、除草剂基本的药效调查与计算方法介绍如下。

1. 杀虫剂 通常是采取随机抽样法对杀虫剂药效进行调查。由于害虫的分布方式不同，或呈随机型，或呈核心型与嵌纹形，或三个基本型的混合型，就要求调查采取不同的方法，如对角线法、大五点法、棋盘式法、平行线法、分行法和 Z 形法等。调查统计的内容也随昆虫的种类、栖息方式和作物类别的不同而灵活运用。常用的统计单位有面积、长度、容积、植株数量或植株的一部分、重量和时间等，调查时有时需要借助特殊的器械如放大镜、计数器、捕虫网和衡器等。杀虫剂一般采用校正死亡率（直接计数施药前后的虫口数量并由空白对照的自然虫口消长率进行校正）与作物被害得程度来表示。药效计算公式如下。

$$防治效果（校正虫口死亡率）= \frac{PT - CK}{100 - CK} \times 100\%$$

式中：PT 为药剂处理区虫口减退率；CK 为空白对照区虫口减退（或增长率）。

在调查施药后不同期间的虫口减退时，要考虑到田间植株上的落卵量及卵孵化率，故在各个时段的真正虫口减退率如下：

$$第某天虫口减退率（\%）= \frac{（药前幼虫数 + 药前卵数 \times 药后第某天虫口孵化率）- 药后活虫数}{药前幼虫数 + 药前卵数 \times 药后第某天虫口孵化率}$$

2. 杀菌剂　杀菌剂药效的计算方法一般采用作物被害率法。常将施药区和空白对照区的被调查作物按病害程度进行分级，然后按照病情指数计算防治效果。主要分为叶部病害和种传病害的测定。

杀菌剂防治叶部病害的效果计算方法如下。

测定时，每个小区以对角线法固定 5 点取样，每点调查 0.25 米^2 范围内的作物植株，调查已感病植株面积占整个植株面积的百分比，并对植株进行病害分级，计算病情指数。

病情指数分级标准如下。

0 级：无病。

1 级：病斑面积占整个叶片面积的 5% 以下。

3 级：病斑面积占整个叶片面积的 6%～15%。

5 级：病斑面积占整个叶片面积的 16%～25%。

7 级：病斑面积占整个叶片面积的 26%～50%。

9 级：病斑面积占整个叶片面积的 50% 以上。

药效计算公式：

$$防治效果 = \frac{CK - PT}{CK} \times 100\%$$

$$病情指数 = \frac{\sum（病级叶数或株 \times 该病级值）}{检查总叶或株数 \times 最高级数值} \times 100\%$$

式中：CK 为空白对照病情指数；PT 为药剂处理病情指数。

杀菌剂防治种传病害的效果计算方法如下。

对一些植物的种传病害，由于对病害程度分级比较困难，其防治效果计算常采用比较简单的方法。

$$防治效果 = \frac{CK - PT}{CK} \times 100\%$$

式中：CK 为空白对照区病株数，PT 为药剂处理病株数。

计算杀菌剂药效的其他统计方式还有很多，多是从以上几种基本方法演化而来的。

3. 除草剂 除草剂药效的表达常用中毒症状、杂草种类、杂草覆盖度或杂草重量等表示，在施药后要详细记录杂草的受害症状，如生长受到抑制、失绿、畸形、枯斑等，以准确说明药剂的作用方式。除草剂药效调查时用绝对值法进行统计，绝对值调查法也称数测调查法，是调查计算单位面积上的每种杂草总株或数量，一般是对整个小区进行调查或在每个小区随机选取 3～4 个样方，每个样方 0.25～1 米^2 进行抽样调查。除草剂药效调查一般分两次进行：第一次调查杂草种类、株数，计算株防效；第二次调查杂草种类、株数并称量鲜重，计算株防效、总株防效、鲜重防效和总鲜重防效。

药效计算公式：

$$株数防效（\%） = \frac{空白对照区杂草株数 - 处理区杂草株数}{空白对照区杂草株数} \times 100\%$$

$$总株防效（\%） = \frac{\sum 各杂草株数防效}{杂草种类}$$

$$鲜重防效（\%） = \frac{空白对照区杂草鲜重 - 处理区杂草鲜重}{空白对照区杂草鲜重} \times 100\%$$

$$总株防效（\%） = \frac{\sum 各杂草鲜重防效}{杂草种类}$$

田间药效试验的最终目的是获得准确的试验结果，并对数据整合，做出准确的统计分析。在田间药效实验中广泛使用的统计分析方法是变量分析法，即方差分析。所谓方差分析就是把构成试验结果的总变异分解为各个变异来源的相应变异，以方差作为测量各变异的尺度对结果做出数量上的估计。在农药田间试验中，常设多个处理，各处理又有多个重复（一般要求 4 个重复），故对其调查结果统计分析常采用"邓肯氏多重比较检验法"。实践中有多种此类统计方法的软件，使用起来十分方便，可对试验结果进行分析，以对农药药效做出准确评价。

三、农药残留

(一) 农药残留的概念

农药残留是指农药使用后，在农产品及环境中农药活性成分及其在性质上和数量上有毒理学意义的代谢（或降解、转化）产物。

(二) 农药残留限量标准

为保证食用农产品质量安全，保护人民身体健康，政府主管部门在综合考虑农药使用情况、消费者饮食结构、农药毒性等因素的基础上，制定农药在不同农产品（食品）中的农药最大残留限量（MRL 值）。农药残留量超过政府所规定的限量标准，就是超标产品，对消费者存在不安全因素。食用农药残留量超标的农产品，尤其是蔬菜、水果等鲜食农产品，容易引起急性和慢性中毒事故。

农药登记申请者获得农药残留试验资料后，应结合相关检索结果，并参考其他国家或地区的残留试验数据、FAO 和 WHO 推荐的或其他国家规定的 MRL 值，整理综合后提出供试产品在中国的最高残留限量（MRL）和安全间隔期的建议值，在办理登记时，作为农药残留试验资料的一部分提交农药登记管理部门。

(三) 农药安全间隔期

农药安全间隔期，是指经残留试验确证的试验农药实际使用时，采收距最后一次施药的间隔天数。设定农药安全间隔期，是为保证收获农产品中农药的残留量不会超过规定的标准，以免危害食用者的身体健康以及生命安全。农药因其种类、性质、剂型、使用方法和施药浓度的不同，其分解消失的速度也不同，加之各种作物的生长趋势和季节不同，施用农药后的安全间隔期也不同。时间长短是一个决定因素，对一种农药而言，时间越短，残留越高，时间越长，残留越低。

（四）农药残留的影响因素

农作物农药残留量主要与以下因素有关：一是农药本身的性质，二是农药剂型和使用方法，三是施用农药的农作物及其生长期，四是农药使用量和使用次数，五是气候环境影响。

农药经营者在销售产品时，应告知购买者要按照农药标签上的用药量施药次数施药，要按照安全间隔期采收，剧毒、高毒农药不能在蔬菜、瓜果、茶叶、菌类和中草药材上使用等，避免农药残留超标，保障农业生产安全、农产品质量安全、环境安全和人畜安全。

四、农药的环境影响

（一）农药环境影响的概念

农药作为一类有毒物质，其使用对土壤、水、环境等均会产生潜在危害。大量使用易对生态环境、食品安全、人体健康造成严重影响。农药环境影响一般包括环境行为和环境毒理两个方面。

（二）农药的环境行为

农药进入环境后，在土壤、水等环境资源中迁移转化过程中的表现，主要包括：挥发性、土壤吸附性、淋溶性、土壤降解性、水解性、水中光解性、土壤表面光解性、水—沉积物降解、生物富集等特性。

（三）农药的环境毒理

对蜜蜂、鸟、鱼、家蚕、水蚤、藻类、蚯蚓、非靶标植物等环境生物的毒性。

（四）农药对环境的影响因素

化学农药对环境的安全性与农药的性质、施用方法及施用地区的气候、土壤条件密切相关，主要有以下几种影响因素。

一是农药的理化性质。农药理化性质的指标很多，它们从不同方面影响农药对环境的安全性，如：农药蒸气压、水溶性、分配系数、化学稳定性、杂质等指标的不同均会对环境安全性产生影响。

二是农药环境行为特征。农药的环境行为比农药理化特性指标更直观地反映了农药对生态环境污染影响的状态。如：在土壤降解、水解、光解快的农药及生物富集小、不易淋溶的农药，对环境的影响相对较小。

三是剂型对农药在环境中的残留性、移动性以及对非靶标生物的危害性均有影响。从农药在环境中残留性比较，颗粒剂＞粉剂＞乳剂，对非靶标生物接触危害的程度比较，它刚好与残留性呈反相关关系。

四是施药方法。喷施、撒施，特别是用飞机喷洒的方式，影响范围广，对非靶标生物的危害性大；条施、穴施和用作土壤处理的方法，污染范围小，对非靶标生物相对安全。

五是施药时间。施药时间的影响主要与气候条件及非靶标生物生长发育的时期有关。在高温多雨地区，农药容易在环境中降解与消散，在非靶标生物活动期与繁殖期喷洒农药，对非靶标生物的杀伤率大；另外，施药时间对农产品是否会遭受污染的关系也十分密切。

六是施药数量。农药对环境的危害性主要决定于农药的毒性与用量两个因素。高毒的农药，只要将其用量控制在允许值范围内，它造成对环境的实际危害相对小；相反，低毒农药用量过大，同样会造成危害。

七是施药地区与施药范围。施药地区的影响主要与当地的气候与土壤条件有关，在高温多雨地区，农药在环境中消减速率就要比在干寒地区快；在稻田或碱性土中施用农药，一般比在旱地或酸性土中降解要快；施药范围愈广，其影响面也愈大。在水源保护区、风景旅游区与珍稀物种保护区施用农药，更应注意安全。

（五）农药对非靶标生物影响

在靶标生物与非靶标生物并存的环境中，使用农药会对非靶标生物造成一定的危害。不同的农药品种，由于其施药对象、施药方式、毒性及其危及生物种类的不同，其影响程度也随之而异。

（六）如何尽量避免农药对环境的影响

作为农药经营者，有义务向使用者推荐对环境友好的农药品种或农药剂型；告知使用者在使用前必须仔细阅读农药标签上的说明，了解药剂的本身特点及注意事项。在具体施药过程中，做到合理控制施药量和次数，合理选择施药方式，合理把握施药时机，同时选用先进的施药器械，提高农药利用率，避免对非靶标生物造成伤害。同时，有义务向使用者介绍农药产品对环境的影响，要警示使用者：对蜜蜂有毒的，蜜源植物花期、赤眼蜂等天敌放飞区禁用；对鸟有毒的，鸟类繁殖区禁用；对水生生物有毒的，远离水产养殖区施药、禁止在河塘等水体中清洗施药器具；对家蚕有毒的，蚕室及桑园附近禁用。

【学习与思考】

1. 农药有哪些分类方法？分别有哪些种类？
2. 农药经营者了解农药标签应当标注的内容有什么意义？
3. 农药经营者了解农药标签上禁止标注的内容有什么意义？
4. 通过本节的学习，你对指导农民安全、合理使用农药有哪些启示？

第三章 农药合理选择
——开方抓药

第一节 农药合理选择的原则

农药使用效果受环境条件、防治对象及农药本身性质等多种因素的影响。要做到科学合理使用农药，提高农药使用效果，达到安全、经济、有效的目的，必须遵循以下原则。

一、熟悉当地农作物生产特点

农作物有其本身的遗传特性，也受其生活环境条件的影响，因此农作物生产具有地域性、季节性、周期性和持续性的特点。我国幅员辽阔，地形、地貌、气候、土壤、水利等自然条件千差万别，其社会经济、生产条件、技术水平等也有很大差异，从而构成了农作物生产的地域性。例如我国冬小麦主要分布在华北及其以南的地区，玉米主要集中在东北、华北和西南地区，大致形成一个从东北到西南的斜长形玉米栽培带。

病原菌、害虫、杂草等有害生物是与农作物协同进化的，不同地域、不同季节、不同作物种类、不同生育期，有害生物发生的特点各有不同。稻纵卷叶螟在我国南方水稻上发生严重，但在东北水稻产区却鲜有发生。2017年小麦赤霉病在江汉和江淮麦区大流行，黄淮南部麦区偏重流行，而在西南大部、黄淮北部、华北南部、西北大部中等流行。鸭跖草在北方旱田危害很重，但在南方地区危害却很轻。用于预防和控制有害生物的农药，应依据其发生特点科学合理选择使用。绝不能一个配方或一套解决方案"打遍天下"。

二、准确诊断鉴定识别病虫草害

知己知彼，百战不殆。要想有效防治病虫草害，首先应该掌握植保基础知识，能够做到准确诊断病害、鉴定害虫和识别杂草。需要分清楚是侵染性病害还是非侵染性病害，要是侵染性病害，应进一步明确其病原是什么。农业害虫主要集中在 7 个目，分别为直翅目、半翅目、鳞翅目、鞘翅目、双翅目、膜翅目和缨翅目。在田间发现为害严重的害虫，至少应能够鉴定到目，再依据其发生为害规律制定杀虫剂使用策略。一个地区一种作物田的杂草种类，在一定时期内通常是稳定的。按照杂草形态分类是与化学防除最为相关的农田杂草分类方式，通常分为禾本科杂草、莎草科杂草和阔叶杂草。通过查阅书籍或网络搜索，将杂草鉴定到种，会更有利于除草剂的科学使用，尤其对延缓和克服杂草抗药性更为有利。

病原菌、害虫和杂草种类不同，发生规律则不同，对药剂的敏感性或抵抗力差异很大。同一种药剂对不同防治对象的药效不同，同一种防治对象对不同的药剂也表现出不同的抵抗力。此外，同一种有害生物的不同发育阶段，对药剂的抵抗力也有显著差异，如昆虫和螨的卵，与其幼虫阶段相比，耐药性明显强。因此，在选用农药时，一定要明确防治靶标的种类和发育阶段，做到"对症下药"。

三、掌握农药的作用方式

农药预防或控制病原菌、害虫、杂草等有害生物的途径，称之为农药的作用方式。系统掌握农药的作用方式，有利于科学施用农药、充分发挥农药的防病、杀虫和除草作用。

杀虫剂中最常用的作用方式有触杀、胃毒、内吸、熏蒸、拒食、忌避和调节生长等。触杀作用是目前使用的杀虫剂最主要的作用方式，可杀死各种口器的害虫和害螨。胃毒作用一般只能防治咀嚼式口器害虫，如鳞翅目幼虫、鞘翅目成虫、直翅目若虫等。蚜虫等刺吸式口器害虫多用内吸作用药剂防治。目前使用的多数杀虫剂通常具有两种以上的作用方式，可根据主要防治对象选用最合适的药剂。

杀菌剂的作用方式可分为保护作用、治疗作用和诱导抗病性作用。在植物罹病之前使用保护作用药剂，消灭病菌或在病原菌与植物体之间建立起一道化学药物的屏障，防止病菌侵入，以使植物得到保护。该类杀菌剂对病原物的杀死或抑制作用仅局限于在植物体表，对已经侵入寄主的病原物无效。治疗作用是在植物感病或发病以后，对植物体施用杀菌剂解除病菌与寄主的寄生关系或阻止病害发展，使植物恢复健康，该类杀菌剂一般选择性强且持效期较长。既可以在病原菌侵入以前使用，起到化学保护作用，也可在病原菌侵入之后，甚至发病以后使用，发挥其化学治疗作用。局部治疗作用：也称铲除作用，铲除在施药处已形成侵染的病原菌。诱导抗病性作用也称免疫作用，由于这类杀菌剂大多数对靶标生物没有直接毒杀作用，因此，必须在植物罹病之前使用，对已经侵入寄主的病原菌无效。

除草剂的作用方式分为吸收和输导，除草剂必须经吸收进入杂草体内才能发挥作用，而吸收后如不能很好地输导，如五氯酚钠，只能对接触到药剂的杂草组织及其邻近组织起作用，从而影响防治效果。输导型除草剂则在杂草吸收后能输导到地下根茎而有效发挥除草作用。茎叶吸收：除草剂可通过植物茎叶表皮或气孔进入体内，其吸收程度与药剂本身结构、极性、植物表皮形态结构及环境条件有关。如均三氮苯类除草剂中的莠去津和扑草净比较容易被植物叶面吸收，而西玛津则难以吸收。叶片老嫩、形态也影响对药剂吸收的程度。高温、潮湿及药剂中含有适当的湿润展布剂，均有助于药剂渗透进入植物体，提高除草剂的杀草活性。根系吸收：多数除草剂进行土壤处理后，能被植物根部吸收，但吸收速度差异较大，如莠去津、苄嘧磺隆、咪唑乙烟酸等很容易被植物根部吸收，而抑芽丹、茅草枯等则吸收较慢。幼芽吸收：除草剂在杂草种子萌芽出土过程中，经胚芽或幼芽吸收发挥毒杀作用。如氟乐灵、乙草胺、异丙甲草胺等均是通过芽部吸收发挥作用。质外体系输导：除草剂被植物吸收后，随水分和无机盐在胞间和胞壁中移动进入木质部，在导管内随蒸腾液流向上输导，木质部是非生命组织，药量较高时也不受损害，这种输导一般较快，并受温度、蒸腾速度等环境生理条件影响。共质体系输导：除草剂渗透进入植物叶片细胞内，通过胞间连丝通道，移动到其他细胞内，直到进入韧皮部随同化产物液流向下移动。这种输导在活组织中进行，当施用急性毒力的药剂将韧皮部杀死后，共质体系的输导即停止，其输导速度一般慢于质外体系输导，并受光合作用强度等条件影响。质外—共质体系输导：除草剂进入植物体内的输导同时发生于质外体系和共质体系内，如麦草畏、咪唑乙烟酸、精噁唑禾草灵等。

四、合理混用农药

农药合理混用具有扩大防治谱、提高药效；减少施药次数；省工省时、降低成本；延缓有害生物抗药性的发展等优点，但并不是说所有的农药品种都能混合使用，也不是所有的农药都需要混合使用。混用是有严格要求的，必须依据药剂本身的化学和物理性质，以及病、虫、草害发生的规律和生活史等，来判断是否能混合或需要混合。

农药混用有复配和桶混两种方式。复配是生产者将两种以上有效成分和各种助剂、添加剂等按一定比例混配在一起加工成物理性状稳定产品，供直接使用。桶混是农药使用者在田间按照标签说明，把两种或两种以上农药按照不同的比例加入药桶中混合使用，需经小区试验证明安全方可进行桶混。农药复配或桶混应注意以下几点。

（一）两种农药混合后不能起化学变化

农药有效成分的化学结构和化学性质是其生物活性的基础，所以农药在使用时要特别注意混合后的有效成分、乳化性能等是否发生改变，因为这直接影响药效的发挥。一般来说遇到碱性物质分解失效的农药不能与碱性农药或碱性物质混用，一旦混用农药很快分解失效，有机磷类和氨基甲酸酯类对碱性物质都比较敏感，拟除虫菊酯类在强碱下也会分解失效，有些品种在碱性下相对稳定，但也只能在弱碱下混用，并且混用后放置不能太久。此外有些农药在酸性条件下也会分解，如有机硫类，所以混用要慎重。而有些农药与含金属离子的物质混用也会产生药害，如二硫代氨基甲酸盐类杀菌剂（福美双、代森锌、代森锰锌等）、2，4-滴类除草剂与铜制剂混用可生成铜盐降低药效；甲基硫菌灵与铜离子络合而失去活性。所以农药的混用不是简单的混合，而是要研究他们的化学结构和性质，通过科学合理的试验证明混合后的生物效果，保证对人畜、环境的安全，防止或延缓害虫产生抗药性。

（二）桶混的农药物理性质应保持不变

在田间现混现用时要注意不同成分的物理性状是否改变，若混用后出现分层、絮结和沉淀或悬浮率降低甚至有结晶析出，这样都不能混用。有机磷可湿性粉剂（敌百虫粉）和其他可湿性粉剂混用时，悬浮率会下降，药效降低，容易造成药害，不宜混用。乙烯利水剂、杀虫双水剂、杀螟丹可溶性粉剂因有较强酸性或含大量无机盐，与乳油农药混用时会有破乳现象，要禁止混用。桶混需要先用少量的药液进行混配实验，如果出现沉淀、变色、强烈刺激气味、大量泡沫的情况，一定不要再进行混配，更不能喷施到作物上，以免出现烧叶、果实产生果锈等不良情况的发生。无论混用什么药剂，都应该注意"现用现配，不宜久放"和"先分别稀释，再混合"的原则。

（三）混用农药应具有不同作用机理或不同防治对象

水稻孕穗至抽穗期，是稻飞虱和纹枯病的发生盛期，使用马拉硫磷乳油和井冈霉素水剂混合配方施药，可防虫又可防病；除草剂农得时和丁草胺或乙草胺等混用，可扩大杀草谱。没有杀卵活性的杀虫剂与有杀卵活性的杀虫剂混用；保护性与内吸性杀菌剂混用等。拟除虫菊酯农药比较容易引起某些害虫产生抗药性，比如棉铃虫，如果它们与其他杀虫剂混配使用，就可使害虫的抗药性推迟产生或抗药性水平低缓。据试验资料显示：用 20%菊马乳油与 20%氰戊菊酯分别处理棉铃虫，经过 16 代不断处理后，进行抗性水平测定，发现用氰戊菊酯单独处理的棉铃虫比用菊马乳油处理的棉铃虫抗性高出 65.54 倍，表明菊马乳油有显著延续棉铃虫抗药性的作用。

（四）复配混用后应降低对人畜、禽鱼类的毒性和对天敌和其他有益生物的危害

有些农药混用后药效提高了，但毒性也增加了，如马拉硫磷是对人畜安全的，易被人畜体内的生物酶分解。但与敌敌畏、敌百虫等混合使用时敌敌畏、敌百虫抑制该酶的活性却产生了较高的毒性。因此这种情况也不能混用。

第二节　害虫的发生与防治

农作物在生长发育过程中，往往遭受多种有害动物的侵害，减少产量，降低品质。在有害动物中，以有害昆虫为主，也包括为害作物的螨类（属于蛛形纲）和蛞蝓（属于软体动物）。在我国，农作物害虫有 4 000～5 000 种。在防治害虫的过程中，首先要认识害虫，了解害虫发生危害的特点，对症下药。

一、害虫的识别

（一）害虫的主要种类

1. 鳞翅目　成虫的特点是翅被鳞片，口器虹吸式或退化，一般不为害植物，以取食花蜜或露水补充营养。幼虫体圆筒形，柔软，头部坚硬，咀嚼式口器，多为植食性，为害较大，表现为食叶、卷叶、潜叶、蛀茎、蛀根、蛀果等。成虫分蝶类、蛾类。蝶类有稻苞虫、橘凤蝶、菜青虫（菜粉蝶）等，蛾类有麦蛾、棉红铃

虫、三化螟、二化螟、玉米螟、小菜蛾、棉铃虫、黏虫、甜菜夜蛾、大豆食心虫、柑橘潜叶蛾、棉大造桥虫、梨尺蠖等。

2. 同翅目 特点是幼、成虫刺吸式口器，以刺吸式口器吸吮植物汁液，造成植株发育不良，甚至萎蔫枯死，或刺激组织增生，造成卷叶或肿疣（即所谓的"虫瘿"），虫量大，为害重。主要有稻叶蝉、茶小绿叶蝉、水稻褐飞虱、白背飞虱、梨木虱、柑橘木虱、烟粉虱、棉粉虱、黑粉虱、小麦蚜虫、蔬菜蚜虫、蚧壳虫等。

3. 半翅目 特点是体壁坚硬扁平，刺吸式口器，前翅基半部由质地坚硬的爪片和革片组成，端半部为柔软膜区（半翅），以幼、成虫吸吮植物汁液为害，如荔枝椿象、稻黑蝽等。

4. 鞘翅目 通称甲虫，该目是昆虫纲中乃至动物界种类最多、分布最广的第一大目。成、幼虫均为咀嚼式口器，前翅鞘质，后翅膜质。体小至大形，如金龟子（幼虫称为蛴螬）、沟金针虫、细胸金针虫、二十八星瓢虫、桑天牛、光肩星天牛、松天牛、黄守瓜、马铃薯甲虫、柑橘潜叶跳甲、玉米旋心虫、黄曲条跳甲、绿豆象、谷象、米象等。

5. 双翅目 成虫只有一对发达的膜质前翅，后翅退化为平衡棒，包括蚊、蠓、蚋、虻、蝇等，主要有种蝇（根蛆）、美洲斑潜蝇、豌豆潜叶蝇、麦黑潜叶蝇等。

6. 缨翅目 特点是锉吸式口器，体微小，长 0.5～14 毫米，一般为 1～2 毫米。翅狭长，具少数翅脉或无翅脉，翅缘扁长，有或长或短毛。一般吸取植物汁液，为害禾谷类、棉花和烟草等，有的能传播植物病毒，是重要农业害虫，如蓟马等。

7. 直翅目 口器为典型咀嚼式口器，前翅狭长、革质；后翅膜质，翅脉多平直。有东亚飞蝗、中华蚱蜢、螽斯、蟋蟀、油葫芦、华北蝼蛄、东方蝼蛄等。

8. 膜翅目 特点是翅膜质二对，后翅前缘有翅钩列与前翅连锁，前翅常较后翅为大，口器咀嚼式或嚼吸式，包括各种蜂，如小麦叶蜂、梨实蜂。

9. 螨类 蛛形纲，蛛形目。

（1）成螨：雌成螨深红色，体两侧有黑斑，椭圆形。

（2）卵：越冬卵红色，非越冬卵淡黄色较少。

（3）幼螨：越冬代幼螨红色，非越冬代幼螨黄色。越冬代若螨红色，非越冬代若螨黄色，体两侧有黑斑。

昆虫与螨类的区别：昆虫 3 对足，昆虫有头部；螨类 4 对足只分鄂体、躯体两部，如二斑叶螨、苹果全爪叶螨、山楂叶螨、朱砂叶螨、茶黄螨。

（二）害虫的主要口器类型

1. 咀嚼式口器 是最原始的口器类型，适合取食固体食物，为鳞翅目、鞘翅目幼虫所具有。咀嚼式口器由上唇、上颚、舌（各 1 片）、下颚、下唇（各 2 个）5 部分组成。特点是具有发达而坚硬的上颚以嚼碎固体食物，如甲虫、蝗虫及蛾、蝶类幼虫等。主要为害根、茎、叶、花、果实和种子，造成机械性损伤，如缺刻、孔洞、折断、钻蛀茎秆、切断根部等。

2. 刺吸式口器 为同翅目、半翅目、蚤目及部分双翅目昆虫所具有，虱目昆虫的口器也基本上属于刺吸式。刺吸式口器的下唇延长成喙，上、下颚都特化成针状，适于刺入动植物组织中，吸取血液和细胞液，常见的刺吸式口器害虫有蚜虫、粉虱、蚧壳虫等，以针状口器刺入植物组织吸食食料，使植物呈现萎缩、皱叶、卷叶、枯死斑、生长点脱落、虫瘿等。

3. 虹吸式口器 为鳞翅目成虫（除少数原始蛾类外）所特有，其显著特点是具有一条能弯曲和伸展的喙，适于吸食花管底部的花蜜。虹吸式口器的上唇仅为一条狭窄的横片，上颚除少数原始蛾类外均已退化，下颚的轴节与茎节缩入头内，下颚须不发达，但左、右下颚的外颚叶却十分发达，两者嵌合成喙。这类口器代表害虫有柑橘凤蝶、小菜蛾、菜粉蝶等。

4. 嚼吸式口器 仅为一部分高等膜翅目昆虫所特有，是兼具咀嚼与吸收两种功能的口器。主要特点是上颚发达，下颚和下唇退化为可以临时组成喙。发达的上颚用来咀嚼花粉与筑巢，喙能吮吸液体食物；不吸食时下颚和下唇分开，折弯于头下。代表昆虫：麦茎蜂。

5. 锉吸式口器　为缨翅目昆虫蓟马所特有，各部分的不对称性是其显著的特点。蓟马的口器短喙状或称鞘状；喙由上唇、下颚的一部分及下唇组成；右上颚退化或消失，左上颚和下颚的内颚叶变成口针，其中左上颚基部膨大，具有缩肌，是刺锉寄主组织的主要器官；下颚须及下唇须均在。

（三）害虫的为害方式和部位

1. 地下害虫　是指生活在土中或土表为害根茎部，造成植株萎蔫、根茎部被咬断或生长点受损出现丛生、矮化等症状的害虫，常见的有地老虎、蝼蛄、金针虫等。

2. 食叶性害虫　是指取食植株叶片，造成叶片缺刻、孔洞或者失绿等的害虫，此类害虫种类较多，如菜青虫、蝗虫、大猿叶甲、桃蚜、白粉虱等。

3. 潜叶害虫　是指幼虫潜入叶片，在植物上、下表皮间为害，使叶片破损或枯死的害虫。常见的有豌豆潜叶蝇、美洲斑潜蝇和桃潜叶蛾等。

4. 卷叶害虫　是指以幼虫吐丝卷叶或连缀植物叶片成苞，匿居其内为害的害虫，有稻纵卷叶螟、苹果小卷叶蛾和稻弄蝶等。

5. 蛀茎害虫　是指主要在植株茎秆内取食为害的害虫，主要有二化螟、玉米螟和麦茎蜂等。

6. 蛀果害虫　是指钻入果实内取食为害的害虫，主要有棉铃虫、桃小食心虫和小麦吸浆虫等。

二、地下害虫的发生与防治

地下害虫大部分时间生活在土壤中，它们为害作物地下部分（种子、根、茎）和地上部靠近地面的嫩茎，隐蔽性很强，不容易发现。常常晚上咬食作物的幼苗、根茎、种子和块根等，当发现时，损失已经发生了。苗期受害造成缺苗断垄，生长期受害破坏根系组织，啃食嫩果，使植株矮小变黄，对作物产量和品质造成不同程度的影响。

（一）地下害虫的发生

常见地下害虫主要有蛴螬、蝼蛄、金针虫、地老虎、蟋蟀、根蛆等十多类，以蛴螬、蝼蛄和金针虫等为害最重。

1. 蛴螬　蛴螬是金龟子的幼虫，在我国旱田地区普遍发生，黄河流域及北方地区为害较重。蛴螬食性很杂，主要为害麦类、豆类、花生、甜菜蔬菜和果树的种子、幼苗及根茎。咬食作物的幼根、茎，轻的造成缺苗断垄，重的毁种绝收，不但造成减产，被咬食的伤口也有利于病菌侵入，容易诱发病害。蛴螬成虫也为害大豆、花生、杨树等作物的叶片。为害蔬菜的主要有东北大黑鳃金龟、华北大黑鳃金龟、绿金龟等；为害梨、桃、李、葡萄、苹果、柑橘等果树和柳、桑、樟、女贞等林木的有铜绿金龟子、朝鲜黑金龟子、茶色金龟子和暗黑金龟子等。

2. 蝼蛄　有非洲蝼蛄、华北蝼蛄和东方蝼蛄等，是最活跃的地下害虫，成虫、若虫均为害严重，食性多样，为害各种作物。蝼蛄咬食刚播下的种子或发芽的种子，也取食嫩茎、根，造成严重的缺苗断垄。同时蝼蛄在地表层活动，形成隧道，使幼苗根与土壤分离，使幼苗失水干枯而死。

3. 金针虫　是叩头虫的幼虫，为害麦类、豆类、玉米、马铃薯、各种蔬菜和林木幼苗等。以幼虫咬食发芽种子和根茎，可以钻入种子或根茎相交处，被害处不整齐呈乱麻状，使种子不能发芽或者幼苗生长不良甚至死亡。

4. 地老虎　可为害大豆、玉米、蔬菜等作物。白天潜伏在土中，夜晚出土为害，将茎基部咬断，造成作物严重断苗，甚至毁种。

5. 蟋蟀　以若虫、成虫在地下为害植物的根部，在地面为害幼苗，侵害作物有玉米、大豆、花生、甘蔗、芝麻、瓜类以及蔬菜、棉花等，造成缺苗断垄，甚至毁种；也能咬食寄主植物的嫩茎、叶、花蕾、种子和果实，造成不同程度的损失。

（二）地下害虫的防治

由于地下害虫生活为害于地下，具有隐蔽性，为害期也长，防治较难，主要方法为灯光诱杀和药剂防治。

1. 灯光诱杀　成虫发生期，田间地头设置黑光灯可以有效诱杀成虫。蝼蛄、蛴螬和金针虫具有较强的趋光性，飞行能力较强，灯光诱杀是当前控制蛴螬等地下害虫为害最有效的措施。

2. 药剂防治

（1）药剂拌种或包衣。地下害虫发生区可用辛硫磷、吡虫啉、噻虫嗪等拌种，拌种时先将农药按要求比例加水稀释成药液，再按要求与种子混合拌匀，晾干后播种。

（2）土壤处理。用辛硫磷、毒死蜱、吡虫啉等药剂，均匀撒施或喷雾处理土壤，于播种前或作物生长期进行防治。吡虫啉为新烟碱类药剂，具有胃毒、触杀作用。辛硫磷和毒死蜱为有机磷类药剂，也有胃毒、触杀作用，击倒力快，吡虫啉宜与辛硫磷和毒死蜱混配，能起到事半功倍的效果。

（3）田间喷雾。在蛴螬成虫发生盛期，对虫口密度大的大豆、花生田用辛硫磷、毒死蜱、吡虫啉等喷洒在作物上进行防治。防治蟋蟀可用氰戊菊酯、高效氯氰菊酯、毒死蜱等对水均匀喷雾。施药时宜从田块四周向田中心推进，也可以达到兼治地老虎的目的。

（4）毒饵诱杀。防治蝼蛄、地老虎、蟋蟀可用敌百虫加适量水稀释，拌入炒香的豆饼、棉饼或麦麸，在天气闷热的傍晚，顺垄撒施，也可与切碎（3～4 厘米）的鲜草或鲜菜叶拌匀做成毒饵。

三、食叶害虫的发生与防治

食叶害虫就是为害植物叶片的害虫，几乎每种农作物都被一种或者几种食叶害虫为害，主要为咬食叶片的害虫和刺吸类害虫。咬食叶片的害虫都具有咀嚼式口器，咬食叶片成缺刻状或空洞，严重时吃光叶片，仅留叶脉，这类害虫食量比较大，大暴发时如防治不当，将颗粒无收。鳞翅目的蛾类和蝶类幼虫是最为常见的咬食叶片类的害虫，主要有为害蔬菜的小菜蛾、菜青虫、甜菜夜蛾、斜纹夜蛾，为害小麦的黏虫。此外鞘翅目的叶甲、象甲，膜翅目的叶蜂和直翅目的蝗虫也是咬食叶片类食叶害虫。刺吸类害虫除蓟马外，都有细长的口针，吸取植物的汁液，不像咬食叶片的害虫造成缺口，初期不容易发现，只能看见一个个失绿的小点，但在不断地进行"吸血抽髓"式榨取植物营养，最终造成叶片变黄、干枯、生长不良，直接影响植物健康生长，此外还会诱发煤烟病等病害，还传播病毒病。这类害虫主要有蚜虫、飞虱、叶蝉、介壳虫、叶螨、粉虱等，别看这类害虫体型小，但它们繁殖速度快、繁殖率高、数量极多，而且能发生好多代，是农作物上的重要防治对象。

（一）鳞翅目食叶害虫的发生与防治

1. 鳞翅目食叶害虫的发生　鳞翅目食叶害虫咬食植物叶片成缺刻状或空洞，主要有为害蔬菜的小菜蛾、菜青虫、甜菜夜蛾、斜纹夜蛾等。

（1）小菜蛾。又叫吊丝虫、小青虫、两头尖，别看在咬食叶片的害虫中小菜蛾的虫体小，现在它已成为蔬菜上的头号害虫，防治非常困难。主要原因是：①为害面广，甘蓝、青花菜、薹菜、芥菜、花椰菜、白菜、油菜、萝卜等十字花科蔬菜都是它的为害对象。②生态适应性强，小菜蛾冬天能挺过短期−15℃的严寒，在−1~4℃的环境中还能取食活动；夏天能熬过35℃以上酷暑，因而从南到北都有发生。③抗药性强，由于长年使用化学农药防治，大量杀伤天敌，小菜蛾的危害日甚一日，并且很快对各类化学农药产生了极强的抗性。④小菜蛾生活周期短，完成一代最快只要10天，一般年发生10代左右。

（2）甜菜夜蛾。是一种世界性分布、间歇性大发生的以为害蔬菜为主的杂食性害虫。对大葱、甘蓝、白菜、芹菜、菜花、胡萝卜、芦笋、蕹菜、苋菜、辣椒、豇豆、花椰菜、茄子、芥蓝、番茄、菜心、青花菜、菠菜、萝卜等蔬菜都有危害。

（3）菜青虫。寄主为十字花科、菊科、旋花科等9科植物，主要为害十字花科蔬菜，尤以为害芥蓝、甘蓝、花椰菜等比较严重。幼虫取食寄主叶片，2龄前仅啃食叶肉，留下一层透明表皮，3龄后蚕食叶片成孔洞或缺刻，严重时叶片全部被吃光，只残留粗叶脉和叶柄，造成绝产，易引起白菜软腐病的流行。一年以春、秋两季为害最重。甘蓝如在包心前未注意防治，幼虫如钻进叶球里，不但在叶球中暴食菜心，同时由于腐烂和粪便污染菜心，严重影响品质和产量。

（4）斜纹夜蛾。食性广，以幼虫为害植物叶部，也为害花及果实。1～2龄幼虫啃食叶片下表皮及叶肉，仅留上、下表皮及叶脉成窗纱状，4龄以后咬食叶片，仅留主脉。斜纹夜蛾寄主甚多，取食近300种植物的叶片，间歇性猖獗为害。在蔬菜中主要为害甘蓝、白菜、藕、芋、茄子、辣椒、番茄、豆类、瓜类以及韭葱等，以十字花科和水生蔬菜受害最重。大田作物主要受害的是棉花、甘薯、花生、大豆、烟草，其次是甜菜、玉米、高粱等。

2. 鳞翅目食叶害虫的防治要点 防治鳞翅目食叶害虫一定要科学用药，选好药，选对药，注意使用次数，各种药剂要交替或轮换使用，避免一类农药常年连续使用导致越治越多、无药可治的地步。首先要在对的时期喷药，在卵孵化盛期至幼虫2龄以前，虫体小、体弱，是最佳喷雾施药时期。早晨或傍晚喷药防治，喷药均匀，用水量要足。选用兼有触杀和胃毒功能的药剂，注意不同作用机理农药的轮换使用，选用不同类型没有产生抗性的农药，如生物农药、昆虫生长调节剂等。针对不同害虫，对症下药，不同害虫对药剂的活性存在差异，如甲维盐对夜蛾（甜菜夜蛾、斜纹夜蛾）的防效高于阿维菌素，而阿维菌素对小菜蛾的防效好于甲维盐；氟虫腈对小菜蛾高效，对夜蛾防效一般；虫螨腈、茚虫威对小菜蛾和夜蛾（甜菜夜蛾、斜纹夜蛾）都高效；虱螨脲杀卵，对高龄虫防效低，茚虫威不杀卵，对高龄虫效果好。

3. 鳞翅目害虫的防治药剂

（1）生物农药。用于防治鳞翅目害虫的生物农药有植物源农药和微生物源农药。植物源农药印楝素、鱼藤酮等。微生物农药有苏云金芽孢杆菌、小菜蛾颗粒体病毒等，使用时需挑选最适时期。苏云金芽孢杆菌使用时应避免高温时施药，最好在晴天下午或阴天进行，低于15℃的气温时不宜施药；小菜蛾颗粒体病毒，应在害虫产卵高峰期喷雾。

（2）化学农药。防治鳞翅目食叶害虫的药剂有双酰胺类的氯虫苯甲酰胺、氟苯虫酰胺和溴氰虫酰胺等，此类药剂作用于昆虫的鱼尼汀受体，作用机制新颖、高效，与传统农药无交互抗性；大环内酯类阿维菌素、多杀菌素、乙基多杀菌素、伊维菌素等，具有胃毒和触杀作用，喷施叶表面可迅速分解消散，高效、安全；苯甲酰脲杀虫剂，通过抑制几丁质在昆虫体内的生物合成而使昆虫中毒，对害虫主要是胃毒作用，触杀作用很小，兼有杀卵作用，主要有除虫脲、氟铃脲和氟啶脲等；菊酯类农药有高效氯氰菊酯、顺式氯氰菊酯和高效氯氟氰菊酯等；此外防效较高的药剂有虫螨腈、茚虫威、丁醚脲和氟虫腈。

（二）蚜虫的发生与防治

1. 蚜虫的发生 蚜虫又称腻虫、蜜虫，是刺吸类害虫，常群集于叶片、嫩茎、花蕾、顶芽等部位，刺吸汁液，使叶片皱缩、卷曲、畸形，严重时引起枝叶枯萎甚至整株死亡。

蚜虫为害各种植物，包括白菜、油菜、萝卜、芥菜、青菜、菜薹、甘蓝、花椰菜、芜菁等十字花科蔬菜，小麦、大麦、燕麦、糜子、高粱、玉米、水稻、甘蔗和茭白等禾本科作物，以及樱花、桃花、梅花、月季、菊花、木槿、杜鹃花等各种园林花卉和盆栽花卉。总的来说，蚜虫对植物的危害十分大，除了一些有毒的（如含羞草）、有特殊气味的植物（如大蒜、洋葱、莴苣）、较为低级的植物（如藻类植物、苔藓、地衣）和一些非陆生植物以外，其他的植物蚜虫都会为害。常见的蚜虫有麦蚜、桃蚜和棉蚜等。

小麦蚜虫俗称天厌子，是小麦生产上的主要害虫之一，主要有麦长管蚜、麦二叉蚜、麦无网长管蚜和禾缢管蚜4种。小麦蚜虫主要在小麦抽穗后为害，在寄主作物的茎、叶及嫩穗上刺吸为害，吸取汁液使叶片出现黄斑或全部枯黄，生长停滞，分蘖减少，籽粒饥瘦或不能结实，对产量影响较大；再是易引发叶部病害，受蚜虫为害后生理衰弱的小麦叶片，很易发生病害；还是小麦黄矮病毒病的重要传毒媒介之一。

桃蚜，为害植物主要有梨、桃、李、樱桃等蔷薇科果树；白菜、甘蓝、萝卜、芥菜、芸薹、芜菁、甜椒、辣椒、菠菜等多种蔬菜。桃蚜生活周期短、繁殖量大、除刺吸植物体内汁液，还可分泌蜜露，引起煤污病，影响植物正常生长；更重要的是传播多种植物病毒，如黄瓜花叶病毒、马铃薯Y病毒和烟草蚀纹病毒等。

苹果蚜虫，在苹果园发生的蚜虫主要有绣线菊蚜（黄蚜）、苹果瘤蚜和苹果绵蚜三种。前两种蚜虫主要为害苹果的新梢嫩叶，苹果绵蚜常群集于苹果的枝干、枝条、剪锯口、树皮裂缝及根部为害，吸取树体汁液。苹果黄蚜的为害盛期在5~6月，苹果瘤蚜为害略早于苹果黄蚜，苹果落花后到麦收前是该虫一年中为害的主要时期。苹果绵蚜的为害盛期在5月下旬到7月上旬。

2. 蚜虫的防治技术要点　蚜虫繁殖特别快，在早春或晚秋气温较低时，只要十几天就能繁殖一代；天气暖和时4~5天就完成一代，一年能繁殖20~30代。蚜虫成熟快，出生后，一般只需5天就能蜕完4次皮，繁殖后代。蚜虫生活方式特殊，大多数时候，蚜虫不需交配，卵在母蚜肚子里发育成熟，产下的即是成熟的小蚜虫。因此蚜虫一旦发生，虫量极大，防治时要尽量消灭干净，否则会快速猖獗。

防治蚜虫要做到：①最适时期用药。根据蚜虫发生规律，当达到防治指标时应及时用药。应用拟除虫菊酯类等触杀性药剂可适当延后，应用吡蚜酮等显效慢的内吸性药剂应适当提前。②提倡轮换用药，反对在某一地区长期应用单一药剂，要应用不同作用机制的复配药剂，如拟除虫菊酯类和新烟碱类复配等，能提高药效延缓蚜虫产生抗性。③有些高毒农药，国家已禁止在蔬菜、果品类应用。④由于蚜虫繁殖速度快，发生代数多，又多在叶背和幼嫩心叶上隐蔽为害，因此在喷药时一定要周到细致，最好选用具有触杀、内吸作用的单剂或复配杀虫剂。

3. 蚜虫的防治药剂 防治蚜虫的药剂种类比较多，应用最多的是新烟碱类药剂，此类药剂内吸性强，具有触杀、胃毒及拒食作用。对蚜虫类等刺吸式小型害虫杀死率高、持效期长，防效好，残留低，主要品种有：吡虫啉、啶虫脒、呋虫胺、氟啶虫胺腈、噻虫嗪、烯啶虫胺和噻虫啉等。

有机磷类药剂是最早广泛用于防治蚜虫一大类药剂，此类药剂具有内吸、触杀、胃毒和熏蒸作用，表现出杀虫活性高、持效时间长、中毒见效快的综合性优点。不足之处是很多产品为高毒甚至是剧毒，对哺乳动物有不良影响，同时杀死有益昆虫，如甲胺磷国家已禁止应用。目前应用的主要有氧乐果、毒死蜱、马拉硫磷等，但毒死蜱禁止在蔬菜上使用，氧乐果禁止在甘蓝上使用。

拟除虫菊酯类药剂对蚜虫具有触杀和胃毒作用，表现出强烈的击倒性，是其他类药剂不能比的，但持效期短和无选择性大量杀死天敌及易产生抗性，主要有高效氯氟氰菊酯、联苯菊酯和溴氰菊酯等。

抗蚜威是氨基甲酸酯类药剂，具有触杀、熏蒸和叶面渗透作用，杀蚜虫迅速，持效期长，并且对瓢虫、食蚜蝇、蚜茧蜂无不良影响，不伤蜜蜂，是该药剂的独特优点。

大环内酯类的阿维菌素具有胃毒和触杀作用，其作用机制是干扰神经生理活动，可以与烟碱类药剂混配，对蚜虫特效。

最值得一提的是吡蚜酮，其具有极强的内吸性，能很好地被植物吸收并能通过传导作用散布到作物植株各部位。其作用方式独特，对害虫没有直接击倒活性，但害虫一旦接触药剂，就马上堵塞口针，使其停止取食，并且是不可逆的。这一独特的作用方式，使吡蚜酮具有高度选择性，只对蚜虫等刺吸式昆虫有效，对哺乳动物、鸟类、鱼虾、蜜蜂等非靶标节肢动物都有很高的安全性，并且与多种药剂无交互抗性。

（三）稻飞虱的发生与防治

1. 稻飞虱的发生　稻飞虱，又名稻浮尘子，以成虫、若虫用刺吸式口器吸吮水稻汁液，使之造成损伤，同时所分泌出的毒素致水稻中毒枯萎，最后导致水稻死亡。生产上为害水稻的稻飞虱主要种类有褐飞虱、白背飞虱和灰飞虱3种，尤以随高空气流远距离迁飞为害的褐飞虱、白背飞虱在水稻产区发生量较大，对水稻产量威胁大。由于稻飞虱的发生为害具有迁飞性、隐蔽性、暴发性、绝产性等特点，害虫一旦暴发后，常造成水稻"冒穿""穿顶""通火"等现象，直接导致水稻严重减产，甚至绝收。

白背飞虱与褐飞虱常混合发生，但它们间还是有差别的，白背飞虱相对褐飞虱来说为害位置相对较高，即白背飞虱喜欢在叶鞘下部为害，而褐飞虱在稻株茎基部为害；白背飞虱相对褐飞虱发生时间要早，白背飞虱在分蘖期、孕穗、抽穗期发生比较严重，而褐飞虱在扬花期发生比较严重；抗药性方面褐飞虱明显高于白背飞虱，白背飞虱没有明显的抗药性，褐飞虱抗药性较高，尤其是对吡虫啉。

2. 稻飞虱的防治技术要点　在施药质量上，要做到四准一足两防治：一是要做到"四准"，即抓准时机、选准药剂、配准浓度、打准部位。二是要用足水量。三是治上压下，压前控后，中稻防治第三代褐飞虱以压低第四代基数，晚稻防治第四代褐飞虱以压低第五代基数，注意重点对叶面、叶背的喷雾，且喷雾要全面均匀，以确保防效。17：00以后打药，田间保持有3～5厘米的水层。防治白背飞虱喷药时喷头向上，从稻株茎基部向上喷药，防治褐飞虱时喷头向下，伸入稻株叶鞘部位向茎基部喷药。

3. 稻飞虱的防治药剂　防治稻飞虱主要是新烟碱类药剂，主要有吡虫啉、烯啶虫胺、噻虫嗪、呋虫胺等，吡虫啉对白背飞虱还有效果，可以前期白背飞虱为主时施用，对褐飞虱没有效果。此类药剂内吸性好，无水条件下也可以使用，施用后3天到死虫高峰，但抗性上升快。结合防治穗颈瘟、纹枯病，使用甲基硫菌灵与咪鲜胺的复配剂，或者丙环唑与苯醚甲环唑的复配剂，有利于抑制病害发生。

吡蚜酮是杂环类药剂，作用于害虫口针而产生阻塞效应，导致害虫停止取食，并最终饥饿致死，而且此过程是不可逆转的。虽然目前吡蚜酮对褐飞虱防效比较好，但褐飞虱对吡蚜酮的抗性不容忽视，要科学合理用药。

噻嗪酮为昆虫生长剂类代表药剂，能抑制若虫生长使其发育畸形而死，3～7 天见效，对成虫无直接杀伤力，但可以加速其死亡，降低其产卵量和抑制卵孵化。持效期较长，适合前期预防和后期混配速效性药剂使用，如与异丙威混用。在稻飞虱和二化螟、稻纵卷叶螟或大螟混合发生时，可以与杀虫单或阿维菌素混配，达到兼治目的。

异丙威、仲丁威、丁硫克百威为氨基甲酸酯类药剂，速效性好，但是持效期比较短。其中丁硫克百威有一定内吸效果。此类药剂可以与持效期长的新烟碱类药剂混配。

用于防治稻飞虱有机磷类药剂主要有毒死蜱和敌敌畏，此类药剂速效性好，但持效期短。田间无水可以拌沙使用，但扬花期敌敌畏浓度过高导致谷壳变褐色，甚至空壳。打药时加点矿物油可以提高药效。

（四）叶螨的发生与防治

1. 叶螨的发生　叶螨即红蜘蛛，大小为 0.4～0.5 毫米，不是所有叶螨都是红色的。如果叶片呈现很多小白点，植物叶片日益枯萎，可以翻开叶片，查看背面是否有许多细小的如同蜘蛛一般的虫子。同时，还常常会有很多如蛛丝一般的丝网，那么就可以断定是叶螨了。叶螨主要为害果树、花卉、蔬菜等经济作物，主要种类有山楂叶螨、苹果全爪螨、二斑叶螨、朱砂叶螨、柑橘红蜘蛛等，它们刺吸叶片的汁液，消耗植物大量养分，影响光合作用，严重者可使叶片干枯。叶螨喜欢高温干燥的环境，故在高温干旱的气候条件下会繁殖迅速。同时，此害虫繁殖能力极强，还可以孤雌繁殖，并且有极强的抗药性，同种药物多次使用就极易失效。

（1）柑橘红蜘蛛。分布在中国各柑橘产区，除为害柑橘外，还可为害黄皮、无花果、苦楝、桂花、蔷薇、苎麻、沙梨、蒲桃、椰子、番木瓜、木菠萝、油梨、杨桃、人心果、桃、柿、苹果、葡萄、核桃、樱桃、枣等。以成螨、幼螨、若螨群集叶片、嫩梢、果皮上吸汁为害，引致落叶、落果，尤以叶片受害为重，被害叶面密生灰白色针头大小点，甚者全叶灰白，失去光泽，终致脱落，严重影响树势和产量。

（2）朱砂叶螨。别名棉红蜘蛛、红叶螨、玫瑰赤叶螨。该螨属于世界性害螨，在我国华南、西北、西南、东北等地发生普遍，可为害的植物有 32 科 113 种，其中蔬菜 18 种，主要有茄子、辣椒、西瓜、豆类、葱和苋菜。主要以成螨和幼螨在寄主叶背吸汁液，使叶面产生白色点状。盛发期在茎、叶上形成一层薄丝网，使植株生长不良，严重时导致整株死亡。

（3）苹果全爪螨。分布于中国的辽宁、山东、山西、河南、河北、江苏、湖北、四川、陕西、甘肃、宁夏、内蒙古、北京等地。主要寄主有苹果、梨、桃、李、杏、山楂、沙果、海棠、樱桃及观赏植物樱花、玫瑰等。叶片受害初期出现失绿小斑点，以后许多斑点连成斑块。受害严重的叶片枯焦，似火烧状，提前落叶。

2. 叶螨的防治技术要点　红蜘蛛比较难防治主要因为红蜘蛛的繁殖系数大，世代频繁，一张叶片上会同时存在卵、幼螨、若螨、成螨四种形态。没有能同时对四种形态都高效速效的杀螨剂。此外，红蜘蛛体型小且比较隐蔽，喷药难以全覆盖，药效过后容易反弹。

（1）注重秋冬和春季预防。因为叶螨具有很强的繁殖能力，又有很强的抗药性，所以必须以防治为主，在秋冬和春季采取预防措施。预防主要针对木本植物，深秋待植物落叶进入休眠之后，及时清理枯叶杂草、树干死皮，然后给树干刷上石灰水，从而杀死在树干表面的虫卵。

（2）喷雾质量是一切效果的前提。不管使用什么农药及技巧，喷雾质量都要保证。杀螨剂基本上都没有内吸传导性，不直接碰触到虫体虫卵就不会有效果，而红蜘蛛发生最多的地方是叶片背面叶梗处，比较难喷到，因此喷雾必须细致周到，否则必定劳而无功。

（3）掌握药性和抗性，做到合理应用。要掌握农药针对什么螨类、针对螨的什么形态、有什么优缺点、抗性如何等信息才能合理使用农药。

（4）按红蜘蛛发生规律用药。红蜘蛛发生是和温度有关的，在正常管理的情况下一年会有两个高发期，在高发期即将开始时用长效杀螨剂进行重点防治有事半功倍的效果。

3. 叶螨的防治药剂

（1）螺螨酯。具触杀作用，没有内吸性。对害螨的卵、幼螨、若螨具有良好的杀伤效果，对成螨无效，但具有抑制雌螨产卵孵化率的作用。速效性差，持效期长，温度高效果好。春季当红蜘蛛为害达到防治指标时，使用螺螨酯均匀喷雾，此后，若遇红蜘蛛虫口密度再度上升，使用一次速效性杀螨剂（如哒螨灵、克螨特、阿维菌素等）即可；或先使用一次速效性杀螨剂（如哒螨灵、克螨特、阿维菌素等），再使用螺螨酯。

（2）乙螨唑。对卵及幼螨有效，对成螨无效，但是对雌性成螨具有很好的不育作用。因此其最佳的防治时间是害螨为害初期。该药耐雨性强，持效期长达 50 天，温度高效果好，主要防治苹果、柑橘上的红蜘蛛，对棉花、花卉、蔬菜等作物上的叶螨、始叶螨、全爪螨、二斑叶螨、朱砂叶螨等螨类也有卓越防效。但该药速效性差，可以在使用的同时配入阿维菌素，增强杀螨效果。

（3）炔螨特。具有触杀和胃毒作用，对成、若螨有效，杀卵效果差，在温度 20℃以上时，药效可提高。对柑橘嫩梢有药害，对甜橙幼果也有药害，在高温下用药易对果实产生日灼病，还会影响脐部附近退绿，因此，用药时不得随意提高浓度。炔螨特是目前杀螨剂中不易出现抗性，药效较为稳定的品种之一。

（4）联苯肼酯。对各个活动期的螨都有效，且有杀卵活性和对成、若螨的击倒性，与其他杀螨剂尚未见有交互抗性。主要用于果树、蔬菜、棉花、玉米和观赏作物防治各种螨类，对二斑叶螨和全爪螨效更好。

（5）矿物油。红蜘蛛对矿物油没有抗性，同时矿物油可以兼治介壳虫、煤烟病等病虫害，但矿物油比较容易产生药害，在高温、干旱、树势弱、花期、生理落果期、转色期以及复配其他农药时要谨慎。

此外，常用的杀螨剂还有乙唑螨腈、哒螨灵、三唑锡、阿维菌素、丁氟螨酯等，可以根据发生的红蜘蛛种类和当地抗性情况选用适宜的杀螨剂。在喷施杀螨剂时，添加有机硅等助剂可以起到增效的作用。

四、潜叶害虫的发生与防治

潜叶是害虫的一种为害方式，顾名思义，是指幼虫潜入叶片，只吃植物的叶肉，保留上、下表皮，并随幼虫长大，隧道盘旋伸展，俗称"画图虫"。隧道逐渐延伸、加宽，可以使叶片破损或枯死。能够形成潜叶的害虫有两大类，一种是潜叶蝇，常见的有豌豆潜叶蝇、甜菜潜叶蝇、美洲斑潜蝇、南美斑潜蝇、紫云英潜叶蝇、稻小潜叶蝇等，多发生在蔬菜上。其中，美洲斑潜蝇和南美斑潜蝇是我国重要的检疫害虫，在国内已广泛传播。另一种是潜叶蛾，常见的有桃潜叶蛾、旋纹潜叶蛾、柑橘潜叶蛾等，多发生在林木、果树上。

（一）潜叶蝇的发生与防治

1. 潜叶蝇的发生　潜叶蝇又叫斑潜蝇，很多地方的菜农根据潜叶蝇的为害特征，习惯称之为"串皮虫""地图虫"等。潜叶蝇为害作物的种类非常多，几乎常见的蔬菜种类，例如黄瓜、甜瓜、西瓜、丝瓜、苦瓜、番茄、茄子、辣椒、芹菜、十字花科蔬菜、豆类、草莓等作物都有潜叶蝇的危害。潜叶蝇主要为害叶片，以幼虫在叶片内钻蛀隧道，影响光合作用，严重的造成叶片脱落。

（1）美洲斑潜蝇。可为害 100 多种植物。成、幼虫均可为害。雌成虫把植物叶片刺伤，进行取食和产卵，幼虫潜入叶片和叶柄为害，产生不规则蛇形白色虫道，叶绿素被破坏，影响光合作用，受害重的叶片脱落，造成花芽、果实被灼伤，严重的造成毁苗。

（2）豌豆潜叶蝇。又称油菜潜叶蝇，俗称拱叶虫、夹叶虫、叶蛆等。它是一种多食性害虫，有 130 多种寄主植物，在蔬菜上主要为害豌豆、蚕豆、茼蒿、芹菜、白菜、萝卜和甘蓝等。

2. 潜叶蝇的防治 采用灭蝇纸诱杀成虫。在成虫始盛期至盛末期，设置诱杀点。

采用化学药剂防治幼虫。在幼虫 2 龄前（虫道很小时），于 8：00～11：00 露水干后幼虫开始到叶面活动，或者老熟幼虫多从虫道中钻出时进行防治。防治潜叶蝇最好是结合防治白粉虱等其他害虫一起打药，例如在育苗阶段经常有白粉虱为害，应该至少喷施两次噻虫嗪或者吡虫啉。在移栽前 1～2 天用上述药剂结合防治根部病害的杀菌剂一起灌根，既可以预防白粉虱，又可以预防潜叶蝇和蔬菜的根部病害，同时由于预防了白粉虱，对预防蔬菜前期的病毒病也有很好的作用，是一个一举多得的病虫害防治措施。在蔬菜生长中后期发生潜叶蝇为害，最为有效而且常用的药剂是阿维菌素、灭蝇胺、高效氯氟氰菊酯、杀虫双或多杀菌素等。

（二）潜叶蛾的发生与防治

1. 潜叶蛾的发生 潜叶蛾是潜叶为害的鳞翅目害虫，多为害林木和果树。

（1）桃潜叶蛾。是苹果、桃、梨害虫中的一种，夜间活动产卵于叶下表皮内，幼虫孵化后，在叶组织内潜食为害，串成弯曲隧道，并将粪粒充塞其中。叶的表皮不破裂，可由叶面透视。叶受害后枯死脱落。

（2）柑橘潜叶蛾。是一种严重的柑橘害虫。在我国江西，江苏、福建、浙江、海南、广西、广东、湖南、湖北、贵州、四川、重庆、上海、云南等地区柑橘园区均可发生。为害柑橘、金橘、柠檬、构橘、四季橘、冰糖橙等植物。潜叶蛾幼虫钻入叶片表皮之下取食叶肉组织，造成蜿蜒的虫道，并在中间留下粪线，因此有"鬼画符""绘图虫"的俗称。被害叶片卷缩，可成为柑橘全爪螨（红蜘蛛）、卷叶蛾等害虫的越冬场所；被害叶片光合效率低，易于脱落，并且有可能诱发溃疡病等侵染性病害。

2. 潜叶蛾的防治　以柑橘潜叶蛾为主的综合药剂防治措施要抓住三次。第一次喷药在新梢萌发后 3～4 天（梢长不超过 1 毫米），主要以防治柑橘潜叶蛾、柑橘蚜虫、柑橘木虱、柑橘凤蝶为主。第二次喷药在第一次喷药后的 5～6 天，主要以柑橘潜叶蛾、柑橘蚜虫、柑橘凤蝶为主。第三次喷药在第二次喷药后的 7～8 天，主要以防治柑橘潜叶蛾、柑橘凤蝶和柑橘溃疡病为主。同时可以在柑橘新梢受害率达到 20％时作为柑橘潜叶蛾的防治指标。防治柑橘潜叶蛾的药剂有高效氯氟氰菊酯、溴氰菊酯、高效氯氰菊酯、阿维菌素、氟啶脲、氟虫脲、虱螨脲、啶虫脒等。同时，柑橘潜叶蛾的成虫白天在果园或苗圃附近的草丛中栖息，黄昏时出来活动。所以潜叶蛾的防治还应经常清洁果园或苗圃周围的杂草，喷药在黄昏时进行能收到事半功倍的效果。

其他潜叶蛾的防治可根据害虫的特点，参考柑橘潜叶蛾的防治药剂进行选用。

五、卷叶害虫的发生与防治

卷叶害虫是指以幼虫吐丝卷叶或连缀植物叶片成苞，匿居其内食叶为害的昆虫。卷叶害虫包括：卷叶螟类、弄蝶类、卷叶蛾类、巢蛾类、麦蛾类、斑蛾类等。

（一）稻纵卷叶螟的发生与防治

1. 稻纵卷叶螟的发生　稻纵卷叶螟是中国南方水稻上的主要害虫，北方少见甚至没有稻纵卷叶螟。幼虫刚孵出来大部分钻入心叶为害，进入 2 龄后，吐丝，将叶子卷起来，在里面啃食叶片，留下白色下表皮，一张卷叶取食后，换另外一张叶片，受害重的稻田一片枯白，"稻叶一刮白，产量减少一二百"。

目前农民防治稻纵卷叶螟存在一定难度，主要为：①防治时间难以掌握标准：稻纵卷叶螟发生年与年间存在一定的时间差异，使得每年的发生防治时间有一定不同。有时因天气连续阴雨，在防治适期不能施药防治，等天气适宜用药防治时，稻纵卷叶螟幼虫已进入高龄，防治效果下降。②不能及时发现害虫为害：前期低龄幼虫叶片未食白，不少农户没有引起注意，等卷叶很严重时才去防治，药液很难接触到虫体，加上虫体偏大，耐药性增强，很难杀死害虫。③药剂选择不当导致害虫抗性增加，防效下降：市售用于防治稻纵卷叶螟的药剂很多，五花八门，一旦选择防治效果差的药剂，错过最佳防治适期，虫龄已进入高龄，便难以防治了。④有些农户喜欢使用老品种药剂防治，但由于稻纵卷叶螟对这类药剂已产生抗性，也致使防治效果下降。

2. 稻纵卷叶螟的防治　水稻分蘖期和长穗期易受稻纵卷叶螟为害，尤其是长穗期损失更大。防治适期为蛾高峰后 7～10 天，卵孵化盛期到 2 龄幼虫盛发高峰期，田中有少量叶片开始束尖时喷药。尤其是一些生长嫩绿的稻田，更应着重防治。药剂防治应狠治水稻长穗期为害世代，不放松分蘖期为害严重的世代，采取"狠治二代、巧治三代、挑治四代"的综防措施。一旦错过低龄幼虫防治期，则需选用渗透性好的药剂，或者在喷药时现场添加有机硅等助剂。

一般早晨露水未干时及傍晚施药的效果较好，晚间施药效果更好，阴天和细雨天全天均可施用。

防治稻纵卷叶螟用水量要足，每亩 30～35 千克水，喷雾要细而均匀，药液要留在叶片上。

推荐药剂为：氯虫苯甲酰胺、环虫酰肼、溴氰虫酰胺、四氯虫酰胺、氰氟虫腙、甲氨基阿维菌素、多杀霉素、阿维菌素、乙基多杀霉素、杀虫单、杀虫双、杀螟丹、喹硫磷、稻丰散。

（二）棉褐带卷蛾的发生与防治

1. 棉褐带卷蛾的发生　棉褐带卷蛾，又称苹果小卷蛾、橘小黄卷叶蛾、茶小卷叶蛾、远东卷叶蛾等，俗称舔皮虫。国内除西藏、新疆、云南无报道外，各地均有分布。主要为害苹果、花红、海棠、山荆子、桃、杏等30多种植物，其中以苹果和桃受害较重。以幼虫吐丝缀连叶片，潜居缀叶中取食为害，新叶受害较重。当树上有果实后常将叶片缀贴在果实上，幼虫啃食果皮及果肉，幼虫舔食的果面呈一个个小坑洼，故称"舔皮虫"，被害处后期愈合呈干疤，阴雨时发生黑霉。

棉褐带卷蛾以2龄幼虫在枝干翘皮下，剪锯口周围裂缝等处结白茧越冬。第二年苹果花芽开绽时幼虫出蛰，出蛰幼虫爬向花蕾、幼芽、嫩叶取食。展叶后，开始将几片叶缀连一起取食为害。成虫将卵产在叶面上，刚孵化的幼虫多分散在叶的背面取食芽和幼叶，稍大时吐丝缀连梢部几片嫩叶成苞，匿居其中取食叶肉，并常将叶片缀贴在果实上，藏于其中啃食果皮及浅层果肉，造成虫疤，影响果品质量。

2. 棉褐带卷蛾的防治　越冬幼虫出蛰期和各代幼虫孵化期是树上喷药的合适时期。在苹果开花前，结合防治一代金纹细蛾，用杀铃脲、灭幼脲或杀螟硫磷等防治出蛰幼虫。6月中旬结合苹果套袋，用氯氰菊酯、高效氯氟氰菊酯或阿维菌素等杀灭一代初孵幼虫。8月上中旬结合防治三代棉铃虫和二代桃蚜，用杀铃脲、虱螨脲或高效氯氟氰菊酯等与新烟碱类药剂混配杀二代幼虫。9月中旬结合防治苹果绵蚜，于摘袋前用啶虫脒、虱螨脲或高效氯氟氰菊酯等杀三代幼虫。在药液中混合加有机硅类等农药助剂，可显著提高杀虫效果。

六、蛀茎害虫的发生与防治

蛀茎害虫泛指钻蛀寄主植物茎秆内取食为害的一类害虫，俗称钻心虫。主要种类包括大田作物上的玉米螟、高粱条螟、粟灰螟、二化螟、大螟、三化螟、麦秆蝇等；果树上的天牛类（星天牛、光肩星天牛、桑天牛、桃红颈天牛、云斑天牛、葡萄虎天牛、红缘黑天牛）、吉丁虫类（金缘吉丁虫、苹小吉丁虫）、大小蠹类（红脂大小蠹、木蠹蛾）、葡萄透翅蛾、板栗透翅蛾、苹果透翅蛾、梨瘤蛾、梨茎蜂、栗瘿蜂等。由于这类害虫为害时钻入茎秆内，隐蔽性强，给防治带来很大困难。

（一）玉米螟的发生与防治

1. 玉米螟的发生　玉米螟俗称玉米钻心虫、苞谷虫，是我国玉米的主要害虫。主要分布于北京、黑龙江、吉林、辽宁、河北、河南、四川、广西等地。各地的春、夏、秋播玉米都有不同程度受害，尤以夏播玉米最重。可为害玉米植株地上的各个部位，玉米心叶被幼虫蛀穿后，展开的玉米叶片上出现一排排小孔；雄穗抽出后，玉米螟幼虫就钻入雄花为害，往往造成雄花基部折断，雌穗出现以后，幼虫即转移到雌穗取食花丝和嫩苞叶，蛀入穗轴或取食幼嫩的籽粒，是让老百姓头疼的害虫。

2. 玉米螟的防治

（1）叶期防治。以玉米心叶末期，幼虫盛孵而尚未蛀入茎秆时施药为施药适期。花叶率达 10% 的田块，在心叶末期全面普治；花叶率低于 10% 的，可酌情挑治；花叶率超过 20% 或百株卵块超过 30 块的，分别在心叶中期和心叶末期防治一次。一般用辛硫磷颗粒剂、西维因可湿性粉剂放入心叶内；也可以用白僵菌丢心；用乙酰甲胺磷、哒嗪硫磷、溴氰菊酯和四氯虫酰胺等对水喷雾。

（2）玉米穗期防治。虫穗率达 10% 或百穗花丝有虫 50 头的田块，在抽丝盛期用药防治；虫穗率超过 30% 的，在抽丝盛期用药后 6～8 天再用药 1 次。药剂可选用上述药剂的任何一种，在玉米丝及上下各两片叶的叶腋内撒施。

（二）二化螟的发生与防治

1. 二化螟的发生　二化螟属鳞翅目，螟蛾科，是我国水稻上为害最为严重的常发性害虫之一，一般年份水稻减产 $3\%\sim5\%$，严重时减产在 30% 以上。国内各稻区均有分布，初孵幼虫群集叶鞘内为害，造成枯鞘。2 龄以后幼虫蛀入稻株内为害，水稻分蘖期造成"枯心苗"，孕穗期造成"死孕穗"，抽穗期造成白穗，成熟期造成虫伤株。

二化螟在吉林、辽宁年发生 $1\sim2$ 代；陕南、豫南、皖北、鄂北、川北和苏北等地，年发生 2 代；长江流域稻区，年发生 $3\sim4$ 代；闽南、赣南、湘南、广东、广西等地，年发生 4 代；海南岛每年可发生 5 代；各地发生的代数和轻重不同，防治次数也不同。

2. 二化螟的防治 二化螟防治适期为卵孵高峰至 2 龄幼虫期，防治穗期二化螟应在卵孵始盛期。各地应根据本地二化螟抗药性监测水平和药剂筛选结果选用有效药剂，开展轮换用药与交替用药。推荐氯虫苯甲酰胺、甲氧虫酰肼、乙基多杀菌素、高含量阿维菌素、高含量甲维盐、杀虫单、杀虫双、丁烯氟虫腈等。虫量较小时可采用苏云金芽孢杆菌（Bt）等生物药剂。提倡添加有机硅等助剂，提高农药利用率。

（三）桃红颈天牛的发生与防治

1. 桃红颈天牛的发生 桃红颈天牛属鞘翅目，天牛科，主要为害桃、杏、李等，其次为害苹果、梨、柿、柳等果树和林木。幼虫在枝干皮层下和木质部钻蛀隧道，造成树干中空，皮层脱离。枝干被蛀后树势衰退，常引起死亡。

桃红颈天牛成虫在枝干的树皮缝隙内，距地面 30 厘米（主要是主干上）产卵，幼虫主要蛀食主干，第一年在韧皮部和木质部之间，第二年蛀入木质部内，虫道长度 $50\sim60$ 厘米。成虫啃食幼嫩枝梢的皮层或取食叶片补充营养。幼虫孵化后，先沿枝干向上蛀食 10 厘米左右，再向下，每隔 $5\sim6$ 厘米向外蛀一排粪孔，一般是同一方位顺序向下，遇到分叉时转向，随着幼虫长大，排粪孔的距离越来越远，一般可蛀食十几个排粪孔。幼虫位于最后一个排粪孔的下方（这可帮助我们判断幼虫的位置以进行人工防治），幼虫期

（近 2 年的时间内），蛀道可达 1.7～2 米长，有时可直达根茎处，但越冬或化蛹时，位置在其上 1～3 个排粪孔的虫道内（底潮湿或积水）。

2. 桃红颈天牛的防治

（1）涂干。选用一定内渗性的药剂，如杀螟松涂干，可杀死产卵深度不大的初孵幼虫。

（2）熏蒸。用药堵幼虫虫道，可选用磷化铝片剂，或用敌敌畏制成毒膏、毒泥、毒棉等。

（3）注干。往蛀孔内注射敌敌畏、吡虫啉、噻虫啉、甲维盐等药液。

（4）喷雾防治成虫。可以选择有机磷类、菊酯类或新烟碱类药剂。

七、蛀果害虫的发生与防治

蛀果害虫指能钻到果实里，取食果实的害虫。发生在大田作物上的有：小麦吸浆虫、棉铃虫、棉红铃虫、桃蛀螟、大豆食心虫；蔬菜上的有：豆野螟、豆荚螟、烟青虫、棉铃虫；果树上的有：桃小食心虫、梨小食心虫、苹小食心虫、梨大食心虫、桃蛀螟、柿蒂虫、核桃举肢蛾、栗实蛾、梨实蜂、李实蜂、杏仁蜂、梨虎、杏虎等。

（一）小麦吸浆虫的发生与防治

1. 小麦吸浆虫的发生　小麦吸浆虫属双翅目，瘿蚊科，有麦红吸浆虫和麦黄吸浆虫。麦红吸浆虫的发生区主要在黄淮海流域；麦黄吸浆虫的主发区一般在高山地区和高山地带，如青海、甘肃等高山区。它们取食小麦、大麦、青稞、燕麦、黑麦、雀麦等，幼虫吸食麦粒浆液，出现瘪粒，严重时造成绝收，是毁灭性害虫。小麦吸浆虫隔年羽化、多年休眠，个体小，为害隐蔽，地面活动时间短，防治困难，因此为害严重。

2. 小麦吸浆虫的防治　在加强监测和掌握有利防治时期的基

础上，选择高效低毒、低残留农药主治吸浆虫化蛹始盛期。

（1）成虫羽化盛期药剂防治推行"主攻蛹期，成虫期扫残"的防治策略。当前药剂防治幼虫效果都不理想，蛹盛期（小麦孕穗期）施药防治效果最好，可以直接杀死蛹和上升到土表的幼虫，也能抑制成虫。以粉剂或乳剂制成毒土（或毒沙）均匀撒入麦田，施药方便。一般施用毒土或直接喷粉后，需用竹竿或绳将麦叶上药粉抖落地面。

（2）小麦抽穗开花期防治成虫：小麦抽穗时成虫羽化或飞到穗上产卵，结合麦蚜防治，喷撒辛硫磷或敌敌畏，或溴氰菊酯，或氰戊菊酯。小麦吸浆虫成虫惧怕强光、高温和大风，早晨和傍晚活动最盛，建议打药时选择无风天气 10：00 以前或 16：00 以后进行，效果更好。

（二）桃小食心虫的发生与防治

1. 桃小食心虫的发生 桃小食心虫属于鳞翅目蛀果蛾科，主要为害苹果、梨、海棠、花红、木瓜、枣、桃、李、杏、山楂以及酸枣等。桃果受害时，果面有针尖大小蛀入孔，孔外溢出泪珠状果液，干涸成白色蜡状物。幼虫在果内串食果肉排出虫粪，形成"豆沙"果。

2. 桃小食心虫的防治 结合预测预报工作，抓住越冬幼虫出土盛期和幼虫孵化始盛期关键时期，进行地面防治和树上防治。以地面防治为主，结合树上防治桃小食心虫为害，时间在越冬幼虫出土盛期或性诱剂诱到第一头雄蛾时，用辛硫磷或毒死蜱地面喷施，或稀释后与细土混匀地面撒施，均应结合浇水或浅锄。树上防治需要抓住卵孵化盛期和幼虫蛀入果实 2～3 天这一关键时期，常用药剂有辛硫磷、溴氰菊酯和氰戊菊酯等。对于桃小食心虫发生严重的果园，应在卵盛期和孵化盛期各用药一次。

（三）棉铃虫的发生与防治

1. 棉铃虫的发生 棉铃虫属鳞翅目夜蛾科，是棉花上的重要钻蛀性害虫，主要蛀食蕾、花、铃，也取食嫩叶，有时还会成为玉米、花生、豆类、蔬菜和果树等作物上的主要害虫。

2. 棉铃虫的防治　幼虫有转株为害的习性，转移时间多在夜间和清晨，这时施药易接触到虫体，防治效果最好。棉铃虫卵孵化盛期到幼虫 2 龄前，施药效果最好。2 代卵多在顶部嫩叶上，宜采用滴心挑治或仅喷棉株顶部，3～4 代卵较分散，可喷棉株四周。使用农药过程中，不要单一、连续使用某一品种，各种药剂要交替轮换使用，以延缓棉铃虫抗药性的产生和发展。选用的药剂有溴氰虫酰胺、氯虫苯甲酰胺、阿维菌素、甲氨基阿维菌素、氟氯氰菊酯、氰戊菊酯、联苯菊酯、氯氰菊酯、水胺硫磷、毒死蜱、喹硫磷、氟铃脲等。

第三节　病害的发生与防治

一、病害诊断

（一）植物病害及其症状

植物病害的类别有生理病害（非侵染性病害）和侵染性病害两种。

生理病害（非侵染性病害）由非生物病原引起的病害在植物个体间不能相互传染。主要分为五类：①营养失调：缺素症或中毒症。②水分失调：涝淹或干旱。③温光不适：高温、日灼、低温、寒害、冷害、冻害。④有害物质毒害：空气、土壤、水质、农药（杀菌剂、杀虫剂、除草剂、生长调节剂）、化肥等。⑤次生盐渍化：土壤中可溶性盐的积累等。

侵染性病害由病原生物侵染引起的病害在植物个体间可以相互传染，能够在田间传播、扩散、蔓延，故常称为传染性病害。主要有真菌、细菌、病毒、线虫、寄生性种子植物。

植物发生病害以后，内部生理方面发生病变、外观形态上产生反常的现象即为症状。症状分为病状和病症两个方面。

寄主植物受害后自身表现的反常状态称为病状。五种类型：变色、坏死、腐烂、萎蔫和畸形。病原生物在寄主植物受害部位形成的特征性结构称为病症。四种类型：霉状物、粉状物、粒状物、脓状物。有的病害在一种植物上可以同时或先后表现两种不同类型的症状。例如炭疽病在苗期发生引起子叶枯斑坏死，成株期侵害叶片出现圆形枯斑甚至穿孔，侵害茎秆导致溃烂梭形斑。

（二）植物病害诊断鉴定要点

病害田间诊断：结合环境条件的特点，可作出确诊或作出初步诊断，同时采集标本进一步检查病原物后再作出确诊。

病原室内镜检：显微检查、病症诱导、病原菌分离和纯化、显微计测。

生理性病害和侵染性病害的区别要点如下。

1. 观察发病范围　作为生理性病害，通常为害的程度往往大面积同时发生，比较均衡一致，发病范围与病原殃及范围密切相关；而侵染性病害由于其生物源生存繁殖具有时间性，往往开始时总是有发病中心，即便是较大面积上发病，也不会在开始即为全部一致的均匀状态。

2. 调查病情变化　生理性病害的病原为环境因素，显然不具传染性，故一旦病因解除，病势基本保持稳定的势态，不会随时间的推移而扩展；而侵染性病害则由于病原物的传染性，病情变化一般会趋于发展的势头，由点到面，由发病中心到大面积成片，如果不采取特效措施的话，不可能陡然解除。

3. 检测病症特点　生理性病害作为环境影响所致的危害，病株上不会出现任何病症。据此，将病害组织进行简单培养，检查病斑是否逐渐扩展，是否出现病原物的特征性结构——霉层、菌脓等，可初步判断其大类归属。

4. 分离病原判断　对于表面无病症表现的病组织，如果现场难以确定是生理性病害还是侵染性病害，则可通过组织分离培养，根据病原物的出现与否，判别是否为侵染性病害。

5. 接种致病验证　为做进一步的诊断，用简单的接种方法进行病健组织或植株的相互接种，观察其在短时间内是否有相同的症状出现，据此可证实其病害大类归属，如果为生理性病害，显然不可能出现接种和致病的情况。

侵染性病害的区别要点如下。

1. 真菌性病害　种类繁多，症状复杂，叶斑病、萎蔫病、果腐病等一应俱全，区别其与细菌性及病毒性病害的要点在于，从病症方面着眼：发病盛期或在初期经过短时间的培养，病部会出现特有的病症形态结构物，如霉层、粉层、菌核、小黑点等，可据此确定基本类别。此外，还应区分病原真菌五大亚门——鞭毛菌、接合菌、子囊菌、担子菌和半知菌的各病症特点，方能准确诊断判别。

2. 细菌性病害　在植物病害中所占比例虽然不大，但其病状特点也是坏死、腐烂、萎蔫、畸形多样类型，应注意区别；但田间多以叶斑病类为多，多在病斑周围具有黄色晕圈。而且其特点是病部常常溢出特有的菌脓，后期干燥时往往形成菌痂。

3. 病毒性病害　在各种作物上均有所见，但具体种类有限。除番茄条斑病和蕨叶病等外，主要为花叶病类。病毒病特点比较明显：条斑病和蕨叶病特点独具，容易识别；花叶病主要表现为病状上的变色、花叶和斑驳。病毒病的共性特点：由于病毒粒体极小且更由于其在活体寄主组织细胞内部复制自己，故在病部表面，即便经过培养，也不会出现病症——病原物的子实体等结构。这是病毒病与其他病害的本质区别。

4. 线虫病害　种类不多，有病状而无病症。对植物的危害主要表现为生长发育不良；多数为地下部分受害，而致植株地上部分长势变衰弱，也有病变过程；但线虫不会在地上部器官和组织部位表面显现出来，严格说来无病症表现。但从病理学方面，有人认为线虫虫体本身也被视为病症。

二、病害防治原则

植物病害的防治原则：消灭病原物或抑制其发生与蔓延；提高

寄生植物的抗病能力；控制或改造环境条件，使之有利于寄主植物而不利于病原物，从而抑制病害的发生和发展。一般以预防为主，因时因地根据作物病害的发生、发展规律，采取具体的综合治理措施。每项措施要充分发挥农业生态体系中的有利因素，避免不利因素，特别是避免造成公害和人畜中毒，使病害压低到经济允许水平之下，以求达到最大的经济效益。防治的方法和措施主要如下。

（一）植物检疫

以立法手段防止在植物及其产品的流通过程中传播病虫害的措施，由植物检疫机构按检疫法规强制性实施。严格执行植物检疫法规可保护无病区，限制和缩小疫区，铲除新传入而未蔓延开的包含病原物在内的检疫性病虫和杂草。

（二）抗病育种

培育抗病品种是经济有效的防治方法。在防治传染快、潜育期短、面积大的气传和土传病害如小麦锈病、稻瘟病、棉花枯萎病、棉花黄萎病等方面应用尤为普遍。为防止抗病品种遗传基因单一化，可利用诱发病圃或人工接种方法，鉴定对不同病原物和不同专化小种的抗病品种，通过杂交，集中多个抗病主效基因于一个或几个栽培品种，并结合农艺性状优良和高产育种，培育出高产优质的多抗性和兼抗性品种；还可利用植物体细胞杂交，导入抗病基因，以及将植物的抗病物质通过细胞质遗传以提高植物的抗病性。

（三）农业防治

改进耕作制度可改变病原物严重发生的生态条件，有利于作物生长发育和提高抗病能力。如轮作可防治棉花枯萎病、棉花黄萎病等土传病害；保持果园田间清洁，可消灭或降低越冬菌量；严禁操作人员在烟草田和番茄田吸烟，移苗或整枝打杈前用肥皂水洗手，可防止烟草花叶病毒传染；适期播种、阔窄行密植、增施厩肥和饼肥，可使玉米大、小斑病为害减轻；深沟窄行可降低地下水位和土壤湿度，从而减轻小麦赤霉病；勤灌对控制水稻白叶枯病有较好效果；除草灭虫可减少病原物侵染来源或错开病原物发育的最适季节；建立无病种苗基地可防止种苗传病等。

（四）化学防治

应用化学药剂消灭病原物使作物不受侵害。化学药剂的使用应按照农药标签推荐剂量、次数以及间隔期施用。

（五）物理和机械防治

有多种方法：如通过筛选、风选种子或泥水、盐水选种，可利用不同比重汰除受病害的子粒；播种前晒种，用1％石灰水浸种或用一定温度的温汤浸种，可有效地防治由种子传带的多种稻病和麦病；烧土和熏土对防治某些土传病害如花生青枯病、十字花科软腐病有一定效果；在温室内以一定温度处理果苗，可钝化某些果苗内病毒以防治病毒病；贮藏室（窖）短时间升温可促进薯块伤口愈合以防治甘薯软腐病；在温床用高温蒸气进行土壤灭菌，可防治立枯病、猝倒病等。此外，各种射线、超声微波、高频电流也在试用于病虫防治。

（六）生物防治

主要是利用或协调有益微生物与病原物之间的相互关系，使之有利于微生物而不利于病原物的生长发育，以防治病害，如土壤和植物根际的大量微生物群与病原物之间的颉颃作用就常被利用于防治土传病害。由于不同作物根际的微生物群种类和数量有差异，因此轮作对调整土壤和作物根际的有益微生物以及病原物之间的相互关系有很大的影响，很多病害可以通过轮作减轻发病程度。

三、真菌病害的症状与防治

真菌侵染部位在潮湿的条件下都有菌丝和孢子产生，产生出白色棉絮状物、丝状物，不同颜色的粉状物，雾状物或颗粒状物。这是判断真菌性病害的主要依据。

坏死：这是一种常见的症状，它表现为局部细胞和组织的死亡，如棉花苗期炭疽病、立枯病都造成叶片或根部坏死而出现死苗。小麦根腐病、纹枯病造成根部或根部叶鞘坏死；小麦白粉病、锈病（又叫黄疸）造成叶片坏死；赤霉病则造成穗部坏死等。

腐烂：在细胞或组织坏死的同时伴随着组织结构的破坏，如茄子绵疫病、地瓜软腐病、西葫芦灰霉病等，其症状都是腐烂。

萎蔫：农作物由于受到病原体的侵染造成根部坏死或造成植株维管束堵塞而阻止水分的向上运输，使农作物缺水而引起植株萎蔫，这种萎蔫往往经过几次反复而使植株死亡，而有的症状轻微的则可缓和，如棉花、茄子的枯萎病、玉米的青枯病等。真菌病害造成的症状主要有以上这三种。

其他：真菌病害发生之后，除了以上这些症状之外，通常还出现其特定的病症，即病原物在病部组织上的特殊表现，如黑色小颗粒、轮纹状霉层、絮状物等。小麦黑穗病、玉米黑粉病都是在穗上出现粉粒，即病原菌的孢子；小麦白粉病在小麦叶片上出现白色的霉层；小麦锈病则在小麦叶片上出现红锈色的突起，也就是病菌的孢子堆；茄子绵疫病则是在茄果表面出现棉絮状的丝状物（并伴随着茄果软腐），这是病原菌的菌丝体。

（一）水稻稻瘟病

1. 症状　稻瘟病又称稻热病、火烧瘟、叩头瘟。主要分为苗瘟、叶瘟、节瘟、穗颈瘟、谷粒瘟。

（1）苗瘟。病苗基部灰黑，上部变褐，卷缩而死，湿度较大时病部产生大量灰黑色霉层，即病原菌分生孢子梗和分生孢子。

（2）叶瘟。由于气候条件和品种抗病性不同，病斑分为四种类型：慢性型病斑，病斑中央灰白色，边缘褐色，外有淡黄色晕圈，叶背有灰色霉层，病斑较多时连片形成不规则大斑；急性型病斑，在感病品种上形成暗绿色近圆形或椭圆形病斑，叶片两面都产生褐色霉层；白点型病斑，感病的嫩叶发病后，产生白色近圆形小斑，不产生孢子。褐点型病斑，多在高抗品种或老叶上，针尖大小的褐点只产生于叶脉间，较少产孢，该病在叶舌、叶耳、叶枕等部位也可发病。

（3）节瘟。初在稻节上产生褐色小点，后渐绕节扩展，使病部变黑，易折断。发生早的形成枯白穗；仅在一侧发生的造成茎秆弯曲。

（4）穗颈瘟。初形成褐色小点，放展后使穗颈部变褐，也造成枯白穗。发病晚的造成秕谷。枝梗或穗轴受害造成小穗不实。

（5）谷粒瘟。产生褐色椭圆形或不规则斑，可使稻谷变黑。有的颖壳无症状，护颖受害变褐，使种子带菌。

2. 发病规律　稻瘟病是真菌寄生引起，青灰色霉即是病菌的分生孢子，病害的扩展靠分生孢子在空气中传播。病菌发育最适温度为 25～28℃，高湿有利分生孢子形成飞散和萌发，而高湿度持续达一昼夜以上，则有利于病害发生流行。

长期连阴雨、长期灌深水、大水串灌、气候温暖、日照不足、时晴时雨、多雾、重露易发病。土壤温度低，阴雨连绵，日照不足有利于发病，大面积种植高优品种，抗病性差极易导致大面积发病。偏施、迟施氮肥，均易诱发稻瘟病。

苗瘟发生于三叶前，由种子带菌所致。叶瘟在整个生育期都能发生，分蘖至拔节期为害较重。

3. 防治时期　大田分蘖期开始每隔 3 天调查一次，主要查看植株上部三片叶，如发现发病中心或叶上急性型病斑，即应施药防治；预防穗瘟根据病情预报，以感病品种为对象，掌握破口期分别抽穗时打药。叶瘟要连防 2～3 次，穗瘟要着重在抽穗期进行保护，孕穗期（破肚期）和齐穗期是防治适期。

4. 防治药剂　单剂有三环唑、嘧菌酯、蜡质芽孢杆菌、咪鲜胺、咪鲜胺锰盐、春雷霉素、申嗪霉素、吡唑醚菌酯、甲基硫菌灵、稻瘟灵、异稻瘟净、枯草芽孢杆菌、代森铵、敌瘟磷、福美双、百菌清、稻瘟酰胺、多菌灵、几丁聚糖、三乙膦酸铝、三氯异氰尿酸、氯溴异氰尿酸等；混剂有三环·丙环唑、己唑·三环唑、苯甲·嘧菌酯等。

（二）水稻纹枯病

1. 症状　水稻纹枯病又称云纹病。苗期至穗期都可发病。叶鞘染病，在近水面处产生暗绿色水浸状边缘模糊小斑，后渐扩大呈椭圆形或云纹形，中部呈灰绿或灰褐色，湿度低时中部呈淡黄或灰白色，中部组织破坏呈半透明状，边缘暗褐。发病严重时数个病斑融合形成大病斑，呈不规则状云纹斑，常致叶片发黄枯死。叶片染病，病斑也呈云纹状，边缘褪黄，发病快时病斑呈污绿色，叶片很快腐烂，茎秆受害症状似叶片，后期呈黄褐色，易折。穗颈部受害，初为污绿色，后变灰褐，常不能抽穗，抽穗的秕谷较多，千粒重下降。湿度大时，病部长出白色网状菌丝，后汇聚成白色菌丝团，形成菌核，菌核深褐色，易脱落。高温条件下病斑上产生一层白色粉霉层即病菌的担子和担孢子。

2. 发病规律　水稻纹枯病是由立枯丝核菌感染得病，多在高温、高湿条件下发生。苗期至穗期都可发病。

3. 防治时期　水稻分蘖盛期即水稻封行前（纹枯病暂未发病或发病初期）或水稻分蘖末期即水稻封行后（纹枯病进入快速扩展期）为防治适期。

4. 防治药剂　单剂有多菌灵、甲基硫菌灵、噻呋酰胺、代森铵、嘧菌酯、蜡质芽孢杆菌、枯草芽孢杆菌、戊唑醇、已唑醇、烯唑醇、三唑醇、三唑酮、丙环唑、氟环唑、酚菌酮、苯醚甲环唑、氟酰胺、井冈霉素 A、井冈霉素、申嗪霉素、低聚糖素等；混剂有三环·丙环唑、苯甲·丙环唑、三环·戊唑醇等。

（三）水稻恶苗病

1. 症状　水稻恶苗病又称徒长病，我国各稻区均有发生。病谷粒播后常不发芽或不能出土。苗期发病病苗比健苗细高，叶片叶鞘细长，叶色淡黄，根系发育不良，部分病苗在移栽前死亡。在枯死苗上有淡红或白色霉粉状物，即病原菌的分生孢子。湿度大时，枯死病株表面长满淡褐色或白色粉霉状物，后期生黑色小点即病菌囊壳。病轻的提早抽穗，穗形小而不实。抽穗期谷粒也可受害，严重的变褐，不能结实，颖壳夹缝处生淡红色霉，病轻不表现症状，但内部已有菌丝潜伏。

2. 发病规律 土温 30～35℃时易发病，伤口有利于病菌侵入；旱育秧较水育秧发病重；增施氮肥刺激病害发展。施用未腐熟有机肥发病重。一般籼稻较粳稻发病重。糯稻发病轻。晚稻发病重于早稻。

3. 防治时期 发病初期进行防治。

4. 防治药剂 单剂有咪鲜胺、咪鲜胺锰盐、咯菌腈、溴硝醇、戊唑醇等；混剂有咪鲜·甲霜灵、唑酮·福美双、唑酮·福美双等。

（四）小麦赤霉病

1. 症状 又称麦穗枯、烂麦头、红麦头。主要引起苗枯、穗腐、茎基腐、秆腐和穗腐，从幼苗到抽穗都可受害。其中影响最严重的是穗腐。穗腐，小麦扬花时，在小穗和颖片上产生水浸状浅褐色斑，渐扩大至整个小穗，小穗枯黄。湿度大时，病斑处产生粉红色胶状霉层。后期其上产生密集的蓝黑色小颗粒。用手触摸，有突起感觉，不能抹去，籽粒干瘪并伴有白色至粉红色霉。小穗发病后扩展至穗轴，病部枯竭，使被害部以上小穗，形成枯白穗。

2. 发病规律 该病由多种镰刀菌引起。春季气温 7℃以上，土壤含水量大于 50％形成子囊壳，气温高于 12℃形成子囊孢子。在降雨或空气潮湿的情况下，子囊孢子成熟并散落在花药上，经花丝侵染小穗发病。迟熟、颖壳较厚、不耐肥品种发病较重；田间病残体菌量大发病重；地势低洼、排水不良、黏重土壤，偏施氮肥、密度大，田间郁闭发病重。

3. 防治时期 小麦赤霉病可防不可治，应预防为主，主动防御。最佳的防治时期为小麦齐穗到扬花 5％时。同时，有几种情况要充分考虑，抽穗期天晴、温度高，麦子边抽穗边扬花，齐穗期就可以用药；抽穗期温度低、日照少，麦子先抽穗后扬花，宜在始花期用药；抽穗期遇连阴雨天气，赤霉病有流行可能时，喷药宁早勿晚，不要等到天晴时或扬花时再喷药，应抢雨隙多次喷药防治；若使用内吸性好、持效期长的药剂，防治时期可提前到小麦抽穗初期。

4. 防治药剂　单剂有烯唑醇、代森锰锌、亚胺唑、嘧菌酯、甲基硫菌灵、噻菌铜、苯醚甲环唑、百菌清、溴菌腈、苯菌灵、腈菌唑等；混剂有肟菌·戊唑醇、苯甲·嘧菌酯、唑醚·代森联等。

（五）小麦白粉病

1. 症状　小麦白粉病主要发生于叶片上，也可发生于植株叶鞘、茎秆和穗部。一般叶正面病斑较叶背面多，下部叶片较上部叶片病害重。病部表面附白粉状霉层，病部最先出现白色丝状霉斑，逐渐扩大并相互联合，呈长椭圆形较大的霉斑，严重时可覆盖叶片大部，甚至全部，霉层厚度可达 2 毫米左右，并逐渐呈粉状。后期霉层逐渐由白色变为灰色，上生黑色颗粒。叶早期变黄，卷曲枯死，重病株常常矮缩不能抽穗。

2. 发病规律　该病发生适温 15～20℃，低于 10℃发病缓慢。相对湿度大于 70% 有可能造成病害流行。少雨地区当年雨多则病重，多雨地区如果雨日、雨量过多，病害反而减缓，因连续降雨冲刷掉表面分生孢子。施氮过多，造成植株贪青、发病重。管理不当、水肥不足、土地干旱、植株生长衰弱、抗病力低，也易发生该病。此外，密度大发病重。

3. 防治时期　发病初期进行防治。

4. 防治药剂　单剂有戊唑醇、粉唑醇、烯唑醇、硫黄、嘧菌酯、咪鲜胺、福美双、氟菌唑、丙环唑、腈菌唑、氟硅唑、苯醚甲环唑、氟吡菌酰胺、双胍三辛烷基苯磺酸盐、甲基硫菌灵、乙嘧酚磺酸酯、三唑酮、乙嘧酚、小檗碱等；混剂有苯甲·丙环唑、锰锌·腈菌唑、唑醚·氟环唑等。

（六）小麦锈病

1. 症状 小麦锈病主要分叶锈病、条锈病、秆锈病。

（1）叶锈。主要为害小麦叶片，产生疱疹状病斑，很少发生在叶鞘及茎秆上。夏孢子堆圆形至长椭圆形，橘红色，比秆锈病小，较条锈病大，呈不规则散生，在初生夏孢子堆周围有时产生数个次生的夏孢子堆，一般多发生在叶片的正面，少数可穿透叶片。成熟后表皮开裂一圈，散出橘黄色的夏孢子；冬孢子堆主要发生在叶片背面和叶鞘上，圆形或长椭圆形，黑色，扁平，排列散乱，但成熟时不破裂。

（2）条锈。成株叶片初发病时夏孢子堆为小长条状，鲜黄色，椭圆形，与叶脉平行，且排列成行，像缝纫机轧过的针脚一样，呈虚线状，后期表皮破裂，出现锈被色粉状物；小麦近成熟时，叶鞘上出现圆形至卵圆形黑褐色夏孢子堆，散出鲜黄色粉末，即夏孢子。后期病部产生黑色冬孢子堆。冬孢子堆短线状，扁平，常数个融合，埋伏在表皮内，成熟时不开裂。

（3）秆锈。主要发生在叶鞘和茎秆上，也为害叶片和穗部。夏孢子堆大，长椭圆形，深褐色或褐黄色，排列不规则，散生，常连接成大斑，成熟后表皮易破裂，表皮大片开裂且向外翻成唇状，散出大量锈褐色粉末，即夏孢子。小麦成熟时，在夏孢子堆及其附近出现黑色椭圆至长条形冬孢子堆，后表皮破裂，散出黑色粉末状物，即冬孢子。三种锈病区别可用"条锈成行叶锈乱，秆锈是个大红斑"来概括。

2. 发病规律 小麦条锈病春季流行的条件为：①大面积感病品种的存在。②一定数量的越冬菌源。③3～5月的雨量，特别是3、4月的雨量过大。④早春气温回升较早。小麦叶锈病流行的因素主要是当地越冬菌量、春季气温和降水量以及小麦品种的抗感性。小麦秆锈菌以夏孢子传播，夏孢子萌发侵入温度要求为3～31℃，最适18～22℃。三种锈菌在我国都是以夏孢子世代在小麦为主的麦类作物上逐代侵染而完成周年循环，是典型的远程气传病害。一般地说，秋冬、春夏雨水多，感病品种面积大，菌源量大，锈病就发生重，反之则轻。

3. 防治时期 发病初期进行防治。

4. 防治药剂 单剂有丙环唑、氟环唑、萎锈灵、香芹酚、百菌清、枯草芽孢杆菌、腈菌唑、烯唑醇、戊唑醇、己唑醇、三唑醇、粉唑醇、环丙唑醇、苯醚甲环唑、代森锰锌、嘧菌酯、醚菌酯、吡唑醚菌酯、啶氧菌酯、三唑酮、代森锌、嘧啶核苷类抗菌素、辛菌胺醋酸盐等；混剂有氟环·多菌灵、唑醇·福美双、苯甲·丙环唑等。

（七）玉米大斑病

1. 症状 玉米大斑病又称条斑病、煤纹病、枯叶病、叶斑病等。主要为害玉米的叶片、叶鞘和苞叶。叶片染病先出现水渍状青灰色斑点，然后沿叶脉向两端扩展，形成边缘暗褐色、中央淡褐色或青灰色的大斑。后期病斑常纵裂。严重时病斑融合，叶片变黄枯死。潮湿时病斑上有大量灰黑色霉层。下部叶片先发病。在单基因的抗病品种上表现为褪绿病斑，病斑较小，与叶脉平行，色泽黄绿或淡褐色，周围暗褐色。有些表现为坏死斑。

2. 发病规律 病原菌经气流传播。温度 20～25℃、相对湿度90％以上利于病害发展。气温高于 25℃ 或低于 15℃，相对湿度小于 60％，持续几天，病害的发展就受到抑制。在春玉米区，从拔节到出穗期间，气温适宜，又遇连续阴雨天，病害发展迅速，易大流行。玉米孕穗、出穗期间氮肥不足发病较重。低洼地、密度过大、连作地易发病。

3. 防治时期 心叶末期到抽雄期或发病初期进行防治。

4. 防治药剂 单剂有代森铵、吡唑醚菌酯、丙森锌等；混剂有丙环·嘧菌酯、肟菌·戊唑醇、唑醚·氟环唑等。

（八）玉米丝黑穗病

1. 症状 玉米丝黑穗病的典型病症是雄性花器变形，雄花基部膨大，内为一包黑粉，不能形成雄穗。雌穗受害果穗变短，基部粗大，除苞叶外，整个果穗为一包黑粉和散乱的丝状物，严重影响玉米产量。

玉米丝黑穗病属苗期侵入的系统侵染性病害。一般在穗期表现典型症状，主要为害雌穗和雄穗。受害严重的植株，在苗期可表现各种症状。幼苗分蘖增多呈丛生形，植株明显矮化，节间缩短，叶片颜色暗绿挺直，农民称此病状是"个头矮、叶子密、下边粗、上边细、叶子暗、颜色绿、身子还是带弯的。"有的品种叶片上出现与叶脉平行的黄白色条斑，有的幼苗心叶紧紧卷在一起弯曲呈鞭状。

玉米成株期病穗上的症状可分为两种类型，即黑穗和变态畸形穗。①黑穗。黑穗病穗除苞叶外，整个果穗变成一个黑粉包，其内混有丝状寄主维管束组织，故名为丝黑穗病。受害果穗较短，基部粗，顶端尖，近似球形，不吐花丝。②变态畸形穗。是由于雄穗花器变形而不形成雄蕊，其颖片因受病菌刺激而呈多叶状；雌穗颖片也可能因病菌刺激而过度生长成管状长刺，呈刺猬头状，长刺的基部略粗，顶端稍细，中央空松，长短不一，由穗基部向上丛生，整个果穗呈畸形。

2. 发病规律　病菌主要经土壤传播。长期连作、使用未腐熟的厩肥、种子带菌未经消毒、病株残体未被妥善处理都会使土壤中菌量增加，导致该病的严重发生。玉米播种至出苗期间的土壤温、湿度与发病关系极为密切。土壤温度在 $15\sim30℃$ 范围内都利于病菌侵入，以 $25℃$ 最为适宜。土壤湿度过高或过低都不利于病菌侵入，在 20% 的湿度条件下发病率最高。另外，海拔越高、播种过深、种子生活力弱的情况下发病较重。侵染温度 $15\sim35℃$，适宜侵染温度 $20\sim30℃$，$25℃$ 最适。土壤含水量低于 12% 或高于 29% 不利其发病。

3. 防治时期　土中的病菌能在玉米苗期从幼芽和幼根入侵，因此应在玉米五叶期以前进行防治。

4. 防治药剂　单剂有戊唑醇、嘧菌酯、苯醚甲环唑、氟唑环菌胺等；混剂有甲柳·三唑醇、戊唑·克百威等。

（九）大豆根腐病

1. 症状 主要发生在大豆根部，幼苗或成株均染病。初期茎基部或胚根表皮出现淡红褐色不规则的小斑，后变红褐色凹陷坏死斑，绕根茎扩展致根皮枯死，受害株根系不发达，根瘤少，地上部矮小瘦弱，叶色淡绿，分枝、结荚明显减少。

2. 发病规律 病原菌经土壤传播。适宜感病环境：①连作地，土质黏重、偏酸，土壤中积存的枯萎病菌多的田块。②土壤中有一定量的线虫等地下害虫，病菌从害虫为害的伤口侵入根部为害。③育苗用的营养土带菌；或有机肥带菌，或有机肥没有充分腐熟，粪蛆为害根部，病菌从伤口侵入而为害。④氮肥施用过多，磷、钾不足的田块。⑤连阴雨后或大雨过后骤然放晴，气温迅速升高；或时晴时雨、高温闷热天气。最易感病温度：24～28℃。

3. 防治时期 发病初期进行防治。

4. 防治药剂 单剂有噁霉灵等，混剂有精甲·嘧菌酯等。按照农药标签推荐剂量、次数以及间隔期施用。

（十）花生叶斑病

1. 症状 花生叶斑病是叶部黑斑病、褐斑病和网斑病的总称，病害能混合发生于同一植株甚至同一叶片上。褐斑病发生较早，约在初花期即开始在田间出现；黑斑病和网斑病发生较晚，大多在盛花期才在田间开始出现。黑斑病和网斑病发病较重，引起严重落叶。

3种病斑主要发生在叶片上，叶柄、托叶、茎上也受其害。先在下部较老叶片上开始发病，逐步向上部叶片蔓延，发病严重时在茎秆、叶柄、果针等部位均能形成病斑。叶片正面的叶斑周围有清晰的黄色晕圈；叶片黄褐色至暗褐色。

（1）褐斑病。多发生在叶的正面，病斑为黄褐色或暗褐色，圆形或不规则形，直径4～10毫米。病斑的周围有一清晰的黄色晕圈，似青蛙眼，叶背颜色变浅，无黄色晕圈。有时在病斑上产生灰白色的霉状物。在茎、叶柄和果针上形成椭圆形病斑，暗褐色，稍凹陷。

（2）黑斑病。发生比褐斑病晚，病斑小而圆，暗褐色或黑褐色，直径 1～6 毫米。病斑边缘较褐斑病整齐，无黄色晕圈或不明显。叶背着生许多黑色颗粒点，排列成同心轮纹，其上着生成丛的孢子梗和分生孢子。

2. 发病规律 病原菌分生孢子借风雨传播，病菌生长温度 10～37℃，最适为 25～28℃。秋季多雨、气候潮湿，病害重；少雨干旱年份发病轻。土壤瘠薄、连作田易发病。老龄化器官发病重，底部叶片较上部叶片发病重。

3. 防治时期 在花生生育期内，发病初期进行防治。

4. 防治药剂 单剂有丙环唑、苯醚甲环唑、烯唑醇、氟环唑、嘧菌酯、咪鲜胺、吡唑醚菌酯、代森锰锌、福美双、乙蒜素、百菌清、丙环唑、三唑醇、腈苯唑、联苯三唑醇、甲基硫菌灵、醚菌酯等；混剂有苯甲·嘧菌酯、丙环·戊唑醇、氟环·嘧菌酯等。

（十一）花生疮痂病

1. 症状 花生疮痂病主要为害叶片、叶柄及茎部，病菌在病残体上越冬，翌春借风、雨传播进行初侵染和再侵染，叶片染病初叶两面产生圆形至不规则形小斑点，边缘稍隆起，中间凹陷，叶面上病斑黄褐色，叶背面为淡红褐色，具褐色边缘。叶柄、茎部染病初生卵圆形隆起的稍大病斑，多数病斑融合时，引起叶柄及茎扭曲，上端枯死。

2. 发病规律 病原菌经风雨传播。多雨潮湿发病重，少雨干旱发病轻。

3. 防治时期 发病初期进行防治。

4. 防治药剂 单剂有烯唑醇、代森锰锌、亚胺唑、嘧菌酯、甲基硫菌灵、硫酸铜钙、噻菌铜、硫黄、苯醚甲环唑、百菌清、溴菌腈、苯菌灵、腈菌唑等；混剂有锰锌·拌种灵、噁酮·锰锌、肟菌·戊唑醇、苯甲·嘧菌酯、唑醚·代森联等。按照农药标签推荐剂量、次数以及间隔期施用。

(十二) 油菜菌核病

1. 症状 整个生育期均可发病，结实期发生最重。茎、叶、花、角果均可受害，茎部受害最重。茎部染病初现浅褐色水渍状病斑，后发展为具轮纹状的长条斑，边缘褐色，湿度大时表生棉絮状白色菌丝，偶见黑色菌核，病茎内髓部烂成空腔，内生很多黑色鼠粪状菌核。病茎表皮开裂后，露出麻丝状纤维，茎易折断，致病部以上茎枝萎蔫枯死。叶片染病初呈不规则水浸状，后形成近圆形至不规则形病斑，病斑中央黄褐色，外围暗青色，周缘浅黄色，病斑上有时轮纹明显，湿度大时长出白色棉毛状菌丝，病叶易穿孔。花瓣染病初呈水浸状，渐变为苍白色，后腐烂。角果染病初现水渍状褐色病斑，后变灰白色，种子瘪瘦，无光泽。

2. 发病规律 病菌主要以菌核混在土壤中或附着在采种株上、混杂在种子间越冬或越夏。菌丝生长发育和菌核形成适温 0～30℃，最适温度 20℃，最适相对湿度 85％以上。菌核可不休眠，5～20℃及较高的土壤湿度即可萌发，其中以 15℃最适。在潮湿土壤中菌核能存活 1 年，干燥土中可存活 3 年。子囊孢子 0～35℃均可萌发，但以 5～10℃为适，萌发经 48 小时完成。生产上在菌核数量大时，病害发生流行取决于油菜开花期的降水量，旬降水量超过 50 毫米，发病重，小于 30 毫米则发病轻，低于 10 毫米难于发病。此外，连作地或施用未充分腐熟有机肥、播种过密、偏施过施氮肥易发病。地势低洼、排水不良或湿气滞留、植株倒伏、早春寒流侵袭频繁或遭受冻害发病重。

3. 防治时期 重点抓两次防治：一是子囊盘萌发盛期喷药杀灭菌核萌发长出的子囊盘和子囊孢子。二是在 3 月上、中旬油菜盛花期。

4. 防治药剂 单剂有异菌脲、咪鲜胺、啶酰菌胺、腐霉利、多菌灵、三唑醇、菌核净、甲基硫菌灵等；混剂有腐霉·多菌灵、异菌·氟啶胺、菌核·福美双等。

（十三）棉花黄萎病

1. 症状　整个生育期均可发病。自然条件下幼苗发病少或很少出现症状。一般在3～5片真叶期开始显症，生长中后期棉花现蕾后田间大量发病，初在植株下部叶片上的叶缘和叶脉间出现浅黄色斑块，后逐渐扩展，叶色失绿变浅，主脉及其四周仍保持绿色，病叶出现掌状斑驳，叶肉变厚，叶缘向下卷曲，叶片由下而上逐渐脱落，仅剩顶部少数小叶，蕾铃稀少，棉铃提前开裂，后期病株基部生出细小新枝。纵剖病茎，木质部上产生浅褐色变色条纹。夏季暴雨后出现急性型萎蔫症状，棉株突然萎垂，叶片大量脱落，发病严重地块惨不忍睹，造成严重减产。由于病菌致病力强弱不同，症状表现亦不同。

根据病症的不同，可以划分为：①落叶型。该菌系致病力强。病株叶片叶脉间或叶缘处突然出现褪绿萎蔫状，病叶由浅黄色迅速变为黄褐色，病株主茎顶梢侧枝顶端变褐枯死，病铃、苞叶变褐干枯，蕾、花、铃大量脱落，仅经10天左右病株成为光秆，纵剖病茎维管束变成黄褐色，严重的延续到植株顶部。②枯斑型。叶片症状为局部枯斑或掌状枯斑，枯死后脱落，为中等致病力菌系所致。③黄斑型。病菌致病力较弱，叶片出现黄色斑块，后扩展为掌状黄条斑，叶片不脱落。在久旱高温之后，遇暴雨或大水漫灌，叶部尚未出现症状，植株就突然萎蔫，叶片迅速脱落，棉株成为光秆，剖开病茎可见维管束变成淡褐色，这是黄萎病的急性型症状。

2. 发病规律　病株各部位的组织均可带菌，叶柄、叶脉、叶肉带菌率分别为20％、13.3％及6.6％，病叶作为病残体存在于土壤中是该病传播重要菌源。棉籽带菌率很低，却是远距离传播重要途径。病菌在土壤中直接侵染根系，病菌穿过皮层细胞进入导管并在其中繁殖，产生的分生孢子及菌丝体堵塞导管。此外，病菌产生的轮枝毒素也是致病重要因子，毒素是一种酸性糖蛋白，具有很强的致萎作用。此外，流水和农业操作也会造成病害蔓延。

适宜发病温度为 25～28℃，高于 30℃、低于 22℃ 发病缓慢，高于 35℃ 出现隐症。在 6 月，棉苗 4～5 片真叶时开始发病，田间出现零星病株；现蕾期进入发病适宜阶段，病情迅速发展；在 7～8 月，花铃期达到高峰。在温度适宜范围内，湿度、雨日、雨量是决定该病消长的重要因素。地温高、日照时数多、雨日天数少发病轻，反之则发病重。在田间温度适宜，雨水多且均匀，月降水量大于 100 毫米，雨日 12 天左右，相对湿度 80% 以上发病重。一般蕾期零星发生，花期进入发病高峰期。连作棉田、施用未腐熟的带菌有机肥及缺少磷、钾肥的棉田易发病，大水漫灌常造成病区扩大。

3. 防治时期　棉花黄萎病一般在子叶期就开始发病，发病盛期在苗期和蕾期。防治适期为子叶期或发病初期。

4. 防治药剂　单剂有三氯异氰尿酸、氨基寡糖素、枯草芽孢杆菌、氯化苦、乙蒜素、解淀粉芽孢杆菌等。

（十四）苹果腐烂病

1. 症状　苹果腐烂病俗称臭皮病、烂皮病、串皮病，枝干受害，病斑有溃疡和枝枯两种类型。溃疡型：病部呈红褐色，水渍状，略隆起，病组织松软腐烂，常流出黄褐色汁液，有酒糟味。后期干缩，下陷，病部有明显的小黑点（即分生孢子器），潮湿时，从小黑点中涌出一条橘黄色卷须状物。枝枯型：多发生在小枝、果台、干桩等部位，病部不呈水渍状，迅速失水干枯造成全枝枯死，上生黑色小粒点。果实受害，病斑暗红褐色，圆形或不规则形，有轮纹，呈软腐状，略带酒糟味，病斑中部常有明显的小黑点。

2. 发病规律　病菌在病树皮和木质部表层蔓延越冬。早春产生分生孢子，分生孢子随风传播。苹果套袋后用药间隔时间过长、树体负载量过大、肥料投入不足、冻害或者清园药剂使用不当、病斑刮除治疗不及时都是诱发病害发生和流行的重要因素。

3. 防治时期　发病初期防治。

4. 防治药剂　单剂有寡雄腐霉菌、甲基硫菌灵、戊唑醇、代森铵、辛菌胺醋酸盐、吡唑醚菌酯、丁香菌酯、噻霉酮、抑霉唑、吡唑醚菌酯等；混剂有丙唑·多菌灵、戊唑·多菌灵、甲硫·戊唑醇等。

（十五）苹果斑点落叶病

1. 症状 主要为害叶片，造成早落，也为害新梢和果实，影响树势和产量。叶片染病初期出现褐色圆点，其后逐渐扩大为红褐色，边缘紫褐色，病部中央常具一深色小点或同心轮纹。天气潮湿时，病部正反面均可长出墨绿色至黑色霉状物，即病菌的分生孢子梗和分生孢子。夏、秋季高温高湿，病菌繁殖量大，发病周期缩短，秋梢部位叶片病斑迅速增多，一片病叶上常有病斑10～20个，多斑融合成不规则大斑，叶即穿孔或破碎，生长停滞，枯焦脱落。叶柄、1年生枝和徒长枝上，出现褐至灰褐色病斑，边缘有裂缝。幼果出现1～2毫米的小圆斑，有红晕，后期变黑褐色小点或成疮痂状。影响叶片正常生长，常造成叶片扭曲和皱缩，病部焦枯，易被风吹断，残缺不全。果实染病，在幼果果面上产生黑色发亮的小斑点或锈斑。病部有时呈灰褐色疮痂状斑块，病健交界处有龟裂，病斑不剥离，仅限于病果表皮，但有时皮下浅层果肉可呈干腐状木栓化。

2. 发病规律 病菌随气流、风雨传播。以叶龄20天内的嫩叶易受侵染，30天以上叶不再感病。春季苹果展叶后，雨水多、降雨早、雨日多，或空气相对湿度在70%以上时，田间发病早，病叶率增长快。在夏秋季有时短期无雨，但空气湿度大、高温闷热时，也利于病菌产生孢子和发病。果园密植，树冠郁闭，杂草丛生，树势较弱，地势低洼，地下水位高，枝细叶嫩等，易发病。

3. 防治时期 斑点落叶病在春梢期（4月下旬至5月下旬）和秋梢期（6月底至7月中下旬）发病重。重点保护早期叶片、立足于防。第一遍药应在5月中旬，7天后喷第二遍药。6月、7月、8月中旬再各喷一遍药。注意多药交替使用。

4. 防治药剂 单剂有苯醚甲环唑、戊唑醇、烯唑醇、代森锰锌、双胍三辛烷基苯磺酸盐、亚胺唑、异菌脲、多抗霉素、嘧啶核苷类抗菌素、多抗霉素 B、醚菌酯、丙森锌、氟环唑、百菌清、宁南霉素、吡唑醚菌酯、代森联、己唑醇、氧化亚铜、腈菌唑等；混剂有苯甲·氟酰胺、丙森·醚菌酯、戊唑·丙森锌等。

（十六）柑橘炭疽病

1. 症状 常引起大量落叶、落果、枝梢枯死和树皮爆裂，严重时可致整株死亡。在果实贮藏运输期间，还会引起大量腐烂。炭疽病可发生于柑橘树地上部的各个部位。

（1）叶片症状。叶上病斑多出现于叶缘或叶尖，呈圆形或不规则形，浅灰褐色，边缘褐色，病健部分界清晰。病斑上有同心轮纹排列的黑色小点。在不正常的气候条件下和栽培管理不当时，叶部有时发生急性型病斑。一般从叶尖开始并迅速向下扩展，初如开水烫伤状，淡青色或暗褐色，呈深浅交替的波纹状，边缘界线模糊，病斑正背两面产生众多的散乱排列的肉红色黏质小点，后期颜色变深暗，病叶易脱落。

（2）枝梢症状。多自叶柄基部的腋芽处开始，病斑初为淡褐色，椭圆形；后扩大为梭形，灰白色，病健交界处有褐色边缘，其上有黑色小粒点。病部环绕枝梢一周后，病梢即自上而下枯死。嫩梢有时会出现急性型症状，常自梢端3~10厘米处突然发病，状如开水烫伤，呈暗绿色，水渍状，3~5天后凋萎变黑，上有朱红色小粒点。

（3）花朵症状。雌蕊柱头被侵染后，常出现褐色腐烂而落花。

（4）果实症状。幼果发病，初期为暗绿色不规则病斑，病部凹陷，其上有白色霉状物或朱红色小液点。后扩大至全果，成为变黑僵果挂在枝梢上。大果受害，有干疤型、泪痕型和软腐型 3 种症状。干疤型以在果腰部较多，圆形或近圆形，黄褐色或褐色，微下陷，呈革质状，发病组织不深入果皮下；泪痕型是在果皮表面有一条条如眼泪一样的，由许多红褐色小凸点组成的病斑；软腐型在贮藏期发生，一般从果蒂部开始，初期为淡褐色，以后变为褐色而腐烂。

（5）果梗症状。果梗受害，初期褪绿，呈淡黄色，其后变为褐色，干枯，果实随即脱落，也有的病果成僵果挂在树上。

（6）苗木症状。常从嫩梢顶端第一、二叶开始发生烫伤状症状，以后逐渐向下蔓延，严重时整个嫩梢枯死。有时也会从嫁接口处开始发病，病斑深褐色，其上散生小黑点。

2. 发病规律　病菌借风雨和昆虫传播。高温多雨的季节发生严重。冬季冻害较重及早春气温低、阴雨多的年份发病也较重。受冻害和栽培管理不善、生长衰弱的树发病严重。过熟、有伤口及受日灼的果实容易感病。

3. 防治时期　发病初期防治。

4. 防治药剂　单剂有戊唑醇、波尔多液、苯醚甲环唑、咪鲜胺铜盐、咪鲜胺、克菌丹、代森锰锌、甲基硫菌灵、代森锌、嘧菌酯、氟环唑、百菌清、多菌灵、氟硅唑、丙森锌、福美锌、多黏类芽孢杆菌、三氯异氰尿酸、烯唑醇、二氰蒽醌、苦参碱、五氯硝基苯、吡唑醚菌酯、多抗霉素、嘧啶核苷类抗菌素、抑霉唑、代森联、氟啶胺、福美双、腈菌唑、啶氧菌酯、溴菌腈等；混剂有氟菌·肟菌酯、唑醚·氟酰胺、苯甲·嘧菌酯等。

（十七）葡萄白腐病

1. 症状　果梗和穗轴上发病处先产生淡褐色水浸状近圆形病斑，病部腐烂变褐色，很快蔓延至果粒，果粒变褐软烂，后期病粒及穗轴病部表面产生灰白色小颗粒状分生孢子器，湿度大时由分生孢子器内溢出灰白色分生孢子团，病果易脱落，病果干缩时呈褐色或灰白色僵果。枝蔓上发病，初期显水浸状淡褐色病斑，形状不定，病斑多纵向扩展成褐色凹陷的大斑，表皮生灰白色分生孢子器，呈颗粒状，后期病部表皮纵裂与木质部分离，表皮脱落，维管束呈褐色乱麻状，当病斑扩及枝蔓表皮一圈时，其上部枝蔓枯死。叶片发病多发生在叶缘部，初生褐色水浸状不规则病斑，逐渐扩大略成圆形，有褐色轮纹。

2. 发病规律　白腐病发生与雨水有密切的关系。雨季来得早，病害发生也早，雨季来迟，病害发生也迟。果园内发生此病后，往往每逢雨后，就会出现一度发病高峰。一般高温多雨有利于病害的流行。由于白腐病菌是从伤口侵入的，所以一切造成伤口的条件都有利于发病。如风害、虫害及摘心、疏果等农事操作，均可造成伤口，有利病菌侵入。特别是风害的影响更大，每次暴风雨后常会引起白腐病的盛行。果实进入着色期与成熟期，其感病程度亦逐渐增加。

3. 防治时期　发病初期防治。

4. 防治药剂　单剂有戊唑醇、咪鲜胺、代森锰锌、福美双、咪鲜胺锰盐、嘧菌酯、氟硅唑、苯醚甲环唑、氟硅唑、戊菌唑等；混剂有唑醚·啶酰菌、氟菌·肟菌酯、肟菌·戊唑醇等。

（十八）葡萄黑痘病

1. 症状　叶受害后初期发生针头大褐色小点，之后发展成黄褐色直径1～4毫米的圆形病斑，中部变成灰色，最后病部组织干枯硬化，脱落成穿孔。幼叶受害后多扭曲，皱缩为畸形。果实在着色后不易受此病侵染。绿果感病初期产生褐色圆斑，圆斑中部灰白色，略凹陷，边缘红褐色或紫色似"鸟眼"状，多个小病斑联合成大斑；后期病斑硬化或龟裂。感病后最初产生圆形褐色小点，以后变成灰黑色，中部凹陷成干裂的溃疡斑，发病严重的最后干枯或枯死。

2. 发病规律　病菌借风雨传播。黑痘病的流行和降雨、大气湿度及植株幼嫩情况有密切关系，尤以春季及初夏（4～6月）雨水多少的关系最大。多雨高湿有利于分生孢子的形成、传播和萌发侵入；同时，多雨、高湿，又造成寄主幼嫩组织的迅速成长，因此病害发生严重。天旱年份或少雨地区，发病显著减轻。地势低洼，排水不良的果园往往发病较重。栽培管理不善，树势衰弱，肥料不足或配合不当等，都会导致病害发生。

3. 防治时期　发病初期防治。

4. 防治药剂　单剂有咪鲜胺锰盐、咪鲜胺、嘧菌酯、代森锰锌、亚胺唑、氟硅唑、苯醚甲环唑、烯唑醇、百菌清、啶氧菌酯等；混剂有氟菌·肟菌酯、肟菌·戊唑醇、井冈·嘧菌酯等。

（十九）黄瓜靶斑病

1. 症状 黄瓜靶斑病又称黄瓜棒孢叶斑病、"黄点子病"，起初为黄色水浸状斑点，直径约 1 毫米。发病中期病斑扩大为圆形或不规则形，易穿孔，叶正面病斑粗糙不平，病斑整体褐色，中央灰白色、半透明。后期病斑直径可达 10～15 毫米，病斑中央有一明显的眼状靶心，湿度大时病斑上可生有稀疏灰黑色霉状物，呈环状。

2. 发病规律 病菌以分生孢子丛或菌丝体遗留在土中的病残体上越冬，菌丝或孢子在病残体上可存活 6 个月。病菌借气流或雨水飞溅传播。病菌侵入后潜育期一般 6～7 天，高湿或通风透气不良等条件下易发病，25～27℃、饱和湿度、昼夜温差大等条件下发病重。该病导致落叶率低于 5％时，病情扩展慢，持续约 2 周，而以后一周内发展快，落叶率可由 5％发展到 90％。

3. 防治时期 发病初期防治。

4. 防治药剂 单剂有荧光假单胞杆菌等；混剂有氟菌·肟菌酯、苯甲·氟酰胺、苯甲·咪鲜胺等。

（二十）番茄灰霉病

1. 症状 茎、叶、花、果均可造成危害，但主要为害果实，通常以青果发病较重。茎染病时开始呈水浸状小点，后扩展为长圆形或不规则形，浅褐色，湿度大时病斑表面生有灰色霉层（病菌分生孢子及分生孢子梗），严重时致病部以上茎叶枯死导致枯萎病；叶片发病多从叶尖部开始，沿支脉间呈"V"形向内扩展，初呈水浸状，展开后为黄褐色，边缘不规则、深浅相间的轮纹，病、健组织分界明显，表面生少量灰白色霉层。果实染病，残留的柱头或花瓣多先被侵染，后向果实或果柄扩展，致使果皮呈灰白色，并生有厚厚的灰色霉层，呈水腐状。

2. 发病规律　病菌借气流、雨水和人们生产活动进行传播。灰霉病发病适宜气候为低温高湿，甚至不注意通风排湿或者用了质量不合格的棚膜都会导致灰霉病的发生，因为这样同样能造成高湿环境。灰霉病对番茄的侵染时期为开花坐果期，而且病原孢子在病原体内潜伏时间较长，如果番茄已经出现腐烂，也就是说灰霉病的侵染孢子已经从花柱或者花瓣侵入了果实内部，势必会造成腐烂，这时再用药已经为时已晚。

3. 防治时期　防治适期为番茄开花坐果期。

4. 防治药剂　单剂有嘧霉胺、异菌脲、咪鲜胺锰盐、克菌丹、多抗霉素、嘧菌环胺、双胍三辛烷基苯磺酸盐、申嗪霉素、异菌脲、啶菌噁唑、咪鲜胺、腐霉利、枯草芽孢杆菌、木霉菌、啶酰菌胺、小檗碱、百菌清、哈茨木霉菌、香芹酚、二氯异氰尿酸钠、海洋芽孢杆菌、氟啶胺、己唑醇、荧光假单胞杆菌、丁子香酚、苦参碱、过氧乙酸、吡唑醚菌酯、啶氧菌酯等；混剂有腐霉·百菌清、啶酰·嘧菌酯、嘧环·咯菌腈等。

（二十一）番茄灰叶斑病

1. 症状　番茄灰叶斑病菌只为害叶片，发病初期叶面布满暗色圆形或不正圆形小斑点，后沿叶脉向四周扩大，呈不规则形，中部渐褪为灰白至灰褐色。病斑稍凹陷，多较小，直径 3～8 毫米，极薄，后期易破裂、穿孔导致叶片破碎甚至脱落。

2. 发病规律　番茄灰叶斑病病菌可在土壤中病残体或种子上越冬，第二年温度、湿度达到孢子生长程度时，会对番茄进行初次侵染；孢子通过风雨传播，进行再次侵染。温暖潮湿、阴雨天及结露持续时间长是发病的重要条件。一般来说，土壤肥力不足会导致植株生长衰弱，发病率严重。

3. 防治时期　选用抗病品种，发病初期进行防治。

4. 防治　目前暂无登记的药剂，主要采用农业防治手段：①选用抗病品种的种子。②加强田间管理，增施有机肥及磷、钾肥；增强寄主抗病力，发现病情状况要及时上报。③棚室保护地于发病初期开始防治，使用蔬菜病毒专用。④收获后及时清除病残体，集时烧毁残枝残叶。

（二十二）甜瓜枯萎病

1. 症状　植株开花结果后症状即陆续出现，发病初期病株叶片自下而上逐渐发黄、萎蔫、似缺水状，晚间萎蔫尚能恢复，数日后整株叶片枯萎死亡。有时同一病枯上还会出现半边发病、半边不发病的现象。病株的茎基部稍有缢缩，茎节部出现褐色条斑，常流出松香状胶质物，茎基部表皮多纵裂。病部表生白或粉红色霉层。纵部病茎检视，维管束呈褐色。幼苗发病呈失水萎垂状，茎基变褐缢缩而猝倒。

2. 发病规律　病菌发育和侵染适温 24～25℃，最高 34℃，最低 4℃；土温 15℃潜育期 15 天，20℃时 9～10 天，25～30℃时 4～6 天，适宜 pH 4.5～6。秧苗老化、连作、有机肥不腐熟、土壤过分干旱或质地黏重的酸性土是引起该病发生的主要条件。

3. 防治时期　发病初期进行防治。

4. 防治药剂　单剂有咪鲜胺锰盐、咪鲜胺、嘧菌酯、申嗪霉素、多粘类芽孢杆菌、氨基寡糖素、嘧啶核苷类抗菌素、春雷霉素、戊唑醇、噻菌铜、噁霉灵、多抗霉素、三氯异氰尿酸、乙蒜素、枯草芽孢杆菌、咯菌腈、辛菌胺醋酸盐、络氨铜、甲基硫菌灵、解淀粉芽孢杆菌、丙硫唑、地衣芽孢杆菌等；混剂有精甲·嘧菌酯、甲霜·噁霉灵、咯菌·噁霉灵等。

（二十三）梨黑星病

1. 症状　能为害所有幼嫩的绿色组织，以果实和叶片为主。果实发病，病部稍凹陷，木栓化，坚硬并龟裂。幼果受害为畸形果，成长期果实发病不畸形，但有木栓化的黑星斑。叶片受害，沿叶脉扩展形成黑霉斑，严重时，整个叶片布满黑色霉层。叶柄、果梗症状相似，出现黑色椭圆形的凹陷斑，病部覆盖黑霉，缢缩，失水干枯，致叶片或果实早落。

2. 发病规律　病菌经风雨传播。该病的发生与降雨关系很大，雨水多的年份和地区发病重。

3. 防治时期　发病前或轻微发病时防治。

4. 防治药剂　单剂有苯醚甲环唑、戊唑醇、烯唑醇、克菌丹、吡唑醚菌酯、代森锰锌、己唑醇、亚胺唑、甲基硫菌灵、腈菌唑、氟硅唑、氟菌唑、多菌灵、嘧菌酯、噻霉酮、苦参碱、碱式硫酸铜、氟环唑、苯菌灵、R-烯唑醇、醚菌酯、啶氧菌酯、代森联、氨基寡糖素等；混剂有唑醚·氟酰胺、苯甲·嘧菌酯、氟菌·戊唑醇等。

(二十四) 向日葵菌核病

1. 症状　整个生育期均可发病，造成茎秆、茎基、花盘及种仁腐烂。常见的有根腐型、茎腐型、叶腐型、花腐型4种症状，其中根腐型、花腐型受害重。根腐型从苗期至收获期均可发生，苗期染病时幼芽和胚根生水浸状褐色斑，扩展后腐烂，幼苗不能出土或虽能出土，但随病斑扩展萎蔫而死。

成株期染病根或茎基部产生褐色病斑，逐渐扩展到根的其他部位和茎，后向上或左右扩展，长可达1米，有同心轮纹，潮湿时病部长出白色菌丝和鼠粪状菌核，重病株萎蔫枯死，组织腐朽易断，内部有黑色菌核。茎腐型主要发生在茎的中上部，初生椭圆形褐色斑，后扩展，病斑中央浅褐色具同心轮纹，病部以上叶片萎蔫，病斑表面很少形成菌核。

叶腐型病斑褐色椭圆形，稍有同心轮纹，湿度大时迅速蔓延至全叶，天气干燥时病斑从中间裂开穿孔或脱落。花腐型初在花盘背面生褐色水渍状圆形斑，扩展后可达全花盘，组织变软腐烂，湿度大时长出白色菌丝，菌丝穿过花盘在籽实之间蔓延，最后形成网状黑色菌核，花盘内外均可见到大小不等的黑色菌核，果实不能成熟。

2. 发病规律　病菌以菌核在土壤内、病残体中及种子间越冬，经气流传播。春季低温、多雨茎腐重，花期多雨盘腐重。适当晚播，错开雨季发病轻。连作田土壤中菌核量大，病害重。

3. 防治时期 防治适期为花盘期或发病初期。

4. 防治药剂 单剂有咯菌腈等。

（二十五）草莓白粉病

1. 症状 草莓白粉病主要为害叶、叶柄、花、花梗和果实，匍匐茎上很少发生。叶片染病，发病初期在叶片背面长出薄薄的白色菌丝层，随着病情的加重，叶片向上卷曲呈汤匙状，并产生大小不等的暗色污斑，以后病斑逐步扩大并在叶片背面产生一层薄霜似的白色粉状物（即为病菌的分生孢子梗和分生孢子），发生严重时多个病斑连接成片，可布满整张叶片；后期呈红褐色病斑，叶缘萎缩、焦枯。花蕾、花染病，花瓣呈粉红色，花蕾不能开放。果实染病，幼果不能正常膨大，干枯，若后期受害，果面覆有一层白粉，随着病情加重，果实失去光泽并硬化，着色变差，严重影响浆果质量，并失去商品价值。

2. 发病规律 病菌侵染的最适温度为 15～25℃，相对湿度 80％以上，但雨水对白粉病有抑制作用，孢子在水滴中不能萌发；低于 5℃和高于 35℃均不利于发病。草莓白粉病为低温高湿病害，发病适宜温度 15～25℃，分生孢子发生和侵染适宜温度为 20℃左右，相对湿度 90％以上。如果在深秋至早春遇到连续阴、雨、雾、雪等少日照天气，温度低，相对湿度大时有利于孢子的不断产生，反复浸染，致使该病暴发成灾。大棚连作草莓发病早且重，病害始见期比新建棚地提早约 1 个月。前者始病期多在 10 月中旬，后者在 11 月中旬才出现发病中心。施肥与病害关系密切，偏施氮肥，草莓生长旺盛，叶面大而嫩绿易患白粉病。如适期、适量施氮肥，增施磷、钾肥的则发病较轻。

3. 防治时期 草莓白粉病重点在于预防，发病严重后防治效果有限，应在发病初期防治。

4. 防治药剂 单剂有粉唑醇、氟菌唑、醚菌酯、四氟醚唑、粉唑醇、枯草芽孢杆菌、蛇床子素、戊菌唑等；混剂有唑醚·氟酰胺、苯甲·嘧菌酯、氟菌·肟菌酯等。

四、卵菌病害的症状与防治

植物卵菌病害是由鞭毛菌亚门卵菌纲病原真菌侵染所致，卵菌纲病原真菌种类多，寄主范围广可致蔬菜、果树、棉、麻、粮食、油料以及中草药等植物发生病害。可引起十字花科、茄科、葫芦科、葡萄科、豆科、禾本科、菊科等数百种植物发生各种病害，如猝倒病、疫病、白锈病、霜霉病以及根腐、茎腐、果腐等。这些病害几乎年年发生流行，造成很大损失。

鉴定此类病害通常采用：①病状诊断。各种卵菌病害的初发病状都呈水渍状小斑开始，病斑扩大后其边缘不明显，病健交界模糊。②病症诊断。卵菌病害在潮湿时病斑上均产生霉层，霉层颜色多数为白色或灰白色，有的为灰黑色。一般卵菌病害的霉层都较柔软，一经抚摸即可擦掉。锈病的病症为疙瘩状可与其他菌类区别。③病害发展过程诊断。卵菌病害一般从下部老叶或已长大的叶片开始，逐步向上蔓延，而其他病害无此规律。④病害流行季节判断。卵菌病害如猝倒病、白锈病为低温高湿型病害，故春、秋两季为病害流行期；疫病为高温高湿型病害，故 5～6 月是病害流行季节，可作为诊断病害时参考。

（一）马铃薯晚疫病

1. 症状 马铃薯晚疫病又称为疫病、马铃薯瘟，可侵染马铃薯的叶片、茎、叶柄和块茎。叶片染病，多从中下部叶片开始，现在叶尖或叶缘出现水渍状绿褐色小斑点，周围具有较宽的灰绿色晕环，湿度大时病斑迅速扩展成暗绿色至暗褐色大斑，边缘灰绿色，界限不清晰，常在病健交界处产生一圈稀疏白霉，雨后或清晨尤为明显。空气干燥时，病斑变褐、干枯、破裂或卷缩。茎蔓和叶柄染病，多形成不规则褐色条斑，长短不等，潮湿条件下，病斑上也可产生白色的霉状物。严重时茎变褐坏死致叶片萎垂卷曲，终致全株黑腐。薯块染病，初生浅褐色斑，以后变成不规则褐色至紫色病斑，稍凹陷，边缘不清晰，病部皮下薯肉呈浅褐色至暗褐色，终致薯块腐烂。

2. 发病规律　病菌主要以菌丝体在薯块中越冬。播种带菌薯块，导致不发芽或发芽后出土即死去，有的出土后成为中心病株，病部产生孢子囊借气流传播进行再侵染，形成发病中心，致该病由点到面，迅速蔓延扩大。病叶上的孢子囊还可随雨水或灌溉水渗入土中侵染薯块，形成病薯，成为翌年主要侵染源。病菌喜日暖夜凉高湿条件，多雨年份，空气潮湿或温暖多雾条件下发病重。种植感病品种，植株又处于开花阶段，只要出现白天 22℃ 左右，相对湿度高于 95％持续 8 小时以上，夜间 10～13℃，叶上有水滴持续 11～14 小时的高湿条件，该病即可发生，发病后 10～14 天病害蔓延全田或引起大流行。

3. 防治时期　发病初期防治。

4. 防治药剂　单剂有烯酰吗啉、嘧菌酯、氟啶胺、双炔酰菌胺、代森锰锌、氨基寡糖素、氟啶胺、噁唑菌酮、氟噻唑吡乙酮、代森锌、寡雄腐霉菌、烯酰吗啉、丙森锌、百菌清、几丁聚糖、多抗霉素、氰霜唑、百菌清、几丁聚糖、氟噻唑吡乙酮、丁子香酚、肟菌酯、枯草芽孢杆菌、烯酰吗啉、苦参碱、吡唑醚菌酯、氟吗啉等；混剂有烯酰·吡唑酯、烯酰·代森联、锰锌·嘧菌酯等。

（二）黄瓜霜霉病

1. 症状　苗期和成株期均可发病。主要为害叶片，偶尔为害蔓茎、卷须和花梗。

（1）幼苗期。子叶易感病，正面呈现不均匀的褪绿、黄化，逐渐产生不规则的枯黄斑，空气潮湿时，背面产生黑灰色霉层，随后变黄干枯。

（2）成株期。多发生在植株开花、结瓜后。初期叶上产生水渍状淡绿色斑点，逐渐扩展，因受叶脉限制而成多角形病斑，颜色由淡绿色转为黄色，最后淡褐色焦枯状。潮湿时叶背产生灰色至灰黑色霉层。病害严重时，叶片提前焦枯死亡。

2. 发病规律　病菌可通过气流、雨水传播。霜霉病的发生与植株周围的温、湿度环境关系非常密切，发生起始温度为 16℃ 左右，而流行适温为 20～24℃，且要求相对湿度在 85％ 以上。该病的蔓延速度很快，有人将其称为"跑马干"，一旦有了中心病株，只需 3～4 次的扩大再侵染，即可酿成大灾，因此，防治此病的关键是尽早发现中心病株或病区。

3. 防治时期　发病初期防治。

4. 防治药剂　单剂有霜霉威盐酸盐、氰霜唑、嘧菌酯、烯酰吗啉、双炔酰菌胺、克菌丹、代森锰锌、福美双、申嗪霉素、氟噻唑吡乙酮、丙森锌、百菌清、小檗碱、几丁聚糖、噻霉酮、苦参碱、二氯异氰尿酸钠、霜霉威、地衣芽孢杆菌、哈茨木霉菌、多抗霉素、氯溴异氰尿酸、木霉菌、蛇床子素、代森铵、乙蒜素、枯草芽孢杆菌、吡唑醚菌酯、代森联、醚菌酯、丙硫唑、丁子香酚、氟醚菌酰胺、烯肟菌酯、精甲霜灵、霜脲氰、代森锌等；混剂有精甲·嘧菌酯、精甲霜·锰锌、双炔·百菌清等。

（三）辣椒疫病

1. 症状　染病幼苗茎基部呈水浸状软腐，致上部倒伏，多呈暗绿色，最后猝倒或立枯状死亡；定植后叶部染病，产生暗绿色病斑，叶片软腐脱落；茎染病亦产生暗绿色病斑，引起软腐或茎枝倒折，湿度大时病部可见白霉；花蕾被害迅速变褐脱落；果实发病，多从蒂部或果缝处开始，初为暗绿色水渍状不规则形病斑，很快扩展至整个果实，呈灰绿色，果肉软腐，病果失水干缩挂在枝上呈暗褐色僵果。辣椒疫病对产量、品质影响极大，严重时减产 50％ 以上。

2. 发病规律　病菌以卵孢子在土壤中或病残体中越冬，借风、雨、灌水及其他农事活动传播。发病后可产生新的孢子囊，形成游动孢子进行再侵染。病菌生育温度范围为 10～37℃，最适宜温度为 20～30℃。空气相对湿度达 90％ 以上时发病迅速；重茬、低洼地、排水不良、氮肥使用偏多、密度过大、植株衰弱均有利于该病的发生和蔓延。

3. 防治时期　从苗期开始，5～7 天喷药一次进行预防，或者发病初期进行防治。

4. 防治药剂　单剂有双炔酰菌胺、代森锰锌、小檗碱、嘧菌酯、氰霜唑等；混剂有精甲霜·锰锌、霜脲·锰锌、嘧菌·百菌清等。

五、细菌病害的症状与防治

植物细菌性病害是由细菌病菌侵染所致的病害，如软腐病、溃疡病、青枯病等。侵害植物的细菌都是杆状菌，大多数具有一至数根鞭毛，可通过自然孔口（气孔、皮孔、水孔等）和伤口侵入，借流水、雨水、昆虫等传播，在病残体、种子、土壤中过冬，在高温、高湿条件下容易发病。细菌性病害症状表现为萎蔫、腐烂、穿孔等，发病后期遇潮湿天气，在病害部位溢出细菌黏液，有明显恶臭味，是细菌病害的特征。

植物细菌性病害主要分为五种类型：①斑点型。植物由假单孢杆菌侵染引起的病害中，有相当数量呈斑点状。如细菌性条斑病、水稻细菌性褐斑病、黄瓜细菌性角斑病、棉花细菌性角斑病等。②叶枯型。多数由黄单孢杆菌侵染引起，植物受侵染后最终导致叶片枯萎。如水稻白叶枯病、黄瓜细菌性叶枯病、魔芋细菌性叶枯病等。③青枯型。一般由假单孢杆菌侵染植物维管束，阻塞输导通路，致使植物茎、叶枯萎。如番茄青枯病、马铃薯枯病、草莓青枯病等。④溃疡型。一般由黄单孢杆菌侵染植物所致，后期病斑木栓化，边缘隆起，中心凹陷呈溃疡状。如柑橘溃疡病、菜用大豆细菌性斑疹病、番茄果实细菌性斑疹病等。⑤腐烂型。多数由欧文氏杆菌侵染植物后引起腐烂。如白菜细菌性软腐病、茄科及葫芦科作物的细菌性软腐病以及水稻基腐病等。

（一）水稻白叶枯病

1. 症状　秧苗在低温下不显症状，高温下秧苗病斑短条状，小而狭，扩展后叶片很快枯黄凋萎。分为叶缘型：先从叶缘或叶尖开始发病，发现暗缘色水渍状短线病斑，最后粳稻上的病斑变灰白色，籼稻上为橙黄色或黄褐色，病健明显；青枯型：植株病感后，尤其是茎基部或根部受伤而感病，叶片呈现失水青枯，没有明显的病斑边缘，往往是全叶青枯，病部青灰色或绿色，叶片边缘略有皱缩或卷曲。在潮湿后早晨有露水情况下，病部表面均有蜜黄色黏性露珠状的菌脓，干燥后如鱼籽状小颗粒，易脱落。

2. 发病规律　带菌种子、带病稻草和残留田间的病株稻桩是主要初侵染源。李氏禾等田边杂草也能传病。细菌在种子内越冬，播后由叶片水孔、伤口侵入，形成中心病株，病株上分泌带菌的黄色小球，借风雨、露水、灌水、昆虫、人为等因素传播。病菌借灌溉水、风雨传播距离较远，低洼积水、雨涝以及漫灌可引起连片发病。晨露未干病田操作造成带菌扩散。高温高湿、多露、台风、暴雨是病害流行条件，稻区长期积水、氮肥过多、生长过旺、土壤酸性都有利于病害发生。一般中稻发病重于晚稻，籼稻重于粳稻。矮秆阔叶品种重于高秆窄叶品种，不耐肥品种重于耐肥品种。水稻在幼穗分化期和孕期易感病。

3. 防治时期　老病区在台风暴雨来临前或过境后，对病田或感病品种立即全面喷药一次，特别是洪涝淹水的田块。

4. 防治药剂　单剂有代森铵、枯草芽孢杆菌、三氯异氰尿酸、氯溴异氰尿酸、中生菌素等。

（二）柑橘溃疡病

1. 症状　此病害发生在柑橘不同部位，以叶片和果实受害最重。

（1）叶片受害。最初在叶背出现黄色或暗黄绿色针头大小的油渍状斑点，随后向叶正、背两面逐渐隆起。后期病斑中央凹陷呈火山口状开裂。

（2）枝梢受害。病斑与叶片相似，严重时可造成叶片脱落，枝梢枯死。

（3）果实受害。病斑与叶片相似，病斑仅限于果皮，严重时引起早期落果。

多雨潮湿条件下，病部常伴有菌脓溢出。

2. 发病规律　病原细菌在柑橘病部组织内越冬，翌年温度适宜、湿度大时，细菌从病部溢出，借风、雨、昆虫和枝叶相互接触做短距离传播，病菌落到寄主的幼嫩组织上，由气孔、伤口侵入，潜育期3～10天，高温多雨时，病害流行。该病发生的最适温度为25～30℃，高温高湿天气是流行的必要条件。田间以夏梢发病最重，其次是秋梢、春梢。溃疡病自4月上旬至10月下旬均可发生，5月中旬为春梢的发病高峰；6月、7月、8月为夏梢的发病高峰，9月、10月为秋梢的发病高峰，6月至7月上旬为果实的发病高峰。暴风雨和台风给寄主造成大量伤口，更有利于病菌的传播和侵入。

3. 防治时期　发病初期防治。

4. 防治药剂　单剂有噻唑锌、枯草芽孢杆菌等；混剂有春雷·王铜、中生·乙酸铜、波尔·锰锌等。

（三）柑橘黄龙病

1. 症状　柑橘黄龙病全年都能发生，春、夏、秋梢均可出现症状，以秋、冬季症状最为明显。叶片有三种类型的黄化，即斑驳黄化、均匀黄化和缺素状黄化。叶片转绿后局部褪绿，形成斑驳状黄化，斑驳位置、形状非常不规则，呈雾状，没有清晰边界，多数斑驳起源自叶脉、基部或边缘，是较为准确的判断症状；均匀黄化多出现在秋季气温局部回落后，新梢叶片不转绿，逐渐形成均匀黄化，多出现在树冠外围、向阳处和顶部，是较为准确的判断症状。缺素状黄化不是真的缺素，是由于黄龙病引起根部局部腐烂，造成吸肥能力下降，引起叶片缺素，主要表现为类似缺锌、缺锰症状，是黄龙病识别的辅助症状。柑橘果实有两种类型症状，即青果、红鼻果。青果病主要表现为成熟期果实不转色，呈青软果（大而软）或青僵果（小而硬），柚类、柠檬类、橙类均有此症状；红鼻果主要表现为成熟期果实转色异乎寻常地从果蒂开始，而果顶部位转色慢而保持青绿色形成红鼻果，柑橘类、橙类均有此症状。细菌随筛管转运至全株，使树体衰退。病枝上再发的新梢，或剪截了黄化枝后抽出的新梢，枝短、叶小变硬，表现缺锌、缺锰状的花叶。

2. 发病规律　该病病原物为一种类革兰氏阴性细菌，主要以柑橘木虱为传播媒介，还可借助嫁接、菟丝子传播，有效控制果园柑橘木虱数量即可控制果园黄龙病暴发。带病苗木或带病接穗是远距离传病的主因，往往使无病的新区变成病区。

3. 防治时期　严格检疫，发病初期防治。

4. 防治　目前暂无登记的药剂，主要采用农业防治手段：①严格检疫制度，杜绝病苗、病穗传入无病区和新种植区。②培育无病苗木。③防治柑橘木虱。④预防为主，综合防治。坚持每次新梢转绿后全面检查黄龙病株，发现一株挖除一株，不留残桩。

(四) 桃树细菌性穿孔病

1. 症状　主要为害叶片，多发生在靠近叶脉处，初生水渍状小斑点，逐渐扩大为圆形或不规则形，直径 2 毫米，褐色、红褐色的病斑，周围有黄绿色晕环，以后病斑干枯、脱落形成穿孔，严重时导致早期落叶。果实受害，从幼果期即可表现症状，随着果实的生长，果面上出现 1 毫米大小的褐色斑点，后期斑点变成黑褐色。病斑多时连成一片，果面龟裂。

2. 发病规律　此病由一种黄色短杆状的细菌侵染造成，一般年份春雨期间发生，夏季干旱月份发展较慢，到雨季又开始后期侵染。病菌的潜伏期因气温高低和树势强弱而异。气温 30℃时潜伏期为 8 天，25～26℃时为 4～5 天，20℃时为 9 天，16℃时为 16 天。树势强时潜伏期可长达 40 天。幼果感病的潜伏期为 14～21 天。在降雨频繁、多雾和温暖阴湿的天气下，病害严重；干旱少雨时则发病轻。树势弱，排水、通风不良的桃园发病重。虫害严重时，如红蜘蛛为害猖獗时，病菌从伤口侵入，发病严重。

3. 防治时期　发病初期防治。

4. 防治药剂　单剂有噻唑锌等。

（五）西瓜果斑病

1. 症状　主要为害果实。果实上病斑圆形或近圆形，大小4～8毫米，褐色至深褐色，没有边缘，发生多时常相互融合，形成大块病斑，后在病部生许多小黑粒点，即病原菌的分生孢子器。

2. 发病规律　病菌在病残体上越冬，翌年借风雨传播蔓延，经伤口或皮孔侵入，引致果斑病。生产上遇有水肥条件差，管理不好，生长衰弱易染病。

3. 防治时期　发病初期防治。

4. 防治　目前暂无登记的药剂，主要采用农业防治手段：①定植前施足充分腐熟的有机肥，生长期一般不要追施速效氮肥，苗期及时松土、锄草，促进根系发育，甩蔓后及时压蔓、盘蔓。②浇水宜少不宜多，雨后及时排水。③与瓜类作物实行3年以上轮作，注意选择高燥地块或采用高畦栽培，收获后及时清洁田园，发现病瓜及时摘除，集中深埋。

（六）番茄溃疡病

1. 症状　幼苗至成株期均可发病。幼苗发病，最初叶片萎蔫，有茎或叶柄出现溃疡条斑。成株期受害，发病初期下部叶片萎蔫下垂，有时一侧萎蔫，一侧正常生长。后期在病株茎秆上出现暗褐色溃疡条斑，常产生大量气生根。多雨季节有菌脓从茎伤口流出。果柄受害，其韧皮部出现褐色腐烂。幼果发病后皱缩、滞育、畸形。青果发病，病斑圆形，似鸟眼状。

2. 发病规律　病菌喜欢在冷凉潮湿的环境中侵染番茄，高湿、低温（18～24℃）适于病害发展，高温时病害就会停止发展。病菌可在番茄植株、种子、病残体、土壤和杂草上越冬（不显症），在干燥的种子上可存活20年，可随种子远距离传播。播种带菌种子，幼苗即可发病，幼苗发病后传入大田，并通过雨水、昆虫、农事操作传播，以至造成流行。25℃以下的温度和相对湿度80％以上的条件有利于发病，因此，对冬、春保护地番茄往往造成严重危害。在番茄生长期内，温暖潮湿，多阴雨天气或长时间结露有利于发病，发病后偏施氮肥或大水漫灌，都会导致病害蔓延。

3. 防治时期　加强检疫，移栽前土壤消毒。

4. 防治药剂　单剂有硫酸铜钙、氢氧化铜等。

（七）大白菜软腐病

1. 症状　白菜受害多为包心期。植株外叶和叶柄基部与根茎交界处先发病，初期病部呈水渍状，后逐渐扩大，表皮下陷，变灰褐色腐烂，病部有污白色细菌溢脓。严重时，叶柄基部和茎处心髓组织完全腐烂，充满黄色黏液，病株用手一拔即起，并伴有腥臭味，触之即倒。另一种常见症状是病菌先从菜心基部开始侵入引起发病，植株外叶生长正常，心叶渐渐向外腐烂发展，充满黄色黏液，病株用水一拔即起。

2. 发病规律　病原菌在20℃、高湿度下，主要以寄主植物根际土壤为中心形成菌落长期生存。降雨时借助土粒飞溅，从白菜下部叶片、叶柄部位的伤口和害虫食痕侵入。大风天气，可以将带菌尘土吹向菜地，降雨过后，有些植株上部开始发病。病原菌通常借地表流水而传播。其发育适温为32～33℃，如遇寄生植物，即迅速繁殖。即使消毒土壤，病菌密度也可立即恢复如初。夏季高温期（8～9月）播种的栽培型和秋季温暖年份发生较多。另外，低洼地发病多，高地、干燥地发病少。氮肥过多植株徒长、水淹状态及台风大雨造成伤害的植株发病。

3. 防治时期　发病初期防治。

4. 防治药剂　单剂有噻菌铜、枯草芽孢杆菌、氯溴异氰尿酸等。

（八）大白菜黑腐病

1. 症状　幼苗和成株期均可发病。为害特点是维管束坏死变黑。幼苗期感病，出土前染病不能出苗；出土后受害，子叶水渍状，逐渐枯死，或蔓延至真叶，使真叶叶脉上出现黑点状斑或黑色条纹，根髓部变黑，幼苗枯死。成株期叶片发病，多从叶缘开始，逐步向内扩展，形成 V 字形黄褐色病斑，周围组织变黄。有时病菌沿叶脉向里扩展，形成网状黑脉或黄褐色大斑。叶柄发病，病菌沿维管束向上扩展，使部分菜帮形成淡褐色干腐，半边叶片或植株发黄，部分外叶干枯、脱落，甚至萎蔫。

2. 发病规律 病菌可存活 2～3 年，通过灌水、风雨、农事操作传播蔓延，从自然孔口、伤口侵入发病。在染病种株上可引起种子带菌。此菌生长发育适温 25～30℃，致死温度 51℃、10 分钟。一般与十字花科连作，或高温多雨天气及高湿条件，叶面结露、叶缘吐水，利于病菌侵入而发病。管理粗放，植株徒长或早衰，害虫猖獗，或暴风雨频繁发病也较重。

3. 防治时期 播种前处理种子；发病初期及时拔除中心病株，并喷施药剂进行防治。

4. 防治药剂 单剂有春雷霉素等。

（九）烟草青枯病

1. 症状 该病为典型细菌性维管束病害，烟草根、茎、叶均可受害，最显著是枯萎。发病初期，晴天中午可见烟株一侧凋萎下垂，夜间恢复，萎蔫一侧的茎上有褪绿条斑，叶片仍为青色，故称"青枯"。发病中前期一侧叶片枯萎，另一侧比较正常。发病中期枯萎叶片由绿变浅绿，然后变黄，大部分叶片萎蔫。发病后期，全部叶片萎蔫变黄，根全部变黑腐烂，直至整株枯死。

2. 发病规律 病菌主要在土壤中，种子一般不带菌。主要初侵染来源是土壤、病残组织和肥料中的病原菌。病原菌借排灌水、流水、带菌肥料、病苗或附在幼苗上的病土，以及人畜和生产工具带菌传播。病田流水是病害再侵染和传播的最重要方式。高温高湿利于病害发生和流行。

3. 防治时期 发病初期防治。

4. 防治药剂　单剂有噻唑锌、噻菌铜、枯草芽孢杆菌、荧光假单胞杆菌、三氯异氰尿酸、中生菌素、多黏类芽孢杆菌、解淀粉芽孢杆菌等；混剂有溴菌·壬菌铜、氯尿·硫酸铜等。

六、病毒病害的症状与防治

植物病毒性病害在各种作物上均有所见，但具体种类有限。除番茄条斑病和蕨叶病等外，主要为花叶病类。受害植物常表现如下症状：①变色。有花叶、斑点、环斑、脉带和黄化等症状；花朵的花青素也可因而改变，使花色变成绿色或杂色等，常见的症状为深绿与浅绿相间的花叶症，如烟草花叶病。②坏死。在叶片上常呈现坏死斑、坏死环和脉坏死，在茎、果实和根的表面常出现坏死条等。③畸形。器官变形，如茎间缩短，植株矮化，生长点异常分化形成丛枝或丛簇，叶片的局部细胞变形出现疱斑、卷曲、蕨叶及黄化等。

植物病毒病的发生与寄主植物、病毒、传毒介体、外界环境条件，以及人为因素密切相关。当田间有大面积的感病植物存在，毒源、介体多，外界环境有利于病毒的侵染和增殖，又利于传毒介体的繁殖与迁飞时，植物病毒病害就会流行。

除少数植物繁殖材料，如接穗、鳞茎等可利用脱毒技术获得无毒繁殖材料，或通过药液热处理进行灭毒外（即化学防治），尚无理想的治疗方法。宜以预防为主，综合防治：一方面消灭侵染来源和传播介体；另一方面采取农业技术措施，包括增强植物抗病力、培育和推广抗病或耐病品种等。另外，综合消灭传播途径及传染源（如蚜虫，飞虱，蓟马等；必要时进行与不易感染病毒病的作物进行轮作，建议 2～3 年轮作一次）。

（一）水稻黑条矮缩病

1. 症状　水稻黑条矮缩病在水稻整个生长期内都可能发生，发病越早，其造成的危害越大，最终严重影响水稻产量。秧田期，感病秧苗叶片僵硬直立，叶色墨绿，根系短而少，生长发育停滞；

水稻分蘖期，感病植株明显矮缩，部分植株早枯死亡；水稻拔节时期，感病植株严重矮缩，高位分蘖、茎节倒生有不定根，茎秆基部表面有纵向瘤状乳白色凸起；穗期，植株严重矮缩，不抽穗或抽包颈穗，穗小颗粒少，直接影响水稻产量。

2. 发病规律　病原以昆虫传播为主。水稻黑条矮缩病病毒以灰飞虱传毒为主，南方水稻黑条矮缩病毒则主要以白背飞虱传毒为主。黑条矮缩病的发生流行与介体昆虫种群数量消长及携毒传播相对应。

3. 防治时期　发病初期防治。

4. 防治药剂　单剂有香菇多糖、甾烯醇、宁南霉素、辛菌胺醋酸盐等，混剂有烯·羟·吗啉胍等。

（二）水稻条纹叶枯病

1. 症状　苗期发病，心叶基部出现褪绿黄白斑，后扩展成与叶脉平行的黄色条纹，条纹间仍保持绿色。不同品种表现不一，糯、粳稻和高秆籼稻心叶黄白、柔软、卷曲下垂、成枯心状。矮秆籼稻不呈枯心状，出现黄绿相间条纹，分蘖减少，病株提早枯死。病毒病引起的枯心苗与三化螟为害造成的枯心苗相似，但无蛀孔、无虫粪、不易拔起，别于蝼蛄为害造成的枯心苗。分蘖期发病先在心叶下一叶基部出现褪绿黄斑，后扩展形成不规则黄白色条斑，老叶不显病。籼稻品种不枯心，糯稻品种半数表现枯心。病株常枯孕穗或穗小畸形不实。拔节后发病在剑叶下部出现黄绿色条纹，各类型稻均不枯心，但抽穗畸形，所以结实很少。

2. 发病规律　本病毒仅靠介体昆虫传染，其他途径不传病。介体昆虫主要为灰飞虱，一旦获毒可终身并经卵传毒。条纹叶枯病的发生与灰飞虱发生量、带毒虫率有直接关系。春季气温偏高，降雨少，虫口多发病重。稻、麦两熟区发病重，大麦、双季稻区病害轻。

3. 防治时期　发病初期防治。

4. 防治药剂　单剂有香菇多糖、甾烯醇等，混剂有苦参·硫黄等。

（三）小麦条纹叶枯病

1. 症状　病株叶片出现褪绿黄白斑，后扩展成与叶脉平行的黄色条纹，条纹间仍保持绿色。病株常出现心叶枯死，不能抽穗或穗小畸形不实。主茎与分蘖同时发病，病株矮化不明显，分蘖减少；心叶伸长不展开，淡黄白色，有时卷曲干枯，叶片沿叶脉处出现黄白色条纹。病株呈黄绿色似缺肥状，重病株不能抽穗，形成枯孕穗，发病早的一般在5月下旬提早枯死；轻病株能抽穗，但穗子畸形、扭曲，结实率、千粒重下降，后期提早成熟，单穗产量只有正常穗的30%。

2. 发病规律　传播病毒病的灰飞虱大暴发，加上稻套麦和麦套稻等栽培方式的推广，造成水稻条纹叶枯病大发生。灰飞虱虫量及其带毒率提高，殃及了小麦，使原本不受水稻条纹病毒为害的小麦，也发生了较为严重的条纹叶枯病。特别是重病区部分稻套麦田块，条纹叶枯病对小麦造成了较大的产量损失，小麦一般不易发生条纹叶枯病，冬春季气温高、灰飞虱越冬基数高，有利于小麦条纹叶枯病发生。

3. 防治时期　发病初期防治。

4. 防治药剂　单剂有香菇多糖、甾烯醇等，混剂有苦参·硫黄等。

（四）番茄病毒病

1. 症状　田间症状有多种。

（1）花叶型。叶片显黄绿相间或深浅相间的斑驳，或略有皱缩现象。

（2）蕨叶型。植株矮化、上部叶片成线状、中下部叶片微卷，花冠增大成巨花。

（3）条斑型。叶片发生褐色斑或云斑，或茎蔓上发生褐色斑块，变色部分仅处在表皮组织，不深入内部。

（4）卷叶型。叶脉间黄化，叶片边缘向上方弯卷，小叶扭曲、畸形，植株萎缩或丛生。

（5）黄顶型。顶部叶片褪绿或黄化，叶片变小，叶面皱缩，边缘卷起，植株矮化，不定枝丛生。

（6）坏死型。部分叶片或整株叶片黄化，发生黄褐色坏死斑，病斑呈不规则状，多从边缘坏死、干枯，病株果实呈淡灰绿色，有半透明状浅白色斑点透出。

2. 发病规律　病毒可在多种植物上越冬，也可附着在番茄种子上、土壤中的病残体上越冬，通过蚜虫传播或者通过汁液接触传染，只要寄主有伤口，即可侵入。冬季病毒多在宿根杂草上越冬，春季蚜虫迁飞传毒，引致发病。番茄病毒病的发生与环境条件关系密切，一般高温干旱天气利于病害发生。此外，施用过量的氮肥，植株组织生长柔嫩或土壤瘠薄、板结、黏重以及排水不良发病重。

3. 防治时期　发病初期防治。

4. 防治药剂　单剂有香菇多糖、氨基寡糖素、几丁聚糖、盐酸吗啉胍、葡聚烯糖、宁南霉素、大黄素甲醚、辛菌胺醋酸盐、丁子香酚、低聚糖素等；混剂有羟烯·吗啉胍、烷醇·硫酸铜、琥铜·吗啉胍等。

（五）辣椒病毒病

1. 症状　常见的发病症状有 4 种类型。

（1）花叶型。典型症状是病叶、病果出现不规则褪绿、浓绿与淡绿相间的斑驳，植株生长无明显异常，但严重时病部除斑驳外，病叶和病果畸形皱缩，叶明脉，植株生长缓慢或矮化，结小果，果难以转红或只局部转红，僵化。

（2）黄化型。病叶变黄，严重时植株上部叶片全变黄色，形成上黄下绿，植株矮化并伴有明显的落叶。

（3）坏死型。包括顶枯、斑驳环死和条纹状坏死。顶枯指植株枝杈顶端幼嫩部分变褐坏死，而其余部分症状不明显；斑驳坏死可在叶片和果实上发生，病斑红褐色或深褐色，不规则形，有时穿孔或发展成黄褐色大斑，病斑周围有一深绿色的环，叶片迅速黄化脱落；条纹状坏死主要表现在枝条上，病斑红褐色，沿枝条上下扩展，得病部分落叶、落花、落果，严重时整株枯干。

（4）畸形型。叶片畸形或丛簇型开始时植株心叶叶脉褪绿，逐渐形成深浅不均的斑驳、叶面皱缩，以后病叶增厚，产生黄绿相间的斑驳或大型黄褐色坏死斑，叶缘向上卷曲。幼叶狭窄、严重时呈线状，后期植株上部节间短缩呈丛簇状。重病果果面有绿色不均的花斑和疣状突起。

2. 发病规律　辣椒病毒病主要由黄瓜花叶病毒和烟草花叶病毒引起。黄瓜花叶病毒的寄主很广泛，其中包括许多蔬菜作物，主要由蚜虫（榉赤蚜等）传播。烟草花叶病毒可在干燥的病株残枝内长期生存，也可由种子带毒，经由汁液接触传播侵染。通常高温干旱，蚜虫严重为害时黄瓜花叶病毒为害也严重，多年连作，低洼地，缺肥或施用未腐熟的有机肥，均可加重烟草花叶病毒的危害。

辣椒病毒病的发生与环境条件关系密切。特别遇高温干旱天气，不仅可促进蚜虫传毒，还会降低辣椒的抗病能力，黄瓜花叶病毒为害重。田间农事操作粗放，病株、健株混合管理，烟草花叶病毒为害就重。阳光强烈，病毒病发生随之严重。大棚内光照比露地弱，蚜虫少于露地，病毒病较露地发生轻。但中后期撤除棚膜以后，病毒病迅速发展。此外，春季露地辣椒定植晚，与茄科作物连作，地势低洼及辣椒缺水、缺肥，植株生长不良时，病害容易流行。

3. 防治时期　发病初期防治。

4. 防治药剂　单剂有香菇多糖、氯溴异氰尿酸、宁南霉素、辛菌胺醋酸盐等；混剂有混脂·硫酸铜、苦参·硫黄、混脂·络氨铜等。

（六）烟草病毒病

1. 症状　烟草病毒病俗称烟草花叶病，分为烟草普通花叶病毒病、烟草黄瓜花叶病毒病、烟草马铃薯 Y 病毒病。

（1）烟草普通花叶病毒病。自苗床期至大田成株期均可发生。

移栽后 20 天到现蕾期，为发病高峰期，打顶后田间病株仍呈上升趋势，但主要在烟杈上显症，为害不大。幼苗被侵染后，新叶的叶脉组织变浅绿色，呈半透明的"明脉症"，迎光透视可见病叶大小，叶脉十分清晰，几天后叶片形成黄绿相间的"花叶症"。大田期，烟株受侵染后，首先在心叶上发现"明脉"现象，以后呈现花叶、泡斑、畸形、坏死等典型症状。轻型花叶只在叶片上形成黄绿相间的斑驳，叶形不变。重型花叶症状为叶色黄绿相间成相嵌状，深绿色部分出现"泡斑"，叶子边缘逐渐形成缺刻并向下卷曲，叶片皱缩扭曲，有些叶片甚至变细呈带状。早期感病植株矮化，生长停滞，叶片不开片，正常开花但果实种子发育不良。除典型花叶症状外，在旺长期病株中上部叶片还会出现红褐色大坏死斑，称为"花叶灼斑"。烟草普通花叶病的个别株系还可以在烟叶上形成系统花叶的同时，在中下部叶片上产生环斑或坏死斑。早期发病的植株严重矮化，生长缓慢，不能正常开花结实。能发育的蒴果小而皱缩，种子量少且小，多不能发芽。

（2）烟草黄瓜花叶病毒病。该病的症状随侵染的黄瓜花叶病毒株系不同而有所差异。初期发病，首先在心叶上表现明脉症，叶色浓淡不均，出现黄绿相间的"花叶症"状。严重时，叶片变窄、扭曲，伸直呈拉紧状，表皮茸毛脱落，失去光泽等。早期患病，植株严重矮化，基本无利用价值。大田期的典型症状有：①叶片颜色深浅不均，形成典型的"花叶症"。②上部叶狭窄、叶柄拉长，叶缘上卷叶尖细长，呈"畸形状"。③有时病叶上出现深绿色的"泡斑"。④中部叶或下部叶可形成"闪电状坏死"，褐色至深褐色。⑤小叶脉或中脉形成深褐色或褐色坏死。CMV 与 TMV 的症状区别：TMV 的病叶边缘时常向下翻卷不伸长，叶面绒毛不脱落，泡斑多而明显，有缺刻；而 CMV 的叶片，病斑边缘时常向上翻卷，叶基拉长，两侧叶肉几乎消失，叶尖成鼠尾状，叶面绒毛脱落，泡斑相对较少，有的病叶粗糙，如革质状。

（3）烟草马铃薯 Y 病毒病。由于病毒株系不同而表现出不同症状。发病初期，新叶上表现明脉现象，此后由于病毒株系不同，引起的症状也有差异，主要有脉带花叶型、脉斑型和褪绿斑点型。脉带型：在烟株上部叶片呈黄绿花叶斑驳，脉间色浅，叶脉两侧深绿，形成明显的脉带，严重时出现卷叶或灼斑，叶片成熟不正常，色泽不均，品质下降，烟株矮化。脉斑型：下部叶片发病，叶片黄褐，主侧脉从叶基开始呈灰黑或红褐色坏死，叶柄脆，摘下可见维管束变褐，茎秆上出现红褐或黑色坏死条纹。褪绿斑点型：初期与脉带型相似，但上部叶片出现褪绿斑点，后中下部叶产生褐色或白色小坏死斑，病斑不规则，严重时整叶斑点密集，形成穿孔或脱落。

2. 发病规律 普通花叶病毒主要靠汁液擦伤传播。在土壤中的病残体内的病毒，可存活两年，在干燥的烟叶里的病毒可存活数十年之久，都可导致苗床和大田烟株发病。另外，田间管理或风雨使病、健株摩擦，而引起发病。黄瓜花叶病则主要靠蚜虫（烟蚜、棉蚜）传播，其次是汁液擦伤传病。由于这一种病毒寄生范围极广，可在越冬蔬菜及多年生杂草体内越冬，成为来年侵染草的初侵染源。因而村边、地头烟株发病早、受害重。烟草自移栽到旺长阶段，若遇雨天，温度较低，蚜虫数量多，将导致病害流行。

3. 防治时期 发病初期防治。

4. 防治药剂 单剂有香菇多糖、氨基寡糖素、香芹酚、盐酸吗啉胍、氯溴异氰尿酸、宁南霉素、甲噻诱胺、苦参碱等；混剂有混脂·络氨铜、丙唑·吗啉胍等。

七、线虫病害的症状与防治

植物线虫病害是由植物寄生线虫侵袭和寄生引起的植物病害。受害植物可因侵入线虫吸收体内营养而影响正常的生长发育；线虫代谢过程中的分泌物还会刺激寄主植物的细胞和组织，导致植株畸形，以及利用天敌控制等。该病使农产品减产和质量下降。中国较为严重的植物线虫病有花生等多种作物的根结线虫病、大豆胞囊线虫病、小麦粒线虫病、甘薯茎线虫病、水稻干尖线虫病、松材线虫病等。

（一）水稻干尖线虫病

1. 症状 水稻整个生育期都会受害，发病部位主要是叶和穗部。一般幼苗期不常表现症状。仅有少数在 4～5 片真叶时出现干尖，叶尖逐渐卷缩变色，叶尖枯死，呈浅灰色。病健界明显，继而病部捻曲、歪扭。这种干尖常在移栽或连续风雨时易脱落。诊断水稻干尖线虫病，一是看叶尖是否扭曲，二是看病健交界处有无锯齿状纹。

2. 发病规律 水稻感病种子是初侵染源。以成虫、幼虫在谷粒颖壳中越冬，干燥条件可存活 3 年，浸水条件能存活 30 天。浸种时，种子内线虫复苏，游离于水中，遇幼芽从芽鞘缝钻入，附于生长点、叶芽及新生嫩叶尖端的细胞外，以吻针刺入细胞吸食汁液，致被害叶形成干尖。秧田期和本田初期靠灌溉水传播，扩大为害。土壤不能传病。随稻种调运进行远距离传播。

3. 防治时期 发病初期防治。

4. 防治药剂 单剂有杀螟丹等；混剂有咪鲜·杀螟丹、杀螟·乙蒜素、氰烯·杀螟丹等。

（二）大豆胞囊线虫病

1. 症状 大豆受害后，植株明显矮化，叶片褪绿变黄、瘦弱，似缺水、缺氮状。在田间条、块分布，呈火龙状，俗称火龙秧子。病株根系不发达，根瘤稀少，并形成大量须根。须根上有白色小颗粒，后期胞囊变褐色，并脱落于土中。病株叶片常脱落，结荚少或不结荚，籽粒小而瘪，质量严重下降。

2. 发病规律 胞囊线虫病发生与土壤类型、土壤温度以及耕作、栽培等诸多因子有关。

（1）与温、湿度关系。气温在 18～25℃ 发育最好，最适湿度为 60%～80%，过湿、氧气不足，易使线虫死亡。

（2）与土壤类型的关系。过于黏重、通气不良的土壤，不利于线虫的存活。需要通气良好的土壤，如冲积土、轻壤土、沙壤土、草甸棕壤土等粗结构的土壤和瘠薄少岗地等土壤中胞囊密度大，线虫病发生早而重，减产幅度大。此外，在偏碱性的土壤内，发生也重。

（3）栽培条件。多年连种大豆的地块，土壤内线虫数量便逐年增多，为害也逐年加重，大豆产量也越来越低。

3. 防治时期　发病初期防治。

4. 防治药剂　单剂有苏云金杆菌等；混剂有多·福·克、多·福·甲维盐、阿维·多·福等。

（三）花生根结线虫病

1. 症状　为害花生根、果壳和果柄。被害植株一般出土半个月后即可表现症状，植株萎缩不长，下部叶变黄。始花期后，整株茎叶逐渐变黄，叶片小，底叶叶缘焦灼，提早脱落，开花迟，病株矮小，似缺肥水状，田间常成片成窝发生。雨水多时，病情可减轻。

2. 发病规律　花生根结线虫病发生的轻重主要受土壤温湿度、土质和栽培管理条件的影响。土壤温度和湿度对幼虫侵染影响很大。幼虫侵染的温度范围为 12～34℃，最适为 20～26℃。土壤含水量在 20% 以下和 90% 以上都不利于幼虫侵入，最适侵入的土壤含水量为 70% 左右，但从为害程度来看，雨水少、灌溉不及时为害重，雨水多或灌溉及时为害轻。土质疏松的沙壤土和沙土地发病重，黏土和低洼碱性土壤发病轻，甚至不发病。轮作田发病轻，连作田发病重。春花生比麦茬花生发病重，早播比晚播发病重。田间寄主杂草及病残体多的发病重。

3. 防治时期　发病初期防治。

4. 防治药剂　单剂有涕灭威、克百威、灭线磷等；混剂有丁硫·毒死蜱等。

（四）甘薯茎线虫病

1. 症状　可为害薯块、薯蔓以及须根。以薯块和近地面的秧蔓受害最重。苗期受害出苗率底、矮小、发黄。纵剖茎基部，内有褐色空隙，剪断后不流或很少流乳液。严重苗内部糠心可达秧蔓顶部。大田期受害，主蔓茎部表现褐色龟裂斑块，内部呈褐色糠心，病株蔓短、叶黄、生长缓慢，甚至枯死。

2. 发病规律 甘薯茎线虫的卵、幼虫和成虫可以同时存在于薯块上越冬，也可以幼虫和成虫在土壤和肥料内越冬。病原能直接通过表皮或伤口侵入。此病主要以种薯、种苗传播，也可借雨水和农具短距离传播。病原在 7℃ 以上就能产卵并孵化和生长，最适温度 25～30℃，最高 35℃。湿润、疏松的沙质土利于其活动为害，极端潮湿、干燥的土壤不宜其活动。

3. 防治时期 发病初期防治。

4. 防治药剂 单剂有涕灭威、灭线磷、丁硫克百威、甲基异柳磷、丙溴磷、三唑磷等。

（五）松材线虫病

1. 症状

（1）当年枯死。多数情况下，植株感病后，于当年夏秋即全株枯死。这类典型症状的出现，大体可划分为 4 个阶段：病害初期，植株外观无明显变化，但树脂分泌开始减少；树冠部分针叶失去光泽，后变黄，并且树脂停止分泌；多数针叶变黄，植株开始萎蔫；整个树冠针叶由黄变褐色，全株枯死。

（2）越年枯死。在温暖地区，有少数植株（约 10%）感病后，当年并不迅速枯死，而至翌年春或初夏枯死。

（3）枝条枯死。植株感病后，在 1～2 年内并不表现全株枯死，一般仅为树冠上少量枝条枯死，后随时间推移，逐渐增多，直至全株。

2. 发病规律 该病的发生和流行与寄主树种、环境条件、媒介昆虫密切相关。在我国主要发生在黑松、赤松、马尾松上。苗木接种试验表明，火炬松、海岸松、黄松、云南松、乔松红松、樟子松也能感病，但在自然界尚未发生成片死亡的现象。低温能限制病害的发展，干旱可加速病害的流行。在我国传播松材线虫的媒介昆虫主要是松褐天牛。松材线虫病为检疫性病害，国内分布地区有江苏、安徽、山东、浙江、广东、湖北（恩施）、湖南、香港、台湾。

3. 防治时期　发病初期防治。

4. 防治药剂　单剂有阿维菌素、甲氨基阿维菌素等。

第四节　杂草的发生与防除

一、杂草识别

杂草定义：通常所说的杂草，既不是栽培植物，也不是野生植物。具体地说，除田园种植的"目的作物"之外，所有其他受到人为栽培条件的影响，但本身又不是栽培对象而在田间滋生带有野生特征（多实性、脱落性等）的植物，都可统称为杂草。也可以定义为杂草是长在不希望生长的地方的任何植物。

恶性杂草：将分布发生范围广泛、群体数量较大、相对防除较困难、对作物生产造成严重损失的杂草被定义为恶性杂草。

区域性恶性杂草：虽群体数量较大，但仅在局部地区发生或仅在一类或少数几种作物上发生，不易防治，对该地区或该类作物造成严重危害的杂草，被定义为区域性恶性杂草。

对杂草进行分类是识别杂草的基础，而杂草的识别是防除和控制的重要基础。可根据杂草的形态特征、生态型特征、生物学特性等进行杂草的分类。

（一）按杂草的形态分类

1. 禾草类杂草　禾草类杂草属禾本科植物，是农业生产中造成粮食减产的重要杂草，是除草剂主要防除对象。

（1）主要形态特征。胚有 1 个子叶，叶分为叶片与叶鞘两部分，叶片狭长多为线形，叶鞘包着秆。常有叶舌，无叶柄，平行叶脉。茎圆或扁圆，节明显，节间常中空，很少实心。花序常由小穗排成穗状、总状、指状或圆锥状。有的具有叶耳、叶舌。多年生或一年生、二年生草本植物，须根。

（2）主要杂草。稗草、千金子、看麦娘、马唐、野燕麦、狗尾草、画眉草、牛筋草、狗牙根、棒头草、茵草、硬草、假高粱、白茅、芦苇、虎尾草等。

2. 莎草类杂草

（1）主要形态特征。胚有 1 个子叶，叶片狭长，叶鞘不开张，无叶舌，无叶柄，平行叶脉。茎三棱形或扁三棱形，无节间，实心。

（2）主要杂草。香附子（又称莎草、回头青）、异型莎草、扁秆藨草、日照飘拂草、牛毛毡、三棱草、碎米莎草等。

3. 阔叶草类杂草

（1）主要形态特征。胚有 2 个子叶，叶片宽阔，有叶柄，具网状叶脉。茎圆或四棱形。

（2）主要杂草。刺儿草、苍耳、泥胡菜、狼巴草、萹蓄、泽泻、反枝苋、空心莲子草（水花生、革命草）、矮慈姑、鸭舌草、眼子菜、节节菜、鸭跖草、龙葵、苘麻、铁苋菜、泽漆、牛繁缕、藜、蓼、菟丝子、田旋花、打碗花、婆婆纳、猪殃殃、马齿苋、播娘蒿等。

（二）按杂草的生态型分类

1. 旱生杂草　只能生长在旱田中，主要为害旱田作物，如藜、反枝苋、马齿苋、马唐、牛筋草、香附子等。

2. 水生杂草　只能生长在水田中，主要为害水田作物，如鸭舌草、异型莎草、水苋菜、牛毛毡等。

3. 湿生杂草　能生长在土壤湿度较大的地区和田块内，但不能在长期浸水或严重干旱的情况下生长，如千金子、碎米莎草、鳢肠、水苋、蓼等。

（三）按杂草的生活史分类

1. 一年生杂草　生活年限不超过一年，从发芽出苗到开花结果直至死亡，一年内完成。这类杂草主要靠种子繁殖。多在秋熟旱作物及水稻等作物田发生危害。

按出苗时期，一年生杂草又可分为早春性、晚春性和越冬性杂草三类：①早春性杂草。发芽温度 5～10℃，早春出苗，如灰菜、蓼、萹蓄等。②晚春性杂草。发芽温度 10℃ 以上，晚春出苗，如稗草、马唐、狗尾草、苋菜等。③越冬性杂草。秋天出苗，越冬后翌年春天开花结果，如荠菜、附地菜、看麦娘等。

2. 越年生或二年生杂草　生活年限一年以上但不超过二年，从出苗到死亡，需要两个生长季。如野胡萝卜、牛蒡、黄蒿、益母草等，多发生危害于夏熟作物田。

3. 多年生杂草　生活年限二年以上，也可能一直活下去。许多多年生杂草在生活的第一年不开花结果，第一年只进行营养生长；但也有许多多年生杂草每年多次开花结果，枝条结果后地上部死去，但当年或翌年又能从匍匐茎、茎基、根茎、球（块）茎、根茎、水平根、球（块）根等营养繁殖器官重新发出新的分蘖或枝条，形成新植株。多年生杂草除种子繁殖外，无性繁殖能力也很强大。依据繁殖特性，多年生杂草又可分为两类：简单多年生杂草：如酸模、车前、蒲公英等，可借种子繁殖，也可因切割由宿根繁殖。匍匐多年生杂草：如田旋花、刺儿菜、香附子等，借球茎、匍匐茎或根状茎等进行繁殖，是一类很难控制的杂草，其幼苗最初生长的 6～8 周内易用栽培条件或适当除草剂控制。

二、稻田杂草的发生与防除

（一）稻田杂草的发生与分布

尽管各地区在气候、土壤间特性存在差异，各地区选用的品种、种植制度有别，但为害水稻的杂草种类差异并不十分明显。根据全国各地多年的调查，稻田常见杂草种类有约 100 种，其中分布广、为害重的最主要稻田杂草是稗草、鸭舌草、牛毛毡、水莎草、矮慈姑、节节菜、异型莎草、眼子菜、扁秆藨草等；分布较广的常见稻田杂草有萤蔺、千金子、鳢肠、日照飘拂草、水苋菜、田字萍、茨藻、黑藻、陌上菜等。此外，圆叶节节菜、尖瓣花等在南亚热带和热带稻区为害较重；芦苇、扁秆藨草、泽泻、水绵等主要在北方的温带稻区形成危害。

稻田杂草一般是在播、栽、抛后 10 天（秧田一般 5～7 天）左右出现第一个杂草出苗高峰。此批杂草主要以禾本科的稗草、千金子和莎草科的异型莎草等一年生杂草为主，且发生早、数量大、为害重。播、栽、抛后 20 天左右出现第二个出草高峰。此批杂草主要是莎草科杂草和阔叶类杂草。由于我国种植水稻的范围较广，耕作、栽培制度不完全相同，各地区稻田杂草的发生规律不尽一致。总体说来，从南到北，杂草种类减少，杂草群落结构趋于简化，杂草与水稻同生期缩短。

（二）稻田杂草的化学防除

1. 秧田杂草的化学防除 湿润育秧田，可以进行播前和播种后苗前土壤处理及苗期茎叶处理。秧田杂草的防治策略：第一，防除秧田稗草是防除稻田稗草的关键所在，要抓好秧田稗草的防除。第二，秧田早期必须抓好以稗草为主兼治阔叶杂草的防除。第三，加强肥水管理，促进秧苗早、齐、壮，防止长期脱水、干田是秧田杂草防除的重要农业措施。

（1）播种前处理。在整好苗床后，以喷雾法（个别药剂用撒施法）将配制好的药剂施于苗床表面，间隔适当时间，润水播种。

（2）播后苗前处理。露地湿润育秧田，由于播后苗前不具有水层，厢（床、畦）面裸露而难以维持充分湿润，因此用药量要比覆盖湿润育苗秧田提高 20%～30%。用药种类，应选择水旱兼用或对水分要求不严格的除草剂二甲戊灵和丙草胺。

（3）苗后茎叶处理。禾本科杂草为主的秧田推荐药剂为禾草敌、禾草丹，阔叶杂草为主的秧田推荐药剂为灭草松，禾阔混生秧田推荐药剂为吡嘧磺隆、五氟磺草胺和氟酮磺草胺。

2. 直播田杂草的化学防除 直播水稻可分为水直播稻和旱直

播稻两类，其杂草发生规律大体趋势都有两个杂草发生高峰。针对直播稻田杂草发生规律，应贯彻以化学防治为重点、农业防治与化学防治相结合的综合防治策略，以苗压草、以药灭草、以水控草、以工拔草。应及时采取一封、二除、三补的化学除草技术体系。具体地区或田块可以一封一补、一封一除、一除一补或一次性除草。播前施药各地可根据当地的播种和栽培方式、草相等情况，合理选用除草剂。

（1）苗前封闭处理。可用异噁草松、仲丁灵、噁草酮和丙草胺。

（2）苗后茎叶处理。禾本科杂草为主的直播田推荐药剂为氰氟草酯（千金）、禾草敌、禾草丹、精噁唑禾草灵；阔叶杂草为主的直播田推荐药剂为 2 甲 4 氯钠、双草醚（农美利）、灭草松、乙氧磺隆；禾阔混生直播田推荐药剂为吡嘧磺隆、五氟磺草胺（稻杰）、氟酮磺草胺、嘧啶肟草醚及其混配制剂。

3. 移栽田杂草的化学防除　水稻移栽田杂草的化学防除，当前的策略是狠抓前期，挑治中期后期。通常是在移栽后的前（初）期采取土壤处理以及在移栽后的后期采取土壤处理或茎叶处理。前期（移栽前至移栽后 10 天），以防除稗草及一年生阔叶杂草和莎草科杂草为主；中后期（移栽后 10～25 天）则以防除扁秆藨草、眼子菜等多年生莎草和阔叶杂草为主。具体的施药形式可以在移栽前、移栽后前期和移栽后中后期 3 个时期进行。

（1）苗前封闭处理。可用苄嘧磺隆、丁草胺、扑草净、乙氧氟草醚、异噁草松、异丙草胺、仲丁灵、克草胺、丙炔噁草酮等。

（2）苗后茎叶处理。禾本科杂草为主的移栽田推荐药剂为二氯喹啉酸（快杀稗）、氰氟草酯（千金）、禾草敌、禾草丹、敌稗；阔叶杂草为主的移栽田推荐药剂为氯氟吡氧乙酸、双草醚（农美利）、灭草松、西草净、乙氧磺隆；禾阔混生移栽田推荐药剂为吡嘧磺隆、莎稗磷、五氟磺草胺（稻杰）、双环磺草酮、乙氧氟草醚、氟酮磺草胺、噁草酮、嘧苯胺磺隆、苄嘧磺隆、嘧啶肟草醚等。

在水稻田施用除草剂，除要求必须撤干水层喷洒到茎叶上的几种除草剂外，其他都应在保水条件下施用，并且大部分药剂施药后需要在 5～7 天内不排水、不落干，缺水时应补灌至适当深度。

三、麦田杂草的发生与防除

（一）麦田杂草的发生与分布

小麦是我国的主要粮食作物之一，分春小麦和冬小麦，主产区在长江流域、黄淮海和西北地区。小麦田杂草多达 300 余种，其中为害较重的有 40 余种。

冬小麦主要分布在黄淮海区域以及淮河以南长江中下游区域，占小麦产区的 90％以上。长江中下游区域主要以禾本科杂草为主，如看麦娘、日本看麦娘、硬草、茵草、早熟禾、棒头草等。阔叶杂草主要有牛繁缕、繁缕、猪殃殃、大巢菜、藜、小藜、蓼、婆婆纳、稻槎菜、碎米荠、酸模叶蓼、雀舌草、播娘蒿、荠菜、野油菜等。黄淮海区域冬麦田杂草种类多，群落复杂。主要以播娘蒿、荠菜、雀麦、节节麦、猪殃殃、野燕麦、小花糖芥、麦家公、泽漆、婆婆纳、刺儿菜、麦瓶草、打碗花等为主，部分区域大穗看麦娘、多花黑麦草发生严重。黄淮海区域稻麦轮作麦田的杂草种类与南方相似，看麦娘和日本看麦娘为多，部分麦田硬草、茵草、棒头草、碎米荠、风花菜、大巢菜等为害严重。山西、陕西黄土高原冬小麦田以刺儿菜、藜、独行菜和离子草等发生较重。

冬小麦田越年生杂草在 10 月中下旬到 11 月中旬，有一个出苗高峰期，出苗数占总数的 95％。翌年 2 月下旬到 3 月上中旬，还有少量杂草出苗。越年生杂草密度大，生长期长，抢占空间早，竞争力强，对小麦的危害重，是防治的重点。冬小麦田杂草的发生量与茬口、播期和耕作制度有关，受气温和降水影响较大，冬前气温高、播种早、降温迟缓、雨水充足，往往杂草发生较重，反之则轻。冬小麦在冬季有一个杂草死亡过程，迟播麦田在寒冷干旱的年份杂草自然死亡率较高，而一般年份正常播期的麦田杂草死亡率较低。

对春小麦田危害严重的杂草有 20 余种，主要有野燕麦、猪殃殃、藜、卷茎蓼、酸模叶蓼、香薷、雀麦、旱雀麦、田旋花、鸭跖草、狼把草、萹蓄、野荞麦、鼬瓣花、柳叶刺蓼、狼把草、苣荬菜等。青藏、云贵川海拔高寒春麦区主要杂草有播娘蒿、荠菜、野燕麦、藜、田旋花、猪殃殃、荞麦蔓、密花香薷、节裂角茴香、萹蓄等。陕、甘、宁、蒙春麦区主要杂草有野燕麦、猪殃殃、密花香薷、雀麦、旱雀麦、田旋花、藜、酸模叶蓼、苣荬菜、离子草、刺儿菜、萹蓄、荞麦蔓等。东北春麦区主要杂草有野燕麦、藜、灰绿藜、滨藜、萹蓄、鸭跖草、鼬瓣花、柳叶刺蓼、狼把草、苣荬菜等。

春小麦田杂草的发生与早春气温和降水量密切相关，早春气温高，降雨多，化雪解冻早，杂草就发生严重，反之则晚而轻。杂草通常在 3 月初开始发生，盛发期在 4 月中下旬，到 5 月中旬绝大部分杂草已出苗。

（二）麦田杂草的化学防除

1. 苗前土壤处理 冬小麦田推荐除草剂品种有绿麦隆、特丁净、异丙隆等。春小麦田可施用绿麦隆。

2. 苗后茎叶处理 冬小麦田宜在杂草 2～4 叶期进行苗后茎叶处理。①防除禾本科杂草推荐药剂：炔草酯、精噁唑禾草灵、三甲苯草酮、唑啉草酯。②除阔叶杂草推荐药剂：2 甲 4 氯钠、氯氟吡氧乙酸、苯磺隆、酰嘧磺隆、2 甲 4 氯二甲胺盐、2，4 -滴异辛酯、双氟磺草胺、溴苯腈、苄嘧磺隆、噻吩磺隆、唑草酮、氯氟吡氧乙酸异辛酯、氯吡嘧磺隆、麦草畏、乙羧氟草醚等。③禾阔兼控推荐药剂：吡氟酰草胺、异丙隆、绿麦隆和甲基二磺隆。

春小麦推荐药剂为精噁唑禾草灵（骠马）、炔草酯、异丙隆、甲基二磺隆。

阔叶杂草和禾本科杂草混合发生的地块，建议选用复配制剂，选择依据应参考针对每种杂草的高效药剂对症选择，如以节节麦、雀麦及阔叶杂草混合发生的地块，用甲基二磺隆＋专用助剂＋氟唑磺隆＋双氟磺草胺等的复配制剂，于小麦越冬前使用。建议选用登记复配产品，未登记的药剂复配组合，在进行混配使用前，应进行田间小面积试验，确定无颉颃作用且不增加对小麦的药害后，再进行大面积推广使用。

四、玉米田杂草的发生与防除

（一）玉米田杂草的发生与分布

玉米是我国的主要粮食作物之一，分春玉米和夏玉米，主产区在东北和黄淮海地区。

春玉米田重要杂草主要有：稗草、狗尾草、马唐、野黍、藜、反枝苋、凹头苋、酸模叶蓼、刺蓼、苘麻、龙葵、苍耳、鸭跖草、铁苋菜、香薷、水棘针、马齿苋、风花菜、苣荬菜、小蓟、大蓟、问荆、打碗花、田旋花、萝藦、葎草、芦苇等。

夏玉米田重要杂草主要有：马唐、稗草、狗尾草、牛筋草、野黍、千金子、芦苇、酸模叶蓼、卷茎蓼、反枝苋、藜、小藜、铁苋菜、马齿苋、苘麻、地肤、鼬瓣花、龙葵、香薷、鬼针草、荠菜、苍耳、鸭跖草、狼把草、风花菜、遏蓝菜、问荆、刺儿菜、大蓟、碎米莎草等，以及小麦自生苗、落粒高粱等。

玉米生长较快，封行早，特别是夏玉米。只有出苗比玉米早或几乎和玉米同时出苗的杂草才对玉米造成严重危害；出苗较晚的杂草对玉米产量影响不大。

春玉米田杂草发生期长，自玉米播种后杂草就开始大发生，杂草和玉米几乎同步生长，随着气温上升，杂草发生进入高峰；一般发生期长，出苗不整齐。夏玉米播期一般在 6 月上中旬，温度较高，玉米与杂草生长较快，在墒情较好时杂草发生集中，一般在播后 10 天即达出苗高峰，15 天出苗杂草数可达杂草总数的 90%，播后 30 天出草 97% 左右。玉米田杂草的发生与多种因素有关，如遇灌水或降雨，可以加快杂草的发生，易形成草荒，而干旱时出苗不齐。

不同栽培管理条件下玉米田的杂草发生种类和数量有所不同，不同耕作条件下，单子叶杂草、双子叶杂草及总杂草发生的消长趋势基本一致，杂草群落也均以单子叶杂草为主，但是，少耕条件下杂草发生数量高于免耕及常规耕作。

（二）玉米田杂草的化学防除

根据杂草发生特点，主要防治时期为播后苗前的土壤封闭处理和3～5叶苗期的茎叶喷雾处理，原则上选择安全广谱高效低残留的除草剂品种，以土壤封闭处理为主、茎叶喷雾处理为辅，采用"一封二除三补"的技术可有效防除玉米田杂草。

1. 播前或播后苗前土壤处理　玉米播后出苗前，用除草剂均匀喷施地表，土壤吸收后形成一个除草封闭层，杂草根、茎吸收后，可抑制、杀死萌发的幼芽，从而控制杂草危害。

春玉米田推荐封闭除草剂：乙草胺、异丙甲草胺混配2，4-滴异辛酯、莠去津、嗪草酮、噻吩磺隆等药剂在玉米播后苗前施药，可有效防除田间常见的多种杂草。丁阿（丁草胺＋莠去津）对土壤墒情要求较高，不宜在干燥的春玉米地施用。

在黄淮海及长江流域夏播玉米区，种植制度多为小麦—玉米一年两熟。以山东、河南、河北为代表的玉米田常用土壤封闭除草剂有：乙草胺、异丙草胺、异丙甲草胺、精异丙甲草胺、莠去津、氰草津、噻吩磺隆、二甲戊灵等。麦收前套种玉米的田块，如果小麦较密、穗数多，麦收后基本无杂草的情况下，可以在小麦收获后直接喷施乙草胺，但喷药时应避开中午或高温天气，以免出苗后的玉米受药害。麦收后免耕播种玉米的田块，由于从收麦到玉米出苗前有一些杂草出土，这些杂草叶龄较大时单用乙草胺防效不佳，可用乙草胺桶混草甘膦，在玉米播种后出苗前用药。田间麦秸较多应适当增加对水量或用药后喷灌。用药前灌水、平整土地，或用药后少量水灌溉（有喷灌条件的地方最好喷灌），促进杂草种子萌发，均会提高该药的防效。

2. 苗后茎叶处理　春玉米田苗后茎叶处理的除草剂品种主要

有：烟嘧磺隆、硝磺草酮、苯唑草酮、莠去津、氯氟吡氧乙酸、2甲4氯等。烟嘧磺隆、硝磺草酮、苯唑草酮与莠去津混用后有显著的增效作用，对恶性阔叶杂草如刺儿菜、苣荬菜、铁苋菜、鸭跖草具有良好的防除效果。

夏玉米苗期茎叶除草剂解决了土壤处理剂药效受环境影响大的难题，对一年两熟制"贴茬"和"套种"玉米田，麦收后大龄杂草防治效果理想。常用的除草剂品种有烟嘧磺隆、砜嘧磺隆、磺草酮、硝磺草酮、唑嘧磺草胺、苯唑草酮、氯氟吡氧乙酸及其与三氮苯类、酰胺类除草剂的复配制剂。

五、花生田杂草的发生与防除

（一）花生田杂草的发生与分布

花生田主要杂草有马唐、狗尾草、牛筋草、稗草、莎草、铁苋菜、马齿苋、反枝苋、藜、苍耳、龙葵、画眉草等，田间发生密度大。

春播花生有两个出草高峰：第一高峰在播后 10～15 天，出草量占总草量的 50% 以上，是出草的主高峰；第二个高峰较小，在播后 35～50 天，出草量占总草量的 30% 左右；春花生出草历期较长，一般可达 45 天以上。春花生一般在天气干旱时，杂草发生不整齐。

夏花生田马唐、狗尾草的出草盛期在播后 5～25 天，出草量占总草量的 70% 以上；杂草的出土萌发可延续到花生封行。夏花生苗期多为高湿多雨，杂草集中在 6 月下旬至 7 月上旬，发生相对集中。

（二）花生田杂草的化学防除

1. 播前或播后苗前土壤处理 地膜覆盖花生田。春季覆盖地膜的花生地块，多为沙质土、墒情差，夜晚和阴天温度极低，白天强光下温度极高。因此，给保证除草剂的药效和安全增加了难度。

在选择除草剂时，应尽量选择受墒情和温度影响较小的品种，以保证药效；药量选择时，应尽量降低用量，兼顾药效和安全两方面。

推荐除草剂品种有异丙甲草胺、乙氧氟草醚、二甲戊灵、乙草胺、丙炔氟草胺、仲丁灵、噁草酮、异丙草胺等。

2. 苗后茎叶处理　未开展土壤封闭处理的花生田，在杂草3～5叶期，可根据杂草种类选择适宜药剂进行防治。开展土壤处理失败的地块，或者在中耕锄地后新生杂草，根据杂草种类进行杂草防治。在花生苗期锄地、中耕灭茬后，特别是中耕后遇雨，田间有少量出苗杂草，可采用茎叶除草和封闭兼备的除草方法。防治花生田杂草应在杂草密度较小、杂草3～5叶期，及时施药防治。

推荐除草剂品种如下：防除一年生禾本科杂草，可选用高效氟吡甲禾灵、精喹禾灵、精噁唑禾草灵、烯禾啶等。防除一年生阔叶杂草，可选用乙羧氟草醚、乳氟禾草灵（高剂量叶片易出现触杀性药害斑，可恢复）、氟磺胺草醚。防除一年生杂草，可用乙氧氟草醚、甲咪唑烟酸（此药剂当茬有药害、后茬残效期长，慎用）。

六、油菜田杂草的发生与防除

（一）油菜田杂草的发生与分布

我国油菜大致可分为冬油菜和春油菜两种栽培类型。冬油菜占总种植面积的90%，主要分布于黄淮和长江流域。发生的主要杂草可根据农田类型的不同大致分为稻茬和旱茬油菜田杂草。在稻茬油菜田，发生的主要杂草有看麦娘、日本看麦娘、棒头草、牛繁缕、雀舌草、稻槎菜、碎米荠等杂草。在旱茬油菜田，发生有猪殃殃、大巢菜、波斯婆婆纳、黏毛卷耳和野燕麦等。杂草发生高峰主要在冬前，一般于10～11月。由于此时油菜苗较小，草害常造成瘦苗、弱苗和高脚苗，对油菜生长和产量影响较大。春季虽还有一个小的出草高峰，但此时，油菜已封行，影响较小。

春油菜仅占总面积的 10%，大多分布于西北和东北等地。主要发生的杂草有野燕麦、藜、小藜、薄蒴草、密花香薷、刺儿菜和萹蓄等。杂草发生的高峰期在 4 月中旬，出草量可占全生育期的一半左右。除了上述冬春型杂草外，还有夏秋型杂草如稗、反枝苋等，在随后的时间里出苗。

（二）油菜田杂草的化学防除

1. 播前或播后苗前土壤处理

（1）冬油菜土壤处理推荐药剂。如乙草胺、精异丙甲草胺、敌草胺等。以上除草剂均可用于冬油菜的直播田和移栽田。直播油菜田于播后苗前用药，要求土壤湿润。移栽油菜田一般宜在整地后，移栽前用药。免耕油菜田灭茬处理同冬油菜，可用草甘膦＋乙草胺，直播油菜于播后苗前用药。移栽油菜则在移栽前用药。

（2）春油菜土壤处理推荐药剂。如乙草胺、异丙草胺等。乙草胺于播种后出苗前表土喷雾，杀草范围较广，对春油菜田的野燕麦、薄蒴草、遏蓝菜、猪殃殃、节裂角茴香、藜、宝盖草、苣荬菜、微孔草等多种杂草具有较强的毒杀效果，而对密花香薷等的防除效相对较差。

2. 苗后茎叶处理

（1）防除禾本科杂草。如烯禾啶、精吡氟禾草灵、精喹禾灵、高效氟吡甲禾灵、烯草酮等。以上 ACCase 类除草剂在杂草 2～4 叶期均匀喷雾，对油菜田禾本科杂草有较好的防除效果，对油菜生长安全。

（2）防除阔叶杂草。草除灵，在冬油菜直播田油菜苗 6～8 叶期或移栽油菜冬后返青期，阔叶杂草 2～4 叶期前施药。耐药性弱的白菜型油菜应在越冬后期或返青期（6～8 叶期）施药。耐药性较强的甘蓝型油菜在冬前杂草基本出齐，或在冬后杂草出苗高峰后施药，但芥菜型油菜对该药剂高度敏感，禁用。

（3）防除禾阔混生杂草。在杂草 2～3 叶期施用草除灵·精喹禾灵乳油有效防除田间主要杂草看麦娘、牛繁缕及菵草等。

七、大豆田杂草的发生与防除

（一）大豆田杂草的发生与分布

我国大豆栽培已有数千年的历史。东北的春大豆区和黄淮海流域苏、鲁、豫、皖夏大豆区面积、产量最大，约占全国大豆面积和总产的80%，长江流域和华南大豆区占15%～20%。分布广、为害重的杂草主要有禾本科的稗草、马唐、狗尾草、大狗尾草、牛筋草、鳢肠、反枝苋、马齿苋、苍耳、蓼、藜等。

在春大豆区，其杂草的严重为害面积高达90%以上。在夏大豆区，一年二熟或一年三熟，前茬多为小麦，大豆单作或与棉花、玉米间作，杂草的危害也很突出。杂草发生期长、发生量大、种类多。在东北春大豆区，从4～8月经春、夏、秋三季，杂草的发生随季节变化表现出明显的季节性。春季发生型杂草，第一批在4月上、中旬萌发。地温（地下5厘米土层，下同）在−6～0.5℃时，土壤解冻10厘米左右，这时多年生和越年生杂草萌芽出土，如荠菜、问荆、大蓟杂草等。至4月下旬、5月上旬，地温5～10℃时，一年生杂草如野燕麦、藜、卷茎蓼、柳叶刺蓼、猪毛菜、酸模叶蓼、萹蓄和多年生的苣荬菜等大量发生且来势猛，杂草基数大，出草集中。在5月中、下旬至6月中旬，地温稳定在10～16℃时，多数晚春性杂草如稗、狗尾草、菟丝子、鸭跖草、马齿苋、苋菜、苍耳、龙葵和多年生的刺儿菜、芦苇等大量出土。杂草因与作物争肥、争水激烈，为害十分严重，是控制杂草的关键时期。在6月下旬至7月上旬，地温稳定在16～20℃的时，喜温杂草香薷、野苋、马唐、铁苋菜、狼把草、猪毛菜等纷纷出土。同时，由于土层翻动，伏雨来临，可从土壤深层出土的野燕麦、苍耳和鸭跖草等仍在出苗，与作物或其他杂草竞争生长，因而形成农田第二个杂草高峰。

在黄淮海流域苏、鲁、皖夏大豆区杂草在6～8月集中发生，为一个出草高峰。以夏、秋季杂草为主，主要有马唐、牛筋草、狗尾草、稗、反枝苋、鳢肠、马齿苋等。一般在播种5～25天期间出草率达90%左右，整个出草期持续40天左右。

（二）大豆田杂草的化学防除

1. 播前或播后苗前土壤处理　土壤处理常用主要除草剂有氟乐灵、二甲戊灵、仲丁灵、精异丙甲草胺、异噁草松、丙炔氟草胺、喹禾糠酯、乙草胺、噁草酮等。播前混土处理用氟乐灵、二甲戊灵、仲丁灵，施药后立即交叉耙地混土，深度3～5厘米，并注意保持土壤湿润，对禾本科杂草防效好，药后7天左右播种大豆。仲丁灵于播后苗前土壤处理，沙土或有机质含量低则用下限剂量，黏土或有机质含量高则用上限剂量。东北地区春大豆田防除阔叶杂草可选用嗪草酮、扑草净，嗪草酮残效期较长，在夏大豆区，如用量过大或施药不匀，易对下茬小麦产生药害，且下茬不宜种植谷子、高粱等敏感作物。

2. 茎叶期处理

（1）防除禾本科杂草。可选用精喹禾灵、高效氟吡甲禾灵、精吡氟禾草灵、烯禾啶、烯草酮、精噁唑禾草灵等。精喹禾灵、高效氟吡甲禾灵、精吡氟禾草灵等使用中要防止雾滴飘移，以免造成下风处水稻、玉米、高粱等敏感性作物产生药害。烯禾啶防除狗芽根、芦苇等多年生杂草应适当增加用量，添加植物油等增效助剂，能提高防除效果。

（2）防除阔叶杂草。可选用氟磺胺草醚、灭草松、异噁草松、三氟羧草醚、乳氟禾草灵、乙羧氟草醚等。灭草松对苋科杂草防治效果稍差；氟磺胺草醚兼防莎草。在干旱、水淹、肥料过多、盐碱地、霜冻、低温（日最高气温在21℃以下）、严重的病虫害等不良环境下，豆苗较弱，不宜使用三氟羧草醚，以免产生药害。

（3）防除禾阔混生杂草。单剂可选用氟磺胺草醚、咪唑乙烟酸等。复配药剂可选用高效氟吡甲禾灵＋氟磺胺草醚、精喹禾灵＋氟磺胺草醚、精喹禾灵＋灭草松＋氟磺胺草醚、精喹禾灵＋异噁草松＋氟磺胺草醚、烯草酮＋氟磺胺草醚、异噁草松、烯禾啶＋氟磺胺草醚＋异噁草松等。

八、棉花田杂草的发生与防除

（一）棉花田杂草的发生与分布

棉花是我国重要的经济作物，主要分布在长江流域、黄淮海和西北地区。

在长江流域棉区，棉花苗期正值梅雨季节，杂草生长旺盛，加之阴雨连绵，不能及时除草，杂草为害极严重。主要杂草有马唐、千金子、牛筋草、稗草、鳢肠、铁苋菜、香附子、马齿苋、刺儿菜、碎米莎草、田旋花、青葙、野苋、波斯婆婆纳、反枝苋、双穗雀稗、苘麻、藜和水花生等。杂草发生有 3 个高峰期：第一个高峰期在 5 月中旬，第二个高峰期在 6 月中、下旬，第三个高峰期在 7 月下旬至 8 月初。

在黄淮海棉区，主要杂草有马唐、牛筋草、狗尾草、稗草、马齿苋、反枝苋、铁苋菜、龙葵、香附子、田旋花和藜等。杂草有 2 个发生高峰：第一个在 5 月中、下旬，第二个在 7 月。

在西北棉区，主要杂草有马唐、稗草、狗尾草、龙葵、田旋花、灰绿藜、苘麻、野西瓜苗和芦苇。杂草有 2 个发生高峰：第一个在棉花播后到 5 月下旬，第二个在 7 月上旬到 8 月上旬。

随着棉花种植方式轮作倒茬、耕作制度的改变，棉田杂草的发生及消长有显著的变化。地膜棉田间生态条件优，杂草发生比露地棉早 31～39 天，80％杂草在播后 26～29 天萌发，早期为害明显严重。麦棉两熟棉田，麦后 10～15 天杂草大量萌发，禾本科杂草占 90％以上。免耕种植可使 90％的杂草种子集中在 0～3 厘米的表层，不利于杂草种子的休眠和存活。水旱轮作有明显的控草效果，为棉田化除创造有利条件。

（二）棉花田杂草的化学防除

1. 播前或播后苗前土壤处理　棉花田土壤处理常用除草剂有

精异丙甲草胺、敌草隆、敌草胺、二甲戊灵、氟乐灵、乙草胺等。

以上药剂均可用于防除露地直播棉田杂草。为了保证除草效果，在土表干燥时喷施氟乐灵和二甲戊灵后须混土。

以上药剂除乙草胺外，均可用于防除地膜棉田杂草。地膜棉由于地膜的覆盖，土壤墒情好、地温高，有利于除草剂活性的发挥，除草剂的使用剂量比在露地低。一般情况下，剂量可减少 1/3 左右。

以上药剂均可用于防除移栽棉田杂草。宜在棉苗移植前用药，但乙草胺也可在棉苗移栽后、杂草出苗前施用。喷施除草剂后再移栽棉花应注意尽量少破坏药层，以免在苗穴中杂草大量发生。

2. 苗后茎叶处理 茎叶期处理常用除草剂：①防除一年生禾本科杂草可选用高效氟吡甲禾灵、精吡氟禾草灵、精喹禾灵、烯禾啶等。②防除一年生阔叶杂草可选用乙羧氟草醚，于棉花行间定向喷雾。③防除禾阔叶杂草可选用草甘膦异丙胺盐、草甘膦，严格按照使用说明书使用。

九、蔬菜田杂草的发生与防除

（一）蔬菜田杂草的发生与分布

1. 东北温带单作蔬菜杂草区 蔬菜一年一熟，主要种植大白菜、甘蓝、马铃薯以及早春温室育苗后夏天移栽到大田的番茄、黄瓜等。主要的杂草有马唐、马齿苋、稗草、藜、灰绿藜、反枝苋、龙葵、凹头苋。

2. 华北暖温带蔬菜杂草区 一年内能种植春夏和早秋两熟蔬菜，主要蔬菜有早春的茄果类和秋天的白菜、甘蓝及萝卜等。主要的杂草有马齿苋、绿狗尾、凹头苋、牛筋草、旱稗、马唐、藜、灰绿藜。

3. 长江中下游亚热带三作蔬菜杂草区 有春夏、秋冬和冬春三季蔬菜，蔬菜种类有茄果类、瓜类、大白菜、甘蓝及叶菜类，如菠菜、青菜等。前两季主要杂草有马唐、千金子、稗草、凹头苋等夏季杂草，为害严重；冬春菜田主要杂草有牛繁缕、繁缕、看麦娘、早熟禾等冬季杂草及早春小藜等，为害比前两季轻。

4. 华南多作蔬菜田杂草区　该区又分为两个亚区：①热带多作菜田杂草亚区，全年可种植番茄、茄子、黄瓜以及青菜、甘蓝、四季豆等。由于雨量集中在春夏之间，加之气温较高，因此杂草集中在春夏季为害。主要杂草有牛筋草、稗草、马齿苋、白花蛇舌草、腋花蓼、千金子、碎米莎草、刺苋、香附子、臭草、草龙等。②南亚热带蔬菜田草害亚区，夏季杂草主要有千金子、马唐、凹头苋、碎米莎草、胜红蓟、牛筋草、马齿苋等。冬春季菜田主要杂草有牛繁缕、看麦娘、裸柱菊等。

5. 云贵川菜田杂草区　一年三作，主要杂草有马唐、凹头苋、牛繁缕、小藜、田旋花、马齿苋、辣子草。在云贵川高原的低海拔地区属热带或南亚热带气候，是我国天然的温室，12月至翌年1～2月可露地种植番茄、茄子、黄瓜等喜温蔬菜。主要杂草有属热带的两耳草和南亚热带的胜红蓟，高海拔处有尼泊尔蓼、欧洲千里光等。

6. 黄土高原单作菜田杂草区　单作蔬菜区，主要种植的蔬菜有大白菜、萝卜以及早春温室育苗初夏移栽的番茄、茄子、黄瓜等蔬菜。主要杂草有藜、驴耳草、西伯利亚蓼、藜、小藜等。

7. 高寒单作蔬菜田杂草区　该区地处海拔2 000米以上的高寒地带，生长季节仅130天左右。主要蔬菜有白菜、甘蓝、萝卜、马铃薯及温室育苗后翌年夏季移栽的番茄、茄子、黄瓜等。主要杂草有灰绿藜、藜、荠菜、繁缕、宝盖草、田旋花等。

8. 西北内陆单作菜田杂草区　主要栽培的蔬菜有大白菜、甘蓝、葱、蒜、马铃薯及温室育苗后翌年夏季移栽的番茄、茄子、黄瓜等。主要杂草有稗草、冬寒菜、反枝苋、凹头苋、绿狗尾、藜、小藜等。

据研究，在不同地方不同种类的蔬菜田里杂草有着不同的发生规律。一年生杂草除画眉草、狗尾草、小蓟、灰绿藜、地锦、铁苋菜、马齿苋、碎米莎草等杂草外，在5～6月才开始发生外，其他多数一年生杂草都在 3 月上旬到 4 月开始发生。藜、小藜、凹头苋、狗尾草、牛筋草、马唐从春天到秋天都可以发生。二年生杂草，如夏至草、鸭跖草的当年种子，6～7 月就开始发芽，一般在 8 月以后开始发生，10 月停止，第二年 3～4 月返青，很快进入旺盛生长期，渐次开花结实，5～6 月种子成熟。黄花蒿较晚，6 月以后开花，最迟到 9 月成熟。白茅、香附子、野慈姑等多年生杂草都在 3～4 月返青，陆续生长并开花结实，冬季地上部枯死，地下营养器官存活。菟丝子、列当等寄生性杂草除在辣椒、菜豆等个别作物上少量发生外，大部分蔬菜基本上未发现寄生性杂草。

（二）蔬菜田杂草的化学防除

蔬菜种类多，轮作倒茬频繁，对除草剂的选择性、残留和残效期要求严格且间（套）作普遍，对除草剂的限选要求高，对作物和蔬菜的安全性问题突出。

1. 播前或播后苗前土壤处理　主要选用的除草剂有二甲戊灵、仲丁灵、异丙甲草胺、氟乐灵、甲草胺、乙草胺、敌草胺等。

2. 苗后茎叶处理　苗后茎叶防除禾本科杂草（杂草 3～5 叶期）选用高效氟吡甲禾灵、精吡氟禾草灵、精喹禾灵、烯禾啶等 ACCase 类除草剂。

十、果园杂草的发生与防除

（一）果园杂草的发生与分布

我国果树种类多、分布广，果树立地环境条件千差万别。杂草的发生特点如下。

1. 杂草种类多　果园发生的杂草包括一年生、越年生和多年生杂草。我国果园常见杂草约有 40 个科、150 多种，主要以菊科、禾本科、萍草科、藜科、旋花科为主。旱田常见杂草是果园杂草的主要组成部分，同时许多荒地、路旁、沟边、田埂的杂草如白茅、狗牙根、芦苇、独行菜、蒺藜、罗布麻、牵牛、益母草、曼陀罗、蒿属杂草等也是果园的常见杂草。

2. 发生期长　果园杂草一年四季均可发生。其中一二年生杂草主要是春季杂草或夏季杂草。春季杂草在早春萌发，晚春时生长迅速，初夏时开花结籽，以后逐渐枯死。春季杂草以阔叶杂草为主且阔叶杂草比禾本科杂草发生早，生长比夏季杂草相对缓慢，不易形成草荒。夏季杂草初夏开始发生，盛夏生长旺盛，秋季结实枯死。夏季杂草以禾本科杂草为主，发生比阔叶杂草早，群体密度大，且恰逢高温、多雨季节，杂草生长迅速，易形成草荒，为害严重。

3. 多年生杂草多　如白茅、乌蔹莓、水花生、蒿属杂草、打碗花、狗牙根、双穗雀稗、香附子、刺儿菜和芦苇等繁殖能力强，地下繁殖器官不易根绝。

4. 果园杂草的发生有区域性特点　南方果园有许多热带杂草如脉耳草、龙爪茅、含羞草等；北方果园杂草有许多温性和耐旱杂草占优势，如藜、萹蓄、白茅、刺儿菜等。不同的土壤类型，杂草群落的组成有差异。如盐碱土上主要生长耐盐碱的市藜、地肤、碱蓬等。

5. 不同类型果园杂草发生情况不同　如种子萌发的实生苗圃或留植、扦插、嫁接不久的幼苗圃，杂草发生量大，为害重；新开垦的幼年果园往往以白茅、刺儿菜、打碗花、狗牙根、香附子等多年生杂草为主，而且杂草发生量较大；成年果园树冠大，一般以一年生单、双子叶杂草为主，树冠下主要是双子叶杂草，株行间空地多数为单子叶杂草。因此，在制定果园杂草防治时应充分研究和掌握杂草的发生、组成和演变规律。

（二）果园杂草的化学防除

从杂草分类看，防除一年生杂草和多年生杂草是果园杂草的防治目标。一年生杂草有稗草、牛筋草、虎耳草、马唐、狗尾草、苋菜、龙葵、一年蓬、小飞蓬、苍耳、苣荬菜、刺儿菜等；多年生杂草品种有禾本科的白茅、芦苇和莎草科的香附子等。

从杂草发生时间看，应重点防除晚春型和夏型杂草。早春型杂草发生早、种类少、寿命短，如藜、萹蓄、荠菜等，若发生量大，则应予以防除。晚春型和夏型杂草数量大，生长茂盛，寿命长和果树共生，为害果树严重，是防除的重点。如酸模、蓼、反枝苋、刺苋、龙葵、苍耳、苣荬菜、车前草、稗草、狗尾草、黄花蒿、碎米莎草、香附子、马唐、牛筋草、牵牛花等杂草，6～8月是防除的关键时期。

从杂草的植物分类学看，禾本科杂草、菊科杂草和莎草科杂草是发生量最大的杂草，其中禾本科杂草的发生量占50%～80%，成为果园的优势杂草种群。菊科杂草虽然数量不及禾本科杂草，但覆盖面积大，为害时间长，单株重量大。莎草科杂草分布面积广，生活力强，繁殖快，是果园除草的重点之一。但蓼科、藜科、旋花科、马刺苋科、苋科等在某些地方的果园有明显的优势，也应予以重视。

果园杂草在开展防治时，以一年生杂草为主的果园或苗圃应以土壤封闭处理为主，茎叶处理为辅；以多年生杂草为主的果园或苗圃则以茎叶处理为主，土壤封闭处理为辅；幼苗果园常套种作物，而实生苗圃难以定向喷雾，则要施用选择性较强的除草剂。成年果树根深株大，化学防除位差选择性强，对化学防除有利。不同的果树品种、树龄，对除草剂的敏感性或抗药性不同，具体用药过程中，必须因地制宜，坚持先试验后用药，确保安全用药。

1. 土壤处理　果园杂草土壤封闭处理常用除草剂有西玛津、莠去津、扑草净等。西玛津一般在4～5月，在果园杂草处于萌发盛期出土前，进行土壤处理，均匀地撒施或喷施在土壤表面。其用药量受土壤质地、有机质含量、气温高低影响很大。一般气温高、有机质含量低、沙质土用量少，药效好，但也易产生药害；反之用量要高。莠去津杀草谱较广，可防除多种一年生禾本科和阔叶杂草。

在4～5月，田间杂草萌发高峰期，先将已出土大草和越冬杂草铲除，然后对水均匀喷布土表。桃树对莠去津敏感，不宜在桃园使用。扑草净对刚萌发的杂草防效最好，杀草谱广，可防除稗草、马唐、千金子、野苋菜、蓼、藜、马齿苋、看麦娘、繁缕、车前草等一年生禾本科及阔叶草。在一年生杂草大量萌发初期，土壤湿润条件下，对水均匀喷布土表层。注意严格掌握施药量和施药时间，否则易产生药害；有机质含量低的沙质和土壤不宜使用；施药后半月不要任意松土或耘耥，以免破坏药层影响药效。

2. 茎叶处理 果园杂草茎叶处理常用除草剂有草甘膦、草甘膦铵盐、草甘膦异丙胺盐、敌草快、乙氧氟草醚、草铵膦等。

草甘膦为广谱灭生性内吸除草剂，一般要 7～10 天见药效。主要防除果园内一二年生禾本科、莎草科及阔叶杂草，对多年生杂草白茅、狗牙根、香附子等杂草也有良好防效。草甘膦在杂草生长最旺盛、株高 15 厘米左右时喷药最好。其用药量视不同的杂草群落而有差异，以阔叶杂草为主的果园，每亩用 41％草甘膦水剂 180～250 毫升；以一二年生禾本科杂草为主的果园，每亩用 41％草甘膦水剂 360～500 毫升；以多年生深根杂草为主的果园，每亩用 41％草甘膦水剂 500～600 毫升。施药时，先将药剂加水 30～50 升稀释成药液，再加入有机硅等助剂，充分搅拌、均匀喷洒杂草茎叶。如果天气干旱高温时，在不增加药量情况下，分次施用比一次施用效果好。即第一次用全量的 40％，隔 3～5 天后再喷一次。施药时注意风向，尽量低喷，药液只能触及杂草，不能接触绿色树皮、嫩枝、新叶片和生长点，以免引起果树药害。草甘膦在土壤中迅速分解，没有持效期。

草铵膦为广谱触杀型除草剂，低毒、安全、快速、环保；与草甘膦杀根不同，草铵膦先杀叶，通过植物蒸腾作用可以在植物木质部进行传导。用于防除果园一年生和多年生禾本科及阔叶杂草，如看麦娘、马唐、稗、野生大麦、多花黑麦草、狗尾草、野小麦、野玉米、羊茅等；特别是对耐受草甘膦的部分恶性杂草如牛筋草、马齿苋、小飞蓬等效果非常好，在草甘膦产生抗性的地区可作为草甘膦的替代品使用。建议 15℃ 以上，光照条件好、空气湿润的情况下均匀喷施杂草茎叶，药效好，见效快，用药 3 天后明显见效。

第五节 开方抓药（农药处方）

一、开方抓药防水稻病虫草害

（一）育苗期或秧田期

水稻幼苗容易受到低温、病虫害的影响，影响发芽率与幼苗生长。这个时期的水稻病害主要有水稻立枯病、苗瘟病、恶苗病，水稻害虫主要是稻蓟马。

防治措施：针对苗期病虫害最有效最经济的方式是通过种子处理进行防治，常用的药剂有噻虫嗪、咯菌腈、精甲霜灵、咪鲜胺、噁霉灵等进行种子处理。

（二）幼苗期

1. 杂草防除 稻田常见杂草种类有约 100 种，其中分布广、为害重的最主要稻田杂草是稗草、鸭舌草、牛毛毡、水莎草、矮慈姑、节节菜、异型莎草、眼子菜、扁秆藨草等；分布较广的常见稻田杂草有萤蔺、千金子、鳢肠、日照飘拂草、水苋菜、田字萍、茨藻、黑藻、陌上菜等。此外，圆叶节节菜、尖瓣花等在南亚热带和热带稻区为害较重；芦苇、扁秆藨草、泽泻、水绵等主要在北方的温带稻区形成危害。

幼苗期的水稻主要受杂草的危害，在水稻播种后第 7～10 天会有第一个出草高峰，杂草以稗草、鸭舌草为主，千金子的发生还会晚 3 天左右，第二出草高峰在播种后第 20 天左右，以阔叶杂草和莎草为主。

采用"一封二除三补"的技术可有效防除水田杂草；也可通过苗前封闭、苗后早期封杀和苗后茎叶处理，防除杂草。

（1）直播田杂草的化学防除。直播水稻可分为水直播稻和旱直播稻两类，其杂草发生规律大体趋势都有两个杂草发生高峰。针对直播稻田杂草发生规律，应贯彻以化学防治为重点，农业防治与化学防治相结合的综合防治策略，以苗压草、以药灭草、以水控草、以工拔草。应及时采取"一封二除三补"的化学除草技术体系。具体地区或田块可以一封一补、一封一除、一除一补或一次性除草。播前施药各地可根据当地的播种、栽培方式、草相等情况，合理选用除草剂。

苗前封闭处理：可用异噁草松、仲丁灵、噁草酮和丙草胺。

苗后茎叶处理：禾本科杂草为主的直播田推荐药剂为氰氟草酯（千金）、禾草敌、禾草丹、精噁唑禾草灵；阔叶杂草为主的直播田推荐药剂为2甲4氯钠、双草醚（农美利）、灭草松、乙氧磺隆；禾阔混生直播田推荐药剂为吡嘧磺隆、五氟磺草胺（稻杰）、氟酮磺草胺、嘧啶肟草醚。

（2）移栽田杂草的化学防除。水稻移栽田杂草的化学防除，当前的策略是狠抓前；挑治中期后期。通常是在移栽后的前（初）期采取土壤处理以及在移栽后的后期采取土壤处理或茎叶处理。前期（移栽前至移栽后10天），以防除稗草及一年生阔叶杂草和莎草科杂草为主；中后期（移栽后10～25天）则以防除扁秆藨草、眼子菜等多年生莎草和阔叶杂草为主。具体的施药形式可以分在移栽前、移栽后前期和移栽后中后期3个时期进行。

苗前封闭处理：可用苄嘧磺隆、丁草胺、扑草净、乙氧氟草醚、异噁草松、异丙草胺、仲丁灵、克草胺、丙炔噁草酮等。

苗后茎叶处理：禾本科杂草为主的移栽田推荐药剂为二氯喹啉酸（快杀稗）、氰氟草酯（千金）、禾草敌、禾草丹、敌稗；阔叶杂草为主的移栽田推荐药剂为氯氟吡氧乙酸、双草醚（农美利）、灭草松、西草净、乙氧磺隆；禾阔混生移栽田推荐药剂为吡嘧磺隆、莎稗磷、五氟磺草胺（稻杰）、双环磺草酮、乙氧氟草醚、氟酮磺草胺、噁草酮、嘧苯胺磺隆、苄嘧磺隆、嘧啶肟草醚等。

在水稻田施用除草剂，除要求必须撤干水层喷洒到茎叶上的几种除草剂外，其他都应在保水条件下施用，并且大部分药剂施药后需要在5～7天内不排水、不落干，缺水时应补灌至适当深度。

2. 虫害防治　在水稻分蘖前的苗期、秧苗期和本田初期，主要病害是白背飞虱传播的黑条矮缩病。防治方法：主要通过防治白背飞虱控制病害发生。用25％噻嗪酮可湿性粉剂、50％吡蚜酮可湿性粉剂、80％烯啶·吡蚜酮水分散粒剂等进行防治。直播田在播种后7～10天用药。

（三）分蘖期—拔节期

主要防治纹枯病和第一代二化螟。

药剂推荐为30％苯甲·丙环唑乳油、240克/升噻呋酰胺悬浮剂、30％己唑醇悬浮剂、5％井冈霉素水剂、60％嘧菌酯·戊唑醇水分散粒剂、20％氯虫苯甲酰胺悬浮剂。

大龄禾本科杂草与阔叶杂草和莎草：这时的大龄禾本科杂草主要是稗草和千金子，防治难度大，需要增大五氟磺草胺、氰氟草酯、噁唑酰草胺等产品的用量进行防治。对于大龄阔叶杂草和莎草，可以用灭草松进行防治，对于密度大、草龄大的情况，需要配合2甲4氯或者氯氟吡氧乙酸进行防治，但是要注意2甲4氯需要在水稻拔节之前使用，否则容易产生药害。

（四）孕穗抽穗期

主要害虫为稻飞虱、稻纵卷叶螟、第二代二化螟。防治方法：80％烯啶虫胺·吡蚜酮水分散粒剂、50％吡蚜酮可湿性粉剂、48％毒死蜱乳油、5％阿维菌素乳油、10％氯虫苯甲酰胺悬浮剂等。

主要病害为穗颈瘟、稻曲病、纹枯病。防治方法：可选用75％三环唑干悬浮剂、40％稻瘟灵乳油、60％嘧菌酯·戊唑醇水分散粒剂，在破口5％时结合穗颈瘟的预防加5％井冈霉素水剂预防稻曲病。

二、开方抓药防玉米田病虫草害

（一）种子期

玉米播种期防治病虫害是整个生育期防治的基础，此期主要的防治重点是地下害虫（金针虫、蛴螬、蝼蛄）、黑穗病、丝黑穗病、根腐病等种传、土传病虫害。防治措施：主要采用种子包衣防治病虫害，主要的药剂有20％福·克悬浮种衣剂防治地下害虫、茎基腐病、黑粉病、玉米螟、地下害虫、黏虫；63％克·戊·福美双干粉种衣剂、7.5％戊唑·克百威悬浮种衣剂、7.5％甲柳·三唑醇悬浮种衣剂、15％克·醇·福美双悬浮种衣剂和20.3％福·唑·毒死蜱悬浮种衣剂防治地下害虫、丝黑穗病；35克/升咯菌·精甲霜悬浮种衣剂、29％噻虫·咯·霜灵悬浮种衣剂、11％精甲·咯·嘧菌悬浮种衣剂防治茎基腐病；46％噻虫嗪种子处理悬浮剂防治蚜虫。

（二）苗期

1. 病虫害防治 玉米苗期地下害虫发生遍及全国各地，包括蝼蛄、蛴螬、金针虫、地老虎、油葫芦、根象甲等10余类。病害主要有玉米丝黑穗病、茎腐病等。

结合防治玉米丝黑穗病和玉米地下害虫进行种子包衣，推荐使用药剂为精甲·苯醚甲、甲·戊·嘧菌酯、甲霜·戊唑醇、精甲·咯·嘧菌、噻虫·咯·霜灵。

2. 草害防除 春玉米田重要杂草主要有稗草、狗尾草、马唐、野黍、藜、反枝苋、凹头苋、酸模叶蓼、刺蓼、苘麻、龙葵、苍耳、鸭跖草、铁苋菜、香薷、水棘针、马齿苋、风花菜、苣荬菜、小蓟、大蓟、问荆、打碗花、田旋花、萝藦、葎草、芦苇等。

夏玉米田主要发生杂草有马唐、稗草、狗尾草、牛筋草、野黍、千金子、芦苇、酸模叶蓼、卷茎蓼、反枝苋、藜、小藜、铁苋菜、马齿苋、苘麻、地肤、鼬瓣花、龙葵、香薷、鬼针草、荠菜、苍耳、鸭跖草、狼把草、风花菜、遏蓝菜、问荆、蒿属、刺儿菜、大蓟、碎米莎草、香附子等，及小麦自生苗、落粒高粱等。

根据杂草发生特点，主要防治时期为播后苗前的土壤封闭处理和3～5叶苗期的茎叶喷雾处理，原则上选择安全广谱高效低残留的除草剂品种，以土壤封闭处理为主、茎叶喷雾处理为辅，采用

"一封二除三补"的技术可有效防除玉米田杂草。

（1）播前或播后苗前土壤处理。玉米播后出苗前，用除草剂均匀喷施地表，土壤吸收后形成一个除草封闭层，杂草根、茎吸收后，可抑制、杀死萌发的幼芽，从而控制杂草危害。

春玉米田推荐封闭除草剂：乙草胺、异丙甲草胺混配 2，4 -滴异辛酯、莠去津、嗪草酮、噻吩磺隆等药剂在玉米播后苗前施药，可有效防除田间常见的多种杂草。丁阿（丁草胺＋莠去津）对土壤墒情要求较高，不宜在干燥的春玉米地施用。如乙草胺每亩用50％乙草胺乳油 120～300 毫升（有效成分 60～150 克），对水40～50升均匀土壤喷雾处理，可以有效防治禾本科和小粒阔叶杂草，但对某些阔叶杂草如苘麻、铁苋菜、鸭跖草等防效不理想，推荐与莠去津等三氮苯类除草剂混用扩大杀草谱，混用剂量为每亩50％乙草胺乳油 100～150 毫升加 38％莠去津悬浮剂 100～150 毫升或加 75％噻吩磺隆干悬浮剂 1～1.3 克。

在黄淮海及长江流域夏播玉米区，种植制度多为小麦—玉米一年两熟。以山东、河南、河北为代表的玉米田常用土壤封闭除草剂有乙草胺、异丙草胺、异丙甲草胺、精异丙甲草胺、莠去津、氰草津、噻吩磺隆、二甲戊灵等。麦收前套种玉米的田块，如果小麦较密、穗数多，麦收后基本无杂草的情况下，可以在小麦收获后直接喷施乙草胺，但喷药时应避开中午或高温天气，以免出苗后的玉米受药害。麦收后免耕播种玉米的田块，由于从收麦到玉米出苗前有一些杂草出土，这些杂草叶龄较大时单用乙草胺防效不佳，可用乙草胺桶混草甘膦，在玉米播种后出苗前用药。田间麦秸较多应适当增加对水量或用药后喷灌。用药前灌水、平整土地，或用药后少量水灌溉（有喷灌条件的地方最好喷灌），促进杂草种子萌发，均会提高该药的防效。

（2）苗后茎叶处理。春玉米田苗后茎叶处理的除草剂品种主要有烟嘧磺隆、硝磺草酮、苯唑草酮、莠去津、氯氟吡氧乙酸、2甲4氯等。如在玉米苗后 3～5 叶期，一年生杂草 2～4 叶期，多年生杂草 6 叶期以前，用药量为每亩用 4％烟嘧磺隆可分散油悬浮剂

75～100 毫升（有效成分 3～4 克），对水 20～30 升进行茎叶处理。杂草发生密度大种群复杂的田块推荐烟嘧磺隆或硝磺草酮或苯唑草酮与莠去津混用有显著的增效作用，尤其对恶性阔叶杂草如刺儿菜、苣荬菜、铁苋菜、鸭跖草具有良好的防除效果。苯唑草酮在玉米 2～5 叶期用药，5 毫升 30％苯唑草酮悬浮剂＋90 毫升助剂＋70 克 90％莠去津水分散粒剂，对水 15～20 千克/亩，有封杀兼备的功能，控草期可达 35 天以上。

夏玉米苗期茎叶除草剂解决了土壤处理剂药效受环境影响大的难题，对一年两熟制"贴茬"和"套种"玉米田，麦收后大龄杂草防治效果理想。常用的除草剂品种有烟嘧磺隆、砜嘧磺隆、磺草酮、硝磺草酮、唑嘧磺草胺、苯唑草酮、氯氟吡氧乙酸及其与三氮苯类、酰胺类除草剂的复配制剂。如每亩 4％烟嘧磺隆水分散油悬浮剂 50 毫升加 38％莠去津悬浮剂 100 毫升在玉米及杂草 2～4 叶期进行茎叶处理。

（三）穗期

此阶段主要是玉米螟、玉米蚜的危害。防治措施：①撒施颗粒剂。卵孵化高峰期用 8000IU/微升苏云金杆菌悬浮剂，加细沙灌心。②喷雾。可选用 200 克/升氯虫苯甲酰胺悬浮剂、40％氯虫·噻虫嗪水分散粒剂喷雾；40％辛硫磷乳油拌沙土灌心叶；20％福·克悬浮种衣剂种子包衣兼防地下害虫、茎基腐病、黑粉病、地下害虫和黏虫。

（四）花粒期

此阶段主要是玉米大斑病、玉米瘤黑粉病、玉米弯孢菌叶斑病和玉米纹枯病的危害。

可于发病初期结合打除底叶喷施杀菌剂，可选用的药剂包括以下几种：①250 克/升吡唑醚菌酯乳油；②18.7％丙环·嘧菌酯悬乳剂；③70％丙森锌可湿性粉剂；④45％代森铵水剂；⑤17％唑醚·氟环唑悬乳剂；⑥32％戊唑·嘧菌酯悬浮剂。喷雾处理。

三、开方抓药防小麦田病虫草害

(一) 播种期

小麦播种期防治病虫害是整个生育期防治的基础,有利于压低小麦整个生育期的病虫基数。此期主要的防治重点是地下害虫(金针虫、蛴螬、蝼蛄)、黑穗病,纹枯病、根腐病等种传、土传病虫害。

防治措施:①土壤药剂处理。用辛硫磷颗粒剂或吡虫啉颗粒剂防治地下害虫。②种子药剂处理(包括包衣和拌种)。预防全蚀病、纹枯病等种传、土传病害和地下害虫,12.5%硅噻菌胺悬浮剂、2.5%咯菌腈悬浮剂、3%苯醚甲环唑悬浮剂、60%吡虫啉悬浮剂+6%戊唑醇悬浮种衣剂。

(二) 苗期—冬期分蘖期

苗期主要病虫害是锈病、纹枯病、全蚀病、蚜虫、灰飞虱、叶蝉等传毒媒介昆虫,草害主要为播娘蒿、荠菜、猪殃殃、野燕麦、雀麦、节节麦等阔叶与禾本科杂草为主。

1. 病害防治 用40%氟硅唑乳油、10%苯醚甲环唑水分散粒剂、20%粉锈宁可湿性粉剂、20%井冈霉素可湿性粉剂防治锈病、纹枯病、全蚀病。

2. 虫害防治 用啶虫脒、吡虫啉防治蚜虫、灰飞虱、叶蝉;用毒死蜱颗粒剂,拌匀后开沟施入麦垄内,防治蛴螬、金针虫和小麦吸浆虫;也可用辛硫磷加水后,顺麦垄喷浇麦根处,防蛴螬和金针虫。

3. 杂草防除 10月下旬至12月上旬是冬小麦田越年生杂草发生高峰期。此时杂草处于幼苗期,植株小,组织幼嫩,对药剂敏感,杂草2～3叶期为最佳化学除草时期;早春2月下旬至3月上中旬小麦返青期,杂草4～6叶期为补充时期。喷药前后3天内不宜有强降温(日低温0℃或低于0℃),且要掌握在白天喷药时气温高于 10℃（日平均气温 6℃以上）时喷施除草剂。翌年春天，随着杂草生长发育，植株壮大，组织加强，表皮蜡质层加厚，不易穿透，耐药性相对增强，则用药效果会相对较差。因此，冬小麦田化学除草，应改变过去多在春季施药的老习惯，抓住冬前杂草的敏感期施药，不仅可取得最佳除草的效果，而且还能减少某些田间特效期过长的除草剂对后茬作物产生的药害。

冬小麦田间杂草防除技术推荐如下：①以播娘蒿、荠菜、藜等为优势杂草的地块，可选用双氟磺草胺、2 甲 4 氯钠、苯磺隆（非抗性区域）、2,4-滴异辛酯；或者选用复配制剂。②以猪殃殃为优势杂草的地块，可选用氯氟吡氧乙酸、麦草畏、唑草酮或苄嘧磺隆；或含有这些药剂的复配制剂，如氯氟吡氧乙酸＋双氟磺草胺等。③以猪殃殃、荠菜、播娘蒿等阔叶杂草混合发生的地块，建议选用复配制剂，如双氟磺草胺＋氯氟吡氧乙酸，或双氟磺草胺＋唑草酮等。④以婆婆纳为优势杂草的地块，可选用苯磺隆（非抗性区域），或含有苯磺隆的复配制剂，在小麦越冬前使用。⑤防除抗性播娘蒿等，可选用双氟磺草胺与唑草酮、2 甲 4 氯、2,4-滴异辛酯等的复配制剂。⑥防除抗性荠菜等，可选用双氟磺草胺与 2 甲 4 氯、2,4-滴异辛酯等的复配制剂。⑦以看麦娘、日本看麦娘、硬草、菵草（非抗精噁唑禾草灵等 ACCase 抑制剂区域）为优势杂草的地块，可选用精噁唑禾草灵、炔草酯、甲基二磺隆、唑啉草酯、异丙隆等药剂。⑧以多花黑麦草、碱茅、棒头草为优势杂草的地块，可选用炔草酯、唑啉草酯等。⑨以大穗看麦娘为优势杂草的地块，可选用精噁唑禾草灵、炔草酯、甲基二磺隆或唑啉草酯等，小麦越冬前使用；返青期使用甲基二磺隆或唑啉草酯等防效显著下降。

春小麦田间杂草防除技术推荐如下：①以野燕麦为优势杂草的地块，可选用精噁唑禾草灵、炔草酯、异丙隆等。②以雀麦为优势杂草的地块，可选用甲基二磺隆。③以早熟禾为优势杂草的地块，可选用异丙隆、甲基二磺隆。④以节节麦为优势杂草的地块，可选用甲基二磺隆。

阔叶杂草和禾本科杂草混合发生的地块，建议选用复配制剂，选择依据应参考针对每种杂草的高效药剂对症选择，如以节节麦、雀麦及阔叶杂草混合发生的地块，每亩用甲基二磺隆＋专用助剂＋氟唑磺隆＋双氟磺草胺等的复配制剂，于小麦越冬前使用。建议选用登记复配产品，未登记的药剂复配组合，在进行混配使用前，应进行田间小面积试验，确定无颉抗作用且不增加对小麦的药害后，再进行大面积推广使用。

（三）返青期—拔节期

小麦返青至拔节期是小麦全蚀病、纹枯病、根腐病等根腐病和丛矮病、黄矮病等病毒病的又一次侵染扩展高峰期，也是为害盛期。此期是麦蜘蛛、地下害虫和杂草的为害盛期，是小麦病虫害综合防治的一个关键环节。返青—拔节期的重点是以防治麦田草、纹枯病、根腐病为主，兼治小麦白粉病、锈病。

1. 病害防治 戊唑醇、己唑醇或苯甲·丙环唑喷雾。

2. 防治虫害 用吡虫啉加高效氯氟氰菊酯喷雾，或者用阿维菌素。气温高时也可用啶虫脒进行喷雾防治灰飞虱和麦蚜，兼治麦叶蜂；用哒螨灵对水进行喷雾或者用炔螨特进行喷雾防治红蜘蛛；毒土撒施或者用50％辛硫磷乳油或者48％毒死蜱乳油防治地下害虫。

3. 防治草害 10％苯磺隆粉剂＋30％苄嘧磺隆粉剂对水喷雾；10％苯磺隆粉剂＋2，4-滴丁酯对水喷雾，对猪殃殃较多的田块适当加大2，4-滴丁酯用量或配合氯氟吡氧乙酸茎叶喷雾。

（四）孕穗期

孕穗期防治重点以吸浆虫、麦蚜、麦蜘蛛，监测白粉病、锈病、赤霉病、纹枯病等为主。此期主要是防治小麦吸浆虫，其防治策略是以蛹期防治为主，成虫防治为辅。

（五）抽穗期—扬花期

此期主要是吸浆虫、麦蚜、赤霉病、白粉病、散黑穗病及一些禾本科、阔叶杂草。

1. 病害防治 戊唑醇、己唑醇或苯甲·丙环唑对水喷雾。

2. 虫害防治 小麦吸浆虫防治时期在 4 月中下旬的蛹期，可用氯氰·毒死蜱或氧乐果或高效氯氰菊酯进行喷雾防治。麦蚜可用吡虫啉或啶虫脒或氧乐果进行喷雾防治。

（六）灌浆期—乳熟期

灌浆期是多种病虫为害的高峰期，也是防治关键期，重点是麦穗蚜、红蜘蛛、白粉病、锈病，同时可兼治叶枯病等。由于此期各病虫发生时间相近，因此可进行病虫兼治。

防治麦穗蚜可混配杀菌剂和叶面肥进行，达到一喷综防的目的。如果用药后 7～10 天，对于白粉病、锈病的病茎率达 30％以上的地块，应进行第二次喷施防病药物和叶面肥。

各个病虫害混发时一般多用多菌灵或甲基硫菌灵加高效氯氰菊酯或氧乐果，同时加入一些叶面肥（如磷酸二氢钾等）进行综合防治。

麦田红蜘蛛发生严重时，用苯丁·哒螨灵或者阿维菌素喷雾，可有效地防治麦蜘蛛。

（七）成熟期

小麦成熟期是小麦丰产丰收的关键时期，该期要及时防治病虫害，在防治策略上以治疗为主，具有针对性，确保丰收。

四、开方抓药防苹果病虫害

（一）休眠期—萌芽前期

使用寡雄腐霉菌或石硫合剂喷施或涂抹整株树干，防治苹果腐烂病。萌芽前，再次使用石硫合剂喷施整株树干，降低红蜘蛛和蚜虫的发生。

（二）幼果期—果实膨大期

该时期一般使用代森锰锌或代森联防治落叶斑点病、轮纹斑点病，用甲维盐或氯虫苯甲酰胺防治钻心虫，大面积种植的果园，可使用昆虫信息素诱杀。

（三）果实膨大期

使用代森锰锌、代森联防治落叶斑点病、轮纹斑点病；使用寡雄腐霉菌、苯醚甲环唑防治褐斑病、白粉病；用甲维盐或氯虫苯甲酰胺防治钻心虫，大面积种植的果园，可使用昆虫信息素诱杀；使用高效氯氰菊酯、矿物油、螺螨酯防治叶螨和介壳虫。

（四）转色期

该时期一般使用矿物油、螺螨酯防治介壳虫。

五、开方抓药防黄瓜病虫害

（一）育苗

为了防止黄瓜苗期的病虫害发生，一般采取浸种消毒、温汤消毒、种子包衣等方法。

1. 温汤消毒　用 50～55℃温水，将种子放入温水中持续搅动，温水中放置温度计，当水温降到 25℃左右后，静置浸泡 4～5 小时，浸泡后的种子用清水冲洗 2～3 遍，纱布包好，放在 28～30℃的温度下催芽。催芽 72 小时左右，催芽过程中早、晚各用 30℃温水淘洗一次，当 70% 种子露白（出芽）时即可播种。

2. 包衣种子　种衣剂中包含有防治土传病害和蚜虫等有害生物的药剂。现在部分商品种子在出厂前已经包衣，不需要再进行消毒处理，可以直接催芽。

两叶一心后，喷施寡雄腐霉菌、碧护、氨基寡糖素，或其他杀菌剂和植物生长调节剂防病壮苗。喷施螺虫乙酯或悬挂黄板等防治白粉虱。

（二）苗期

定植前，用寡雄腐霉菌和吡虫啉悬浮种衣剂蘸根，促进生长，预防病虫害。

温室黄瓜主要害虫包括蚜虫、粉虱、蓟马、红蜘蛛等小型害虫，可选用苦参碱、藜芦碱、啶虫脒、呋虫胺等药剂叶面喷雾，交替使用。有条件的可释放蚜茧蜂、异色瓢虫等昆虫天敌。

（三）开花初期

此阶段为黄瓜病虫害盛发期，主要有蚜虫、粉虱、蓟马、斑潜蝇等虫害，有霜霉病、白粉病、灰霉病、细菌性角斑病等病害。

一般每 10～15 天，喷施药剂防治一次，药剂应交替使用。可选用以下方案进行防治。

防治土传病害、蚜虫、粉虱等：选用寡雄腐霉菌、氨基寡糖素、氟啶虫胺腈，加有机硅助剂叶面喷施。

霜霉病、细菌性角斑病、蓟马：选用乙基多杀菌素、寡雄腐霉菌、农用链霉素，加有机硅助剂叶面喷施。

（四）盛瓜期

盛瓜期持续时间长，该时期也是病虫害发生高峰期。

防治白粉病、蚜虫、粉虱等：叶面喷施啶虫脒、苯醚甲环唑，加有机硅助剂等。

防治霜霉病、细菌性角斑病、蓟马、斑潜蝇：叶面喷施氟啶虫胺腈、嘧菌酯、农用链霉素、氨基寡糖素，加有机硅助剂等。

防治霜霉病、蚜虫、粉虱：叶面喷施用嘧菌酯、百菌清、溴氰虫酰胺，加有机硅助剂等。

六、开方抓药防蔬菜田草害

蔬菜种类多，轮作倒茬频繁，对除草剂的选择性、残留和残效期要求严格且间（套）作普遍，对除草剂的限选要求高，对作物和蔬菜的安全性问题突出。蔬菜田杂草防控关键是芽前土壤封闭处理。推荐如下。

十字花科蔬菜（白菜、萝卜、甘蓝、油菜、芥菜、雪里蕻、花椰菜、苤蓝）苗前封闭：每亩施48%地乐胺乳油（仲丁灵）200～300毫升，或96%金都尔乳油（异丙甲草胺）50～60毫升，或48%氟乐灵乳油100～150毫升，或50%乙草胺乳油50～90克。

伞形科蔬菜（胡萝卜、芹菜、菠萝、香菜、茴香）苗前封闭：每亩施33%施田补乳油（二甲戊灵）100～150毫升，或48%氟乐灵乳油100～150毫升，或96%金都尔乳油（异丙甲草胺）60～70毫升。

葫芦科蔬菜（冬瓜、南瓜、西瓜、甜瓜、黄瓜、丝瓜、菜瓜、节瓜、葫芦）苗前封闭：每亩施50%大惠利乳油（敌草胺）100～150克，或48%拉索乳油（甲草胺）300～450毫升，或33%施田补乳油（二甲戊灵）100～200毫升，或48%氟乐灵乳油100～150毫升，或48%地乐胺（仲丁灵）乳油200～300克。注意，葫芦科蔬菜严禁用乙草胺封闭。

百合科蔬菜（韭菜、圆葱、小葱、大蒜）苗前封闭：每亩施48%地乐胺乳油（仲丁灵）200～300毫升，或96%金都尔乳油（异丙甲草胺）50～60毫升，或48%氟乐灵乳油100～150毫升，或50%大惠利乳油（敌草胺）100～200克，或50%乙草胺乳油50～90克。

水生蔬菜苗前封闭：每亩施60%丁草胺乳油75～100毫升，或10%农得时（苄嘧磺隆）可湿性粉剂15～25克，或苄嘧磺隆与丁草胺等杀稗药剂混用（用量为各自的1/2～1/3）。注意，应用杂草萌芽前使用上述农药；整田要求平整；除草剂施用时应保持2～

3 天的浅水层。

【学习与思考】

1. 卵菌纲病害有哪些，怎样防治？
2. 蚜虫防治要点有哪些，主要有哪些防治药剂？
3. 水稻田主要有哪些杂草？简述防控措施。

第四章 农药经营基本要求与技能

第一节 设店选址及前期准备

农药的特殊性，决定了农药经营是一项对专业技术要求较高的商品经营行为。农药经营场所位置选择、经营设备设施配置以及经营制度建立等是影响农药经营活动的主要因素。根据农药的商品特点以及相关法律法规要求，开展农药经营活动应当做好以下前期准备。

一、农药经营场所位置选择

农药作为一类特殊的商品应用于农业生产，主要销售对象是农民。农药经营门店的选址应遵循以下原则。

（一）方便购买

选择在农作物集中种植区内或农村集贸市场等附近。由于各个乡镇的农业发展水平、交通条件、商业氛围等方面还有比较明显的差别，在吸引农民购买的能力上强弱不同。农药经营门店应该尽量选址在人气比较旺盛的乡镇，镇上活跃的商业交易、便利的交通等会给农药销售提供更多的机会。

（二）综合分析周边农药经营情况

农药经营门店应设在乡镇交通比较方便、有一定农资经营规模的街道上，并综合考虑周边农药经营店的数量、销售状况、经营时间、年销售额、客户数量、周边农作物种植结构等因素。大多数的农资零售店都会集中在一个街道上，单门独户成不了"市"，自然难以成为农民购买农资的首选。开店前先要进行市场考察，分析这个乡镇可以覆盖的村庄有多大的市场容量、目前镇上的零售点做了多大的市场，估算剩余市场份额是否值得开店。同时，要注意在经营方式、品种、品牌等方面与相邻经营店有所区别，避免引发恶性竞争，导致两败俱伤。

（三）保障经营场所周边的安全

部分农药具有易燃、易爆、易挥发等特点，在设店选址时，应当选择远离住宅区、医院、商业购物区、食品制造和人口稠密的地方；远离经常出现明火的区域，以避免造成人畜中毒或者发生火灾、爆炸等危害公共安全的事故。很多农药对鱼等水生生物、家蚕、蜜蜂等存在安全风险，选址时还应注意远离河流、湖泊、蚕室、养蜂区、水产养殖区，以免造成环境污染和生态失调，给养殖业造成意外损失。

二、合理配置农药经营设备设施

农药经营单位应当具有经营场所和设备设施条件。

（一）经营场所

应具有与其经营规模相适应、独立固定、交通便利的经营场所，建筑面积不小于 30 米^2。专门从事批发或进出口贸易等经营者，与普通的零售农药经营门店的经营方式有较大的区别，其办公场所、会议室等场所均可视为营业场所。

农药经营门店不得将农药与日用百货、粮食、副食品、蔬菜、水果、饲料等商品同店经营，但可以与化肥、种子、农机等其他农业投入品或农业生产资料同店经营，农药经营要有相对独立的区域。

（二）库房

应具有与其经营规模相适应的库房，建筑面积不小于 50 米^2，并符合如下要求。

1. 库房要求与居民区、水源分开，并应设在不易积水或不易水淹的高地上，四周应有围墙并留有消防通道。不允许用窑洞、地下室、燃料库作为农药库房。

2. 农药仓库要门窗严密，地板坚实。根据所经营的农药品种进行合理设计，建筑材料应当以钢筋混凝土为主体结构。经营的农药属于危险化学品的，经营和储存场所、设施、建筑物还应当符合国家相关的规定，建筑物应当经公安消防机构验收合格。

3. 库房应不设立生活用房。

4. 库房应具备地面平整、不渗漏、结构完整、干燥、明亮、通风良好等条件；地面、天花板要采用耐化学腐蚀材料。

5. 库房内应当采取妥善措施来保持合适的温度，不宜过高或过低。

6. 库房内应设置警告牌。

7. 贮存限制使用农药时，要专区存放，有安全的隔离措施。

农药经营者的分支机构，可以与总部共用仓库。专门从事农药出口贸易的企业，其仓库并不一定在本地，在申请农药经营许可时，应当提供其仓库具体地址和相关资料，并作出合理说明和解释。

（三）通风、散热设备和照明设施

农药门面和仓库要求具有通风、散热设备和装卸工具，有安全的电气照明设施，库房顶部装有避雷针。

同时，必须提供足够的照明以便能够清楚阅读产品标签并进行存货检查；电灯应该安装在通道或经常有人来往的区域上方，电灯安装的位置和高度要适当，避免在装卸货物时造成损坏。店内必须通风良好，在炎热的季节要增加排气扇或电风扇辅助通风。

（四）产品展示架（柜）

农药产品展示架（柜）要选用钢架、石材、玻璃等惰性材质，不能用有机合成树脂、木材等易燃材料。

农药展示区和仓储区要能随时上锁，建立严格的农药出入库和销售登记制度，避免儿童、无关人员等接触和农药意外流失。建议在门口、柜台等面对顾客的地方设置"禁止进食""禁止吸烟""接触农药后要洗手"等警告标志，起到警示与提醒的作用。

（五）计算机系统

农药经营必备设施应包括计算机管理系统、电子信息码扫描识别设备等。计算机管理系统能够完成电子进销台账的建立、实现农药可追溯的要求。扫描识别设备的主要类型有带有二维码扫码枪的PC电脑、安装了具备扫描二维码APP（应用程序）的智能手机或移动智能终端等，能通过主流浏览器直接访问识别到的网址，并展示该二维码所对应的农药名称、农药登记证持有人等信息。

（六）消防设备

农药经营必备设施还包括消防器材（包括灭火器、水桶、锹、叉、沙袋等）、安全防护工具（胶皮手套、围裙、橡皮靴子、眼镜眼罩、防毒防尘呼吸器等）、急救药箱（内装解毒药、高锰酸钾、脱脂棉、红汞水、碘酒、双氧水、绷带等物）等。

（七）水源

农药经营门店和仓库应有方便取用的水源，便于工作人员、销售人员、顾客接触农药后及时清洗。

三、加强农药经营内部管理

农药经营单位应当完善内部管理要求，加强内部管理，以保障农药经营活动安全、有序进行。

（一）对经营人员管理要求

如果把农药经营门店比作"医院"，那么农药经营人员就相当于医院的"医生"，因此，经营人员素质的高低，是决定经营成败的关键因素。作为一名合格的农药经营人员，必须熟悉植物保护基本专业知识，熟悉农药相关基础知识，熟悉农药管理相关法律法规，熟悉市场营销理论，熟悉当地农业生产实际，只有上述各方面的知识掌握到一定程度，才能把销售工作做得得心应手，才能根据消费者的描述以及所提供照片、标本等信息，正确判断病虫草害的种类，制定科学的防治方案，推荐合理的农药品种和使用方法，取得消费者的信赖，留住老客户，发展新客户，同时做到守法经营。

1. 对农药经营人员上岗的条件、岗位职责、礼貌用语、佩戴标识（胸牌）等提出相关要求。如：经营人员应当具备中专以上学历或 56 小时专业教育培训机构学习经历、要有义务指导农民合理选购、科学使用农药等。

2. 要求经营人员加强学习。植物保护和农药技术发展很快，农业病虫草等有害生物的发生和流行情况每年都有变化，农药经营人员应时刻保持学习状态，不断丰富专业知识，提高自己业务水平。

3. 从专业知识、法律知识、服务水平、销售业绩等方面对经营人员进行不定期培训及考核，进行综合评定并进行考核。考核不合格的，应当离岗，接受必要的业务培训，考核合格后再上岗。经营人员培训及考核情况应当记入销售人员档案。

（二）对经营台账管理的要求

应当建立农药进货、销售台账等，清楚了解所经营的农药产品的来源、流向、使用反馈等情况，以便发生药效不好、药害等矛盾或纠纷事件后，能够有据可查。经营台账应当包括以下内容。

1. 进货台账的内容和相关凭证的要求。

2. 销售台账的内容和销售凭证的发放要求。

3. 客户（包括使用者和供货商等）对产品的反馈意见记录要求。

4. 农药经营台账的保管要求。

农药经营台账应当真实、完整，如实记录经营的过程，应当至少要保存 2 年以上。

（三）对农药仓储的要求

1. 仓库管理的基本要求，如：农药库房实行专人专管，严禁无关人员入内，仓库保管人员要配备必要的安全防护设备等。

2. 仓库安全基本要求，如：要做好防火防盗的安全措施，仓库通风设施要保持良好，严防火灾、盗窃、中毒等事故发生等。

3. 农药存放基本要求，如：要根据农药的品种、用途、入库日期等科学码放，限制使用农药专区存放等。

（四）对农药安全管理的要求

要坚持"安全第一，预防为主"指导方针，针对农药经营涉及的所有环节，制定安全管理要求，并确保落实到位。

1. 细化岗位操作规程　严格按照《农药管理条例》以及产品标签或说明书的规定销售农药。经营场所农药摆放要规范，现场要时刻留有营业人员，销售时严禁产品混淆、卖错、拿错，销售的农药要有详细台账。取货等直接接触农药的人员，应穿戴防护器具；发生农药渗漏、散落要及时妥善处理。接触农药后要用流动清水将接触部位皮肤冲洗干净，发现不安全问题，要立即向有关部门报告。对购药者当面耐心讲明使用农药防毒规程，指导其正确配药、施药，按照规定的用药量、用药次数、用药方法合理使用农药，防止农药中毒事故发生。假农药、劣质农药需进行销毁处理的，严格遵守环境保护法律、法规的有关规定，按照农药废弃物的安全处理规程进行，防止农药污染环境。

2. 明确应急事故处理程序　发生农药中毒或火灾等安全事故，经营人员要迅速撤离到安全区，立即拨打 119 或 120 急救电话，并组织营救受伤人员，迅速撤离或者采取其他措施保护危害区域内的其他人员。及时向卫生、消防、安监等有关部门报告中毒或火灾等情况，以便迅速控制危险源，及时对农药造成的危害进行检测、监测，测定事故的危害区域、性质和程度，对事故造成的人体、动植物、土壤、水源、空气等现实危害及可能产生的危害，应迅速采取封闭、隔离、抢救等措施进行处置。

（五）做好诚信经营的要求

为了维护消费者合法权益，营造安全放心的消费环境，农药经销商在销售农药时，向消费者作出必要的郑重承诺，而这也是提高农药销量的手段之一。这种承诺应是经营行为的具体体现，不能流于形式，变为一纸空文。常见的经营承诺如下。

1. 诚信经营、保证产品质量、保证售后服务、出现过错包赔。

2. 本店经营的都是国家登记的农药产品，均有《合格证》《质量检验报告》、购货凭证和供货单位营业执照复印件，已将购进农药产品情况进行了《进货台账》备案。

3. 本店所有农药产品全部实行明码标价制度，实行一货一签，货签相符。

4. 本店所售出的每一瓶（包）农药，都附带了本店质量信誉卡。

5. 凡出现所销售的农药产品经执法部门检查不合格或有国家禁用限用成分的农药现象，本店将无条件全部收回所有售出的农药产品。

6. 凡本店所售农药产品，如有质量方面的问题，消费者可以凭质量信誉卡、购货凭证、合同等，向本店提出要求，本店在 24 小时之内负责全部解决。

（六）进货检查验收要求

进行进货检查验收，可以督促产品的销售者、供货者（包括生产者）严把质量关，确保所销售产品的质量，杜绝假冒伪劣产品流入市场，同时，也是《农药管理条例》要求经营者必履行的义务。开展进货检查验收，可以使供需双方及时分清产品质量责任，防止双方在产品交付后发生争议时，互相推诿，损害消费者的合法权益。农药经营者应当在每次进货时都要根据法律、法规和合同的规定进行检查验收。具体查验内容主要如下。

1. 审验供货商的经营资格。

2. 查验并复印所经营农药的有关许可证件等。如农药登记证、农药生产许可证、农药经营许可证复印件、农药产品标准复印件等。

3. 按照《农药标签和说明书管理办法》的规定，验明农药产品标签、说明书的有关内容。

4. 按照产品生产批次向供货商索要产品质量合格证明或者检验报告。对疑似有农药产品质量问题的，必要时可以向农药管理机构查询或委托检验。

（七）农药质量纠纷处理要求

合理解决质量纠纷，可以避免激化矛盾，使纠纷得到妥善处理。在处理相关纠纷时，应当做好以下几点。

1. 明确何种情况属质量纠纷，例如：质量不合格、产生药害、效果不佳等。

2. 明确发生农药质量纠纷的解决办法，例如：协商等。

3. 应当采取的有效措施以及处理纠纷的基本程序，例如：对存在质量问题的送执法部门检测，药害事故请农业农村部门组织鉴定等。

（八）农药废弃物回收与处置要求

农药废弃物的回收与处置，是农药经营者应当履行的基本义务。

1. 承诺履行农药废弃物的回收与处置义务。

2. 明确农药废弃物回收的范围。

3. 农药废弃物存储的规定。

4. 农药废弃物处置的规定。

（九）农药使用指导管理要求

农药经营者指导农民科学、合理使用农药，是《农药管理条例》提出的基本要求。

1. 明确应当向购买人询问病虫害发生情况。

2. 明确经营人员应当正确说明农药的使用范围、使用方法和剂量、使用技术要求和注意事项。

3. 明确规定不得误导购买人。

四、申请营业执照和农药经营许可证

农药经营者应当具备《农药管理条例》所规定的条件。开展农药经营之前，必须先向当地工商行政管理机关申请领取营业执照，向农业主管部门申领农药经营许可证。经营限制使用农药的，还应当符合当地的限制使用农药定点经营布局的要求（详见第五章）。

第二节　农药进货及查验

农药进货环节是影响农药销量和效益的关键因素，而进货查验则是农药经营者应尽的义务。农药经营者在选择农药品种和查验农药产品合法性时，应把握如下几个方面。

一、熟悉当地农业生产和农药使用实际情况

为使购进农药的防治作物和防治对象与当地经常发生的病虫草鼠害相适应，农药经营者应当熟悉当地农作物种类、作物布局、种植方式，病虫草鼠害发生种类、发生时期、发生特点，及时掌握当地使用的主要农药品种、用药量、防治效果，以及病虫草鼠对农药的抗性发展情况等。

二、选择合适的农药品种

农药经营者在购进农药时，应当根据本地农作物病虫害发生情

况等选择合适的农药品种。具体方法如下。

1. 登陆中国农药信息网（www. chinapesticide. org. cn），点击【数据中心】栏目中的【登记信息】，输入作物的名称或防治病虫草害的名称，点击"查询"按钮，可查出用于防治该作物病虫草害的农药名称。

2. 农药经营者也可以参照本书附录中《主要农作物病虫草害防治用药品种》，选择相应的农药品种。

三、选择合适的农药生产企业和产品

确定拟购进的农药品种后，可登陆中国农药信息网（www. chinapesticide. org. cn），根据农药品种查询农药生产企业，并依据拟购进产品的农药登记证号查询农药标签相关信息，确保拟选择的产品既符合经营需要，又符合相关法律法规要求。

同一农药产品，可能有很多不同的国内外厂家登记生产，品牌、价格、服务及效果都会不同，应优先选择高效优质、大品牌的农药品种或质量信誉有保障的农药生产企业的产品。同时，经营者还应当根据自己的经营定位，合理选择不同的农药品牌。

四、选择合适的进货渠道，建立良好供销关系

同一个农药品种，经营者既可以选择从生产厂家直接进货，也可以从一些省级代理销售平台或者本地的代理商处进货。如果能直接从厂家拿货，一般来说因为没有中间渠道，性价比会比较高，价格会比较便宜。但是厂家一般会要求现款进货，同时要求一次订货量较大。同时因为厂家距离远、物流时间长，一般需要提前订货。如果本地有代理批发商，一般则供货速度快，而且有相应的本地一些技术和市场服务等，同时如果资金紧张，一般代理商会提供授信或者赊账周期。

目前农药产品供大于求，上游供货方把下游农药经营者当成上帝对待，千方百计争取农药经营者，而下游农药经营者习以为常，真正把自己当成上帝看，这是不对的。没有上游供货方的支持，农

药经营者在市场上就失去了竞争力。供货方手中的好产品首先交给好的经营者来分销，供货方会对好的农药经营者提供更多更好的送货、技术、市场保护的服务。所以农药经营者应该与供货方和谐相处。

五、签订进货合同

对选定拟购买的产品，与生产企业或上游经营者签订产品定购合同。定购合同应当至少包含以下内容。

1. 农药名称、有效成分含量和剂型。
2. 农药的生产企业及联系方式。
3. 农药的数量、包装规格、价格。
4. 到货时间、验收方式、付款方式。
5. 产品的质量责任或违规情况的处理。
6. 农药使用纠纷的处理。

六、严把进货关，做好农药进货查验

农药经营单位销售农药，必须做到质量合格，标签规范。

农药产品质量主要包括产品有效成分含量等技术指标是否符合要求、产品是否在质量保证期限内。进货环节是农药经营单位控制产品质量的重要关口。《农药管理条例》对假劣农药做了明确规定。

假农药主要包括四种情形：一是以非农药冒充农药，例如用营养液等根本没有农药功效的物质冒充农药。二是以此种农药冒充其他农药，典型的如标签上标注的是"敌草快水剂"，而其实是"百草枯水剂"。三是农药所含有效成分种类与农药的标签、说明书标注的有效成分不符，这主要是指为提高防效，擅自添加了隐性成分的情形。四是禁用的农药，未依法取得农药登记证而生产、进口的农药，以及未附具标签的农药，按照假农药处理。

劣质农药主要包括三种情形：一是不符合农药产品质量标准的农药，例如标准规定的有效成分含量为 $4.0\% \pm 0.4\%$，而实际含量只有 2%。二是混有导致药害等有害成分的农药，如产品中混入了一些杂质，致使农作物产生药害等。三是超过农药质量保证期的农药，这类农药的效果难以保障，按照劣质农药处理。

要保证经营的农药产品规范合格，可以从以下几个方面进行把控。

（一）从正规渠道进货

按照《农药管理条例》规定，农药经营者不得向未取得农药生产许可证的农药生产企业或者未取得农药经营许可证的其他农药经营者采购农药。也就是说只能从有正规的农药生产企业或其他经营者购进农药，杜绝从非正规渠道进货的行为。由于大多数农药经营者无法掌握农药生产企业或其他经营者的资质情况，因此需要在进货时向供货方索要许可证明文件复印件，如：生产企业的生产许可证、农药登记证和产品标准的复印件、经营单位的经营农药许可证复印件等。不能购进和销售无农药登记证、无农药生产许可证、无产品合格证农药。进口农药标签可以不标注农药生产许可证号，但要标注其境外生产地、产品标准号，以及在中国设立的办事机构或者代理机构的名称及联系方式。

遇到乡镇小推车送货、个人送货上门的，或者某生产企业的业务员推销多个企业产品的，进货需要谨慎，如果推销人员不能提供农药生产许可证、农药登记证等证明性文件复印件的，或伪造证件的，经营者进货后要受到行政处罚，如果购进假劣农药产品，造成药害事故等问题还要承担赔偿责任。

（二）禁止购进的农药产品

1. 国家明令禁止使用的农药（如六六六、甲胺磷等或在本地不得使用的农药，具体见本书附录一）。
2. 无农药登记证的农药。
3. 超过质量保证期的农药（即过期农药）。
4. 生产企业标识不明确的农药。
5. 产品无标签或标签不合格的农药

（三）不宜购进的农药产品

1. 产品使用范围与本地农作物不相符的农药 如某种农药登记的使用范围为柑橘树，在没有种植柑橘树作物的北方地区就不应该购进，否则极易发生对当地农作物防治效果差或药害等事件。

2. 价格明显低于同类产品的农药 不同企业生产的相同农药，价格会有差异。选购农药时不仅要看农药的单价，还应对比有效成分含量、包装重量等。一般情况下，不要购买价格与同类产品存在很大差异的农药。价格明显低于同类产品的，假劣农药的可能性较大。

3. 涉嫌假劣农药 从近几年全国农药监督抽查结果汇总分析来看，如果产品标签上具有以下特征之一，涉嫌假劣农药的可能性较大。

（1）同时标注两个或多个生产企业名称或其他单位名称的（分装、委托加工农药除外）。

（2）标注农药商品名称。

（3）广告宣传语多，含有"保证高产、无毒、无害、无残留"等绝对性语言。

（4）不同生产企业的产品包装相同或相似的。

（5）无标签（裸瓶）或仅有简易打印的标签产品。

（四）查验产品

1. 仔细查验产品 按照《农药管理条例》规定，农药经营者应当查验产品质量检验合格证。经营单位购进农药时，要对农药包装进行严格的检查，包括：查看农药包装是否完整无破损，查验产品质量合格证和标识是否合格，查看标签字迹是否清晰、是否符合有关规定（例如不得标注商品名、限制使用农药应当标注"限制使用"字样等），同时，将农药产品与产品标签或者说明书、产品质量合格证核对无误。如果是 2018 年 1 月 1 日后生产的农药产品，通过扫描标签上的二维码可以看到一个追溯网址，通过追溯网址可查询该产品的生产批次、质量检验是否合格。农药经营者不要采购和销售未附具产品质量检验合格证的农药产品。

农药因生产质量不高，或因贮存保管不当，如外观上发生以下变化，说明农药质量有问题，就可能造成农药减效、变质或失效。

（1）粉剂农药。主要看是否已经结块、受潮，已结块的农药说明保管不善或存放时间长了，一般是减效或失效了。受潮的农药加快了分解，很容易失效。如果是可湿性粉剂，要看它的悬浮率怎么样，如果对水后出现大量的沉淀物，说明此药的悬浮率不合格，就会影响防治病虫害的效果。粉剂、可湿性粉剂农药如有比较多的颗粒，一般是细度达不到要求，属于加工质量不合格；如有色泽不均匀，也可能有质量问题。

（2）乳油农药。要看瓶内是否有分层现象，如有分层且底部有沉淀物，就说明药剂可能是减效或失效。用力振荡使其分散均匀后，放置1小时，若无上下分层出现，说明药剂可能有失效现象，但有的还可以使用；若分层很严重，说明该药已失效了，不能再使用。有的乳油农药虽然含量合格但乳化性能不好，也会影响药效。检查乳化性能的方法是：取少量的药剂倒入已准备好的干净水里，如果立即扩散、呈乳白色，说明药剂乳化性能合格；如果不呈乳白色、不扩散、有油滴，表明此药乳化性不好，防治病虫效果就会下降。

（3）悬浮剂、悬乳剂农药。经摇动后仍有结块现象，说明质量存在问题。

（4）熏蒸用的片剂农药。如果呈粉末状，说明已失效，不能再使用。

（5）颗粒剂农药。如药粉脱落很多，或药粒崩解很重，包装袋中积粉很多，说明质量出现问题。

发现购买的农药产品有假劣嫌疑的，可以送农药质量检测单位检验或投诉维权。

2. 核查农药登记、农药生产许可证等证件号码　核对购进产品的农药登记证、农药生产许可证、产品质量标准号等证明材料是否真实。禁止购进、销售无农药登记证、无农药生产许可证、无产品质量标准和产品质量合格证以及检验不合格的农药。

3. 查验产品标签情况 根据《农药标签和说明书管理办法》规定，农药标签应当注明：农药名称、剂型、有效成分及其含量；农药登记证号、产品质量标准号以及农药生产许可证号；农药类别及其颜色标志带、产品性能、毒性及其标识；使用范围、使用方法、剂量、使用技术要求和注意事项；中毒急救措施；储存和运输方法；生产日期、产品批号、质量保证期、净含量；农药登记证持有人名称及其联系方式；可追溯电子信息码（二维码）；象形图以及农业农村部要求标注的其他内容。

按照《农药管理条例》规定和《农药标签和说明书管理办法》规定，农药经营者应当查验产品包装和标签，不能采购、销售包装和标签不符合规定的农药产品。在每个农药最小包装上都应当印制或者贴有一个独立的标签，不允许和其他农药共用标签或者使用同一标签；也不能以粘贴、剪切、涂改等方式对农药产品标签进行修改或者补充。如果农药产品包装尺寸过小、标签无法标注全部规定内容的，要查看是否附具了说明书，说明书要标注全部内容。经营者购进农药时，要对农药包装进行严格的检查，包括：查看农药包装是否完整无破损，查看标签字迹是否清晰，字体大小、颜色、标注位置是否符合《农药标签和说明书管理办法》规定。

2018 年 1 月 1 日以后生产的农药产品，农药标签和说明书上的商标应使用注册商标（®），不能用 TM 商标，更不能使用商品名。标签上应当标注二维码，二维码具有唯一性，一个标签二维码对应唯一一个销售包装单位。限制使用农药的标签上要标注"限制使用"字样，以红色标注在农药标签正面右上角或者左上角，并与背景颜色形成强烈反差，其字号不能小于农药名称的字号，同时要注明使用的特别限制和特殊要求；用于食用农产品的，标签还会标注安全间隔期。

农药经营者需要核查标注内容是否与中国农药信息网公布的登记核准标签一致，登陆"中国农药信息网"（网址：

www. chinapesticide. gov. cn），在【数据中心】栏目，点击【登记信息】，即可出现"登记数据查询"，然后在【登记证号】数据框中输入该农药产品的农药登记证号，点击"查询"按钮，出现产品的农药登记数据后，点击"登记证号"位置，出现【查看标签】界面，点击【查看标签】即可核查农药登记核准标签内容。或者直接点击主页右下部分【标签数据查询】，进入"标签查询"界面，在【登记证号】数据框中输入产品农药登记证号，点击【查询】，便可查询到该产品登记备案核准标签信息，可将要购进的农药产品标签与网上公布的农药登记核准信息内容进行比对。

在进货查验过程中，如果对产品质量产生怀疑，应当向供货商索要国家认证的法定质检机构出具的质量检验报告，要求生产企业提供产品标准，并判定是否与其标准相符。有条件时也可以与供应商共同封样，送国家认证的法定质检机构进行产品质量委托检验。

七、保留有关凭证

大部分经营者自身不具备对产品质量进行全面检测的能力，农药使用后可能会面临药效不高、产生药害等问题。经营者应当具有较高的责任意识和自我保护意识，可以"先小人，后君子"，事先签订有关合同或索取有关凭证，为划清责任、处理纠纷提供证据。主要包括以下几个方面：①进货合同。②运货凭证。③付款凭证或发票、收据。④产品质量合格证等。

第三节　经营场所内农药摆放要求

农药经营店内的产品区域，应精心设计和管理，通常要用柜台把顾客与陈列区隔开，或把产品放在玻璃柜子里，按农药类别分区摆放、突出主推农药产品。

一、货架摆放农药的原则

农药摆放要遵循以下原则。

1. 液体农药放置在货架下部，固体和粉尘农药放置在货架上部，以免液体农药溢出污染下面的产品。

2. 农药码放高度一般不宜过高，防止倒塌和压坏底部产品。

3. 除草剂不应码放在杀虫剂或杀菌剂的上面，以免因溢出的除草剂而污染导致药害发生。诱饵杀鼠剂要隔离存放，因为它们很容易受到气味浓烈的化学品的影响。

4. 限制使用农药，应设专区或专柜，单独隔离存放在不容易接触到的地方，并设置醒目标识、上锁。

5. 建议在柜台农药展示区要在容易看到的地方贴（标）有警示标语牌，警示牌必须是白底深红色字："农药有毒""禁止吸烟、吃东西、喝饮料""不得将农药卖给 18 岁以下的未成年人"等。

二、货架摆放农药的排序

柜台摆放农药应遵循"方便查看、方便取放"的原则，可按下列方式之一进行排列摆放。

1. 按农药类别设置杀虫剂、杀菌剂、除草剂及植物生长调节剂、杀鼠剂四类农药展示区，并加以标识。

2. 根据农药所适用的农作物和防治对象，分区进行展示。

3. 按农药化学分类分区摆放展示，如杀虫剂展示区又可按有机磷类、拟除虫菊酯类、烟碱类、其他类分区展示。

第四节　农药进销台账要求

农药经营企业应当建立完整的进销台账，这是农药经营者必须履行的法律义务。农药进销台账应当是利用计算机管理系统建立的能够实现农药产品可追溯的电子台账。

一、建立进销台账目的

农药采购和销售台账是农药经营者购销农药活动的客观凭证。农药进销台账制度，有利于实现农药产品可追溯与农产品质量安全可追溯的有效衔接，有利于厘清农药生产者、农药经营者和农药使用者在农药事故的责任，也有利于保障农民用药安全和农产品质量安全。

要求农药经营者建立进销台账，目的是实施农药可追溯管理，解决以下问题：一是追查"问题"农药，确定其来源。当发现药害等事故时，可以根据进销台账的记录，按照生产、经营和使用环节，一个环节一个环节地追查，核定产品流向，最终确定是哪个环节出现了问题。二是搜集证据，明确违法责任。发现问题存在的环节后，就可以明确违法责任，避免推诿扯皮、责任不清，较好地保护合法者的权益。三是为落实农药召回、农药废弃物回收与处置等制度奠定基础。建立了详尽的农药进销电子台账，就能够很好的掌握某一个产品中的每一个批次产品的流向，为召回所销售的问题产品、回收农药废弃物提供了技术支持和依据。

二、进货台账要求

经营企业在进货时，应当做好各项记录，建立完整的电子进货台账。进货台账应当包括如下内容。

1. 农药的名称　一般是标签上标注的农药通用名称，同时，还应注明其有效成分含量和剂型，如：10%吡虫啉可湿性粉剂。

2. 有关许可证明文件编号　主要包括产品的农药登记证号，供货商的农药生产许可证号，农药经营许可证号等。

3. 产品规格数量　所购农药产品最小销售包装是多少。如：××克/袋，××毫升/瓶；进货数量，多少箱，每项多少袋（瓶）等。

此外，进货台账还应当包括生产企业和供货人名称及其联系方式、进货日期、质量保证期及备注等内容。

农药经营者建立进货台账，记录内容务必完整、详实，不得随意更改，不得做虚假记录，同时要做好整理归档，妥善保存，保证方便查阅。进货台账应当保存2年以上。此外，经销商与供货商签订进货合同、供货商出具的购货发票、付款凭证、运输凭证、供货商提供的产品合法性证件复印件，如农药登记证、产品质量检验报告、产品质量合格证等，应当作为进货台账的附件予以一起保存，以便查验。

三、销售台账要求

经营活动必须建立详细完整的电子销售台账，认真开具销售凭证，保证每一笔交易出入库流向明晰，以备发生突发事件或安全事故时，追溯责任。销售台账主要包括购买日期、购买农药名称、购货数量、用途、备注等内容。对定点经营的限制使用农药，要同时记录购药人姓名（单位）、购药人（单位）详细地址（联系方式）等，详细了解销售农药的去向，实现销售可溯源管理。

经营企业在售出农药时，应当为消费者提供销售凭证，销售凭证应当包含所购农药种类、数量、销售企业电话、销售企业有效印章等，并保留存根以备查。同时，经营企业还可以向消费者提供本企业信誉卡、信息反馈卡等服务性内容，并及时收集售后的反馈信息，用于指导今后经营，并建立良好的信誉。

四、电子台账软件的选择

目前，市面上流通的农药经营电子台账种类很多，在电子台账软件系统的选择上，用户可根据自身经营的特点，自主选择电子台账软件系统。但所选配的电子台账软件系统，在功能上应符合《农药管理条例》对农资电子台账记录的要求，应当满足以下几个方面的需求：一是记录内容应当完整。在进货台账方面，能如实记录农药的名称、有关许可证明文件编号、规格、数量、生产企业和供货人名称及其联系方式、进货日期等内容。在销售台账上，能记录销售农药的名称、规格、数量、生产企业、购买人、销售日期等内容。经营限制性农药的，还应能记录购买者的身份证信息，实现实名制购买的要求。二是具有基本的查验功能。例如，当在电子台账系统录入的农药登记证等信息与登记证持有人不符、农药登记证过期等情况时，提出警示信息或者不能录入，帮助农药经营者进行进货查验。三是具有数据传输的功能。《农药经营许可管理办法》要求农药经营者应当在每季度结束之日起 15 天内，将上季度农药经营数据上传至农业农村部规定的农药管理信息平台或者通过其他形式报发证机关备案。因为所选用的电子台账系统，还应具备与将农药经营数据上传至农业农村部规定的农药管理信息平台的功能或者具备数据下载生成 Excel 表格数据功能，方便农药经营者通过 Excel 电子表格等形式报发证机关备案。

　　另外，农业农村部农药检定所官网上的中国农药数字监督管理平台中有免费的电子台账软件，可供广大的农药经营企业使用。

五、台账管理

　　农药经营企业应当认真做好其台账的管理工作。在销售季节结束或年终，经营企业应当将全年的台账整理、归类、编号。对不完整的台账，应及时补充完整。台账应当妥善存放，便于查找。

　　做好台账管理，无论是对经营企业还是管理部门，都有诸多益处。对于经营企业来讲，通过建立经营档案可以记录多年来自身经营的农药品种、销售数量、销售利润等，通过对这些数据的总结分析，可以有针对性地指导销售企业确定进货品种、进货数量，使企业利润最大化，同时，由于具备完整的台账记录，当与供货商发生纠纷时，可以根据经营档案的记录，妥善解决纠纷；对于管理部门来讲，建立农药进销台账，可以详细了解当地农药品种、数量及价格变化，为各级政府机关决策提供依据，可以有针对性的做好农药安全使用工作，确保农产品质量安全，一旦出现农药质量问题、农药药害事件、农产品质量安全事件时可追根查源。

第五节　农药的销售

　　农药是一种特殊的商品，主要应用于农业生产，其销售对象是广大农民朋友，销售区域是农村，在销售方面有如下特点：一是农村市场区域广阔，消费群分散，管理难度大。二是交通条件差，运输成本高，基础设施落后，消费环境差。三是农民可任意支配的收入少，消费力低，价格敏感度高。四是区域文化影响显著，对广告、促销的偏好有明显差异。五是与城市普通居民相比，农民有着自己独特的消费习惯和消费心理等。

针对上述特点，农药销售技巧可以简单地概括为"产品＋技术＋宣传＋服务"。做好这几个方面，就能取得好的效益。

一、经营人员要懂得客户

（一）识别客户类型，懂得农药购买者的心理

农药购买者可以粗分成以下四类。

1. 目标明确型　对自己作物的病虫害种类、需要的农药种类甚至品牌已经非常明确。这种购买者通常不多见。

2. 目标不明确型　只知道病虫害或大致情况，不知道该用什么农药。通常这一类的购买者占相当大的比例。

3. 模棱两可型　对于病虫害有一定认识，但又不敢确定，或者在不同价格、不同品牌农药之间犹豫，拿不定主意。这一类人也很多。

4. 目标相反型　本来是要到别的店买便宜的农药，但又担心效果没有保证。

对于农药零售商来说，掌握农民购买农药的心理，了解其真实需求，为其讲解必需的植保知识和农药知识，通过正确引导，打消其疑虑，才能确保交易成功。

对于第一类购买者，采用建设性提问方式了解其使用情况和效果、存在问题及建议，引导其将使用产品成功经验传给周围其他人，以扩大推广范围。

对于第二类购买者，购买趋向极大程度受店主支配，零售商说一，他们一般不说二。这时几个效果差不多的产品中，首先在保证防治效果的前提下，哪个能交易成功取决于哪个产品利润丰厚以及效果、品牌知名度等。

第三类购买者多是道听途说，一知半解，带着半信半疑的心理来买药。对他们要耐心引导，多介绍产品的独特性、优点、效果以及能给购买者带来的效益。

对于第四类购买者，首先要跟他谈他感兴趣的事，并附和他的一些观点，让他感觉到你关心他、理解他。等他接受你之后，再转向产品优点、特性、效果及成本等方面的介绍，但不能过于神秘，夸夸其谈，要采用科学、类比、渐进的方法，否则事倍功半。

（二）换位思考，多替客户着想

在销售过程中，我们应当学会设身处地替客户着想，把自己比作客户。假如我是客户，我会怎么想？怎么做？如果我们自己都不希望这样的事情发生，那么我们就不要去做这件事。不同的人，他们在背景、知识、兴趣等方面都存在一定的差异，这往往成为销售人员与客户沟通的隐形障碍，如果销售人员能够设身处地从客户的角度思考问题，那么我们就更容易了解客户的需求。

优秀的销售人员关注客户而非产品本身，他们在销售之前往往会站在客户的角度来考虑问题，将心比心，感同身受。这与拙劣的销售人员只顾向客户销售产品而不站在客户的角度去考虑是否真正需要是完全不同的。优秀的销售人员理解客户关注的并不是所购产品本身，而是关注通过购买产品能获得的利益或功效。运用换位思考要求销售人员对客户的购买行为具有详细全面的了解，他们必须能够及时识别出客户的需要，并向客户说明或演示该产品如何能满足他们的需求，解决他们的问题。从这个角度来说，客户购买并不是因为他们理解产品，而是因为他们的需求为销售人员所理解。

通过换位思考，达到好的销售业绩，一是要具备销售实战能力，掌握丰富的产品知识及问题处理技巧；二是要和蔼可亲，容易接近客户，与客户产生共鸣，这样就容易建立关系；三是要对客户以诚相待，不能做那种油头滑脑的路边小贩，只顾吆喝；四是要努力做一个客户的采购向导，把握客户的真实需求，站在客户立场来帮助客户确定采购方案；五是要言行一致，对产品或服务的介绍既不能夸夸其谈，又不能过于谨慎，尽可能做到名副其实。

二、搜集了解农药新政策及信息

（一）了解农药新政策

了解国家有关农药管理新政策和新动向，并及时调整经营方式。比如近年来国家在农药经营管理方面出现了一些新趋势和新动向，提出了绿色发展的理念，并推出了积极有效的措施。农药经营者要顺应并及时跟进，调整经营思路。

（二）收集农业信息

及时了解掌握当地病虫害的发生发展及流行趋势，了解农药最新发展动态，结合销售区域的农作物种植结构特点，对经营的农药种类和数量做好年度或季度规划，做到有针对性进货，避免盲目进货和产品积压。农药经销商应关注中国农药信息网或订阅相关农药杂志，及时了解各地相关农药管理情况，要充分利用互联网络的资源优势，密切关注相关农药信息报导，搜集了解农药药害等案件。尤其应关注国家对农药产品质量监督抽查结果情况，对于抽查存在问题的生产企业和产品，农药经销商应从信誉和长远利益角度出发，引进并销售大品牌、质量信誉有保障、高效优质的产品。

（三）注意消费者信息反馈

农药经销商不能仅仅局限于卖药，还要密切关注和收集消费者对农药使用效果、安全性等信息的反馈情况，详细记录使用中存在的问题，如防效的好坏、是否对农作物产生药害、是否有人畜中毒现象、对天敌等有益生物影响如何，以及农药残留、环境污染是否严重等。若发现问题要及时配合相关部门调查，及时向当地农药监管、植保部门以及农药生产企业反映，以便及时采取补救措施，在下一年度的农药经营中提高警惕，避免类似情形发生。

三、多种形式开展宣传促销等活动

做好宣传促销活动，是农药经营成败的另一个关键因素。现阶段，门店销售仍然是销售的主渠道，门店销售在当前仍有一定的优势。

（一）门店宣传笼人气

实力雄厚的大型的农药经营店可以利用媒体广告、条幅、墙体等户外广告，或者参与其他公益或赞助活动等，提高知名度，扩大宣传范围。小型的农药经营店可以采用张贴广告宣传画等形式在店面内外进行宣传。广告等宣传形式应随着农时季节更替，并经常除旧换新。

（二）促销活动送实惠

充分利用生产厂家或代理商提供的宣传产品，采用一些贴近当地农民需求的买赠形式与内容，聚拢人气。促销活动事前要宣传到位，时间可选在农村集市等，并充分借助厂家资源，加大宣传力度。赠品要与农时及病虫害发生情况相对应，这样才能赢得推广效益。同时，还要注意做好促销活动意见收集，为下次活动做好准备。

（三）示范推广见实效

农药的药效和安全性，往往与农作物品种、使用时间、使用技术、施药方法、天气、土壤等因素密切相关。因此，对于农药新品种应先小面积试验示范，再逐步扩大范围宣传推广，确保农药使用技术、防治效果、作物药害影响等状况心中有数。

对于合作成熟的农药产品，要充分利用厂家样品，利用示范户和种植大户的带动作用开展试用推广，使消费者见到成效，扩大产品影响力。

（四）拓展销售渠道和方式

除了传统销售方式以外，新型销售方式如专业化销售、电子商务、快递配送等也占有一定比例。另外，综合性专业化的农业机械的快速发展，如无人机等的使用提高了农药的使用率，农村电商增加了农药使用者的可选择性。

四、做好经销与服务的有效衔接

在销售模式不断趋于成熟与完美、农药产品利润相对透明的情况下，谁能够提供更加有效的售后技术服务，谁就能够进一步赢得客户。经营者应当从以下几个方面做好技术售后服务。

（一）发布病虫害预防预测信息

结合区域特点，针对示范户和种植大户，开展相应的病虫害预防预测信息服务。如在店内明示当地天气预报走势、主要农作物病虫害发生情况预测、用药注意事项等信息。一些大型的农药经销商与当地农作物种植大户建立了良好的服务关系，通过手机短信和不定期走访相结合的方式推进销售服务。

（二）提供专家咨询服务

近年来的实践证明，凡是农药店里有植保或农技专家坐店从事农药经营活动的，往往比不懂农药或单纯卖农药的效益要好得多。有条件的农药经营单位很有必要聘请实践经验丰富的植保或农业专家坐店，为消费者提供咨询服务，解答消费者提出的问题，帮助消费者正确识别假劣农药和常见病虫害，提供经济有效的防治方法。

（三）做好售后服务

重视售后服务，一旦接到质量投诉或发生药害等安全事故时，在确认是产品质量问题的情况下：一方面先行赔付消费者损失，及时帮助消费者采取必要的补救措施，使消费者的损失降到最低；另一方面，收集相关证据，要求生产企业派人查看现场，追讨赔偿，必要时通过法律维护消费者和自身的权利。如果对事故处理得当，会在很大程度上提升经营者的知名度和信誉度，赢得消费者信任。

（四）创新服务方式

经销商的职责不仅限于把农药卖出去，如何使卖出的农药发挥最大的效益，成为当前一个鲜明的课题。目前，一些地方的大型农药经销商与生产企业联合成立了专门的技术服务团队，开始探索新的经营模式，以提高农药的附加价值，比如承包病虫害防治及施药服务、提供病虫害防治整体解决方案等。

五、客户关系维护

客户关系是指企业为达到其经营目标，主动与客户建立起的某种联系。这种联系可能是单纯的交易关系，也可能是通信联系，也可能是为客户提供一种特殊的接触机会，还可能是为双方利益而形成某种买卖合同或联盟关系。客户关系具有多样性、差异性、持续性、竞争性、双赢性的特征。它不仅仅可以为交易提供方便，节约交易成本，也可以为企业深入理解客户的需求和交流双方信息提供需度机会。维护好客户关系，可以从以下几个方面着手。

（一）建立客户档案

要维护好客户的关系，对于重要客户或大客户，可以建立健全的客户档案，所谓好记性不如烂笔头，不管你有多么聪明的大脑你也不可能记住每一个客户的每一个细节，客户档案的内容不仅限于客户的姓名、年龄等，还要包括客户的主要种植作物、种植面积、历年主要病虫害发生情况以及购买的农药产品类型、使用情况等，越详细越好，这些对于后期维系客户会有非常重要的作用。

（二）与客户保持密切联系

要想维护客户关系，就要经常与客户联系，感情是越走才越亲的，多来往自然关系就会好起来，可以采取电话、短信、微信、QQ 等各种聊天方式与客户保持联系，谈谈他们购买的农药产品用得效果，谈谈他们的爱好，关心他们的孩子等。此外，我们还可以通过为客户提供一定的帮助来拉近距离，例如他们需要某些资料但又得不到时，我们就会帮他办到。甚至，他们生活中碰到的一些困难，只要我们知道又能做到时，就一定会帮助他们，这样，我们与客户就不再是合作的关系了，更多的是朋友关系。

我们还可以通过用心倾听客户诉求的方法来拉近客户的距离。一个好的经营者是要能静下心来听取客户的倾诉，在维护客户关系过程中，一定要耐心听取客户的意见，并能及时判断客户所要表达的意思，就算遇到再怎么难缠的客户也要平心静气，积极想办法帮他解决问题，这样客户会从心底里感激你，也会与你建立长期合作的关系。

（三）建立客户信誉

一个信守原则的人最会赢得客户的尊重和信任。在与客户的交往中一定记得不要轻易许诺，承诺了的事情一旦无法对现将会减少你在客户心目中的信誉度，所以当客户提出任何要求时，你要多用诸如"我尽量帮你想办法""我帮你与企业协商协商"等这样不肯定的语句，给自己留有周旋余地，当然事后还是要想尽一切办法满足客户的要求。比如，适当地推销某些产品是可以接受的，但损害企业、客户甚至别人利益的事情绝不能去做。因为当你在客户面前可以损害企业或别人的利益时，他会担心他的利益也正在受到威胁。另外，在处理质量异议问题时，产品如果真的出现了质量问题，我们应该勇于承担责任，帮客户处理好问题，并道出我最真诚的歉意，这样才能让客户重新相信我们，客户在心目中对你就建立了良好的信誉度，才敢与我们长期合作。

（四）互惠互利原则

销售要讲究策略，很多产品公司会给经营者提供优惠，所以经营者在跟客户交涉过程中，可以先按市场价来商谈，当产品赢得了客户的满意后，在保证利润的前提下可以适当让利给客户，使客户能感觉到你的诚信，愿意与你合作。其实，让利策略如果运用得当，对买卖双方长期合作百利而无一害。生意场上的朋友都是建立在利益共享原则上的，所以发展每一笔业务都要记住利益要共享，每一次合作的成功都是为下一次合作打下一个良好的基础，如果你违背了这一原则，带来的后果是客户的慢慢流失。

（五）及时跟踪原则

现在市场上的同类产品很多，竞争相当大，品牌忠诚度不高，并不是把产品销售出去就万事大吉了，并不是有人成为了你的客户就可以高枕无忧了，客户可能随时会改变主意，采购其他家的产品。所以，产品销售出去后要做好后续跟踪，产品是不是好用，有没有问题需要及时解决或者是否需要进一步的技术服务，等等，让客户从心里觉得你并不是单纯为了赚钱而销售，而是把产品质量放在第一位的。

在做好产品售后服务的同时，应定期给客户问候或者祝福，让客户时时能感觉到你作为一个朋友所应该有的关怀与体贴。中国的节日有很多，每逢过节给予客户一个温馨的问候与祝福，会让客户觉得你是真正的关心他，而不是做做样子。体会到了你的真诚，你才能得到客户的信任与支持。

第六节　特殊问题处理

在农药经营当中会经常遇到农药对农作物病虫草害的防治效果差、出现药害、农产品农药残留超标或人畜中毒、环境污染等事故或纠纷，以及农药废弃物的处理、问题农药的召回等特殊问题。面对这些特殊问题，农药经销商应该调查原因，并按照相关法律法规的规定和要求，积极处理好有关事宜。

一、农药经营纠纷种类及前期处置

（一）防治效果不好

使用者反映农药产品使用效果不好时，农药经营者应当及时收集其他农户使用该产品的防效情况，如有可能，进行实地调查，与使用者共同查询问题产生的原因。

1. 主要原因

（1）产品质量不合格。农药质量有问题势必会造成对农作物的防治效果差。如果农民使用其他厂家的同类农药防效好，仅使用该农药防效不好，则农药产品质量存在问题的可能性较大。

（2）未按标签规定使用。没有严格按照标签上标注的用药量、使用技术、防治作物和防治对象施药。

（3）标签违规。少数农药生产企业擅自修改标签，扩大已登记农药的使用范围，在未经正规试验的情况大规模使用，使用效果可能不好。

（4）环境气候影响。如果是个别反映达不到防效，则有可能是施用方法和气候等环境条件问题造成的，并不一定是农药质量问题。

（5）抗性问题。如果非个别现象，农药经营者需对其他厂家的同类产品防效做调查，如果防效也差，有可能是抗性或气候原因导致。

2. 前期处置

（1）回收已销售的产品。对涉嫌存在质量问题的农药产品，应及时通知生产企业回收，并不再销售给其他农户，避免造成更多损失。

（2）指导使用者及时进行补救。农药经销商应及时指导受害农户采取措施，如更换农药品种或者采取其他补救措施，尽量降低损失。

（二）农作物药害纠纷

农药经营者在销售时，应正确向农户讲解农药使用方法和安全使用注意事项等，以避免药害事件的产生。

1. 主要原因

（1）产品质量存在问题。包括在农药中添加国家禁用农药、未登记农药成分、农药有效成分含量或主要技术控制项目不合格，农药产品中混有有害杂质等。如在玉米田除草剂中添加烟嘧磺隆，在有机氯类杀虫剂中添加有机磷类杀虫剂等，均易引发农作物药害。

（2）未按规定使用农药。农药使用者未按照标签规定的使用方法和注意事项施用农药，如将灭生性的除草剂用于作物上，将农药施用在敏感作物上等；此外，擅自加大用药量或重复施药、农药使用过程中的飘移、喷雾器清洗不干净等均会导致药害产生。

（3）气候环境影响。农药的安全性与气温、土壤水分条件和农作物生长状态等密切相关。如某些农药的使用未考虑到干旱、高温、大风、高湿等气候条件，或者土壤有机质、田间水层等环境条件而引起农作物药害。如在极端气候条件下（春季低温、干旱或高湿）的特殊气候年份，或者局部地区的持续低温、多雨，易引发如乙草胺等使用条件要求苛刻的农药发生药害事故。

（4）标签使用技术或注意事项等内容违规或不科学、不具体。少数农药生产企业擅自修改标签，扩大已登记农药的使用范围，在未经正规试验的情况大规模使用易造成农作物药害。

（5）长残效除草剂造成下茬作物药害。少数除草剂在土壤中残效期可达 2~3 年，对农作物轮作有严格的限定要求。由于我国农作物以小规模种植为主，农作物种植品种多、轮作复杂，农民种植取向基本看市场需要，没有科学的种植计划，加之经营者不向农民说明使用注意事项，易引起对下茬作物药害。

2. 前期处置

发生农作物药害时，应及时报告当地农业主管部门，属于农药质量问题的，不能再销售给其他农户，避免进一步造成损失。农药经销商应在当地农业农村部门的指导下，帮助使用者及时采取措施，降低损失。例如：

（1）及时用清水或碱水冲洗或进行洗田。如水稻田应先进行放水，然后再关水、放水，进行两次。

（2）及时修剪农作物药害部分，将发生药害部分摘除。

（3）喷施微量元素叶面肥，提高作物抵抗力。追施速效肥以恢复作物长势。

（三）人畜中毒事故

农药是有毒物质，在农药运输、销售和使用过程中操作不当，会引起人畜中毒事件。农药经营者在销售时应问清购买者的农药用途（特别是高毒、剧毒农药），详细说明农药使用的安全防护要求，指导农民安全合理使用农药，降低人畜中毒事件的发生概率。

1. 主要原因

（1）假农药。部分生产企业在农药产品中非法添加禁限用高毒农药，但在标签上未标注相关信息。使用者在不知情的情况下，按标注的农药使用，造成人畜中毒。

（2）未按规定正确使用。主要是农户未按农药使用规程操作，如直接用手进行搅拌、撒施；在农药施用过程中未采取相应的安全防护措施；药剂接触人体皮肤；在高温天气长时间施用农药等。特别是高毒农药，使用技术和防护措施要求高，如使用者防护措施不到位，易产生人畜中毒。

（3）未合理处理剩余的农药或施用过农药的农产品。部分使用者随意放置剩余的农药，或未将施用过农药的农产品与其他农产品区分，导致人畜误食产生中毒。

（4）误服或人为服毒。未按规定正确存放农药时，极易导致农药误服，如小孩子误将农药当作饮料饮用，或者某些人选择购买农药用于自杀等。

（5）农药销售中引起的中毒。主要是销售人员用手长期接触农药包装物（沾有农药），或者未按规定实行售卖区与生活区分开，农药污染食品导致中毒发生。

（6）农药残留引起中毒。主要是违法在蔬菜、水果上使用了高毒农药，或者未按安全间隔期规定采收蔬菜、水果，导致农药残留超标等引起中毒。

2. 先期处置　一旦发生人畜中毒事件，农药经销商应及时报告当地农业主管部门并积极协助受害人采取紧急救助措施，同时，携带农药标签尽快到就近的医院治疗，告知医生导致中毒原因。

（1）对经皮中毒者，及时转移中毒者到空气新鲜处，并清洗暴露部位皮肤，脱去污染的衣服。保持呼吸畅通。

（2）眼睛溅入者，立即用流动清水冲洗不少于 15 分钟，如仍感觉不适，应当尽快携标签到医院就诊。

（3）对吸入中毒者，立即离开施用农药现场，转移到空气清新处，及时更换衣物、清洗皮肤，并尽快携标签到医院就诊。

（4）对经口中毒者，应按标签标明的中毒急救措施采取及时救助，并立即携带农药标签到医院就诊。

（四）环境污染事故

1. 主要原因

（1）农药废弃包装物处置不当。农药生产、经营和使用者未很好地履行农药包装废弃物回收义务，农民在使用后将包装物扔在田边地头、林间草丛，或沟河里，易产生环境污染事故。

（2）假劣农药。部分生产企业在产品中非法添加了其他农药，虽增加了病虫害防治效果，但可能污染环境。例如，前几年因农药产品中非法添加氟虫腈，引发大量蜜蜂、鱼虾中毒死亡。

（3）特殊气候条件。在使用农药后发生暴雨等特殊气候条件，导致所施用的农药流入河塘，污染水域。

（4）标签使用技术或注意事项等内容违规或不科学、不具体。少数农药生产企业擅自修改标签，扩大已登记农药的使用范围，在未经正规试验的情况易造成环境污染事故。

（5）使用者使用不当。农药使用者过量使用农药或将农药废液倒入河流等，或在河流、池塘等清洗施药器械，污染水源等。

2. 前期处置　发生环境污染事故时，农药经销商应在当地环境保护、农业部门的指导下，帮助使用者及时采取措施，降低损失。

二、农药经营纠纷处理方式

根据《农药管理条例》和《消费者权益保护法》的规定，经营的农药出现上述纠纷时，农药经销商应该及时调查问题或事故产生的主要原因，与农药使用者共同尽快采取相应的补救措施，收集相关证据并协助消费者处理好维权事宜。

（一）采取补救措施降低损失

根据调查确定的事故产生原因，及时向有关部门咨询，配合有关部门、农药使用者采取补救措施，进一步减少损失。如发生药害时，采取补充施肥或施用合适的植物生长调节剂、加强农田管理等措施，尽可能减少损失。在情况严重时，及时补种或改种其他作物，避免贻误农时。

（二）收集并保留证据

1. 搜集证据　接到消费者反映后，农药经销商应协助使用者收集现场证据。施用农药或发生药害的作物就是农药造成损害的现场证据。因农作物药害的典型表现期短，在保护好损害现场的同时，应立即向当地农业主管部门反映，请他们通过摄像、照相等手段来记录田间造成损害的情况，为下一步鉴定工作打下基础。

2. 查验农药购销凭证　及时查看消费者提供的农药购买凭证，确认是否为本店出售的产品。查找与生产企业的购货合同及相关凭证，及时与农药生产企业联系，告知农药纠纷事宜。

3. 保存好相关农药的包装物等　农药经销商应保存好发生纠纷的农药产品，暂时不再予以销售，有条件的，可以将同批次产品送到有检测资质的单位进行检验，进一步确认产生纠纷的原因，以便分清责任，及时解决问题。

4. 申请鉴定　可以向有关行政管理部门或者有资质的鉴定机构提出申请，请他们依法组织农业科研、教学、应用推广和管理等部门专家对药害事故进行技术鉴定，并形成书面鉴定意见。

（三）依法维权

农药经营者应当根据事故产生的具体原因，凭相关证据划清主要责任，依据《消费者权益保护法》《产品质量法》和《农药管理条例》等规定予以处理。

1. 与受害者协商和解　因施用假劣农药产品遭受损害时，应根据有关部门作出的技术鉴定，对农药使用者予以先行赔偿。在赔偿后，可以向生产企业进行追偿，以弥补损失。

2. 向政府有关主管部门申诉或要求消费者协会调解　对于无法认清责任的纠纷，可以与受害者一起向有关行政主管部门（包括各级农业行政管理部门、工商行政管理部门、质量技术监督管理部门等）申诉，或者要求消费者协会出面进行调解。

3. 向人民法院起诉　司法途径是解决农药纠纷的有效途径，农药经销商在与生产企业追偿过程中，无法达成一致意见的，应当向人民法院起诉，提供相应的购销台账、检测报告、专家鉴定报告等，要求生产企业赔偿经济损失，依法维护自身合法权益。

处理农药事故纠纷，情况十分复杂。作为农药经营者，严格把好进货关，保留相关进货凭证或证件，切实履行对使用者的告知和指导责任，是划清责任、保护自身合法权益的根本。

三、农药废弃物的回收与处置

（一）农药经营过程中产生的废弃物

1. 假农药、劣质农药及过期失效的农药。

2. 农药废旧包装物，包括盛农药的瓶、桶、罐、袋；其他含农药的废弃物。

3. 被禁止生产和使用但仍有库存的农药。

（二）农药废弃物回收与处置要求

1. 广泛宣传 要向农户等农药使用者深入介绍废弃农药包装物的危害，告诫其不可随意乱丢乱扔，更不可以用来装食品和饮用水。

2. 及时收集 按照《农药管理条例》规定，农药经营者应当回收农药废弃物。农药废弃物应当集中存放，将收集的废弃包装物分门别类存放。废弃物存放地点应不对周围生态环境产生污染。

3. 科学安全处置 将收集到的农药废弃物进行科学处置，或送回生产企业，或送到有处理资质的机构集中科学、安全处置，如高温焚烧等。

此外，环境保护部将会同农业农村部等出台农药包装废弃物处置的有关规定。

（三）农药废弃物处置应当坚持的原则

1. 不得它用 除包装较大的容器，由生产企业统一回收、清理后专用外，其他农药废弃物不能回收再用。

2. 及时处置 《固体废物污染环境防治法》第五十八条规定，贮存危险废物必须采取符合国家环境保护标准的防护措施，并不得超过一年，禁止将危险废弃物混入非危险废物中贮存。农药经营单位应及时收集农药废弃物，并立即处理，避免大量废料堆积。

3. 科学安全处置 《固体废物污染环境防治法》第五十五条规定，产生危险废弃物的单位，必须按照国家有关规定处置危险废物，不得擅自倾倒、堆放。经营单位没有相应的专业知识能力时，应当委托专业机构处置。

（四）主要处置方法

1. 退回生产企业处理 对已获得农药登记，但经检验属不合格的产品，经经营单位可与生产企业协商后，退回生产企业处理。

2. 专业机构处置 将废弃物送至有相应处置资质的机构处置，

如高温焚烧、水泥窑协同处置等。

四、问题农药的召回

（一）建立农药召回制度的目的

一是能够维护农药生产企业的长期利益。农药召回制度的主要目的是保护使用者，保障农产品、食品及环境安全。从短期看好像对生产企业的发展不利，有可能造成企业背负沉重的赔偿开支、产生品牌危机等负面影响，但从长远看，召回制度是对生产企业的一种"保护"，它不但可以将可能发生的复杂、麻烦的经济纠纷简化，将可能发生的更大数额的赔偿降低，而且"召回"了消费者的信赖，有效维护了企业的良好形象，使企业得以长期生存和发展。

二是完善我国农药市场管理制度的必经之路。设立产品召回制度，有利于调整我国对农药市场的管理模式，督促农药监管部门的监管重点从产品上市前向上市后延伸。由于产品上市前，虽然进行了药效、毒性、残留、环境影响等方面的试验，但是受地域、气候条件、耕作制度、使用习惯的不同，农药安全方面还存在着一定的局限性，那些需要长期使用观察才能被发现或迟发的危害、不利影响等，对用药安全构成潜在的威胁。召回制度能够弥补管理部门在产品上市后监管方面的不足，完善农药市场的管理制度。

三是与国际接轨的必然要求。美国、日本和欧洲许多发达国家都制定了完备的召回标准，施行了有效的召回制度。中国已经加入WTO，经济更加开放，国外的产品、企业进入中国，而中国的商品、企业也要走出国门参与世界竞争，按国际惯例办事将是必然要求。国内企业应学习国外大公司的规范性做法，遵守共同的"游戏规则"。因此，实行农药产品召回管理对于保障我国用药安全、农产品质量安全和环境生态安全，进一步规范农药市场秩序，促进农药行业发展具有重大意义。

四是我国已在食品、药品、汽车、饲料和饲料添加剂等行业建立了召回制度，并取得较好成效。近年来，农药产品质量、使用事故频发，暴露出产品追溯难、缺陷产品处置难及责任相互推诿等诸多情况。考虑到农药对农林业生产、人畜安全、农产品质量安全、生态环境等具有显著影响，为防患于未然，国家设立了农药召回制度，并规定了相应农药生产企业、农药经营者、农药使用者的责任。

（二）哪些属于应当召回的农药

一是对农业、林业、人畜安全有严重危害的农药。某些农药在生产过程中，混入导致药害的杂质或其他农药成分，极易对农作物造成药害事故、对农作物生产产生不利影响的农药产品。

二是对农产品质量安全有严重危害或者较大风险的农药。在实际正常使用当中，发现导致农产品农药残留超标等农药产品。

三是对生态环境有严重危害或者较大风险的农药。在农药应用过程中，发现导致对有益生物产生较大危害或对生态环境造成不良影响的产品。

（三）发现问题农药后如何应对

农药经营者发现上述问题农药后，应当立即停止销售，通知有关生产企业、供货人和购买人，向所在地农业主管部门报告，并记录停止销售和通知情况。农药经营者接到农药生产企业的召回通知后，应当立即停止销售，并积极配合农药生产企业召回问题农药。

【学习与思考】

1. 在农药经营门店开办前重点需要做好哪些准备工作？
2. 农药进货查验的重点有哪些？
3. 建立农药进销台账的主要目的是什么？
4. 农药柜台摆放的基本原则是什么？
5. 如何处理好农药药害纠纷？

第五章　自觉做好守法经营

农药的生产、经营和使用直接关系着农业生产安全、农产品质量安全、生态环境安全和人类身体健康，世界各国家普遍立法严格管理，现行《农药管理条例》对农药登记、生产、经营、使用、监督管理和法律责任等都作出严格规定。本章将介绍农药经营法律规定；如何申请、延续和变更农药经营许可证；如何守法经营；违法经营的法律责任。

第一节　熟悉农药经营法律规定

随着市场经济的蓬勃发展，我国农药产业面临新的发展机遇，农药管理也面临新形势和新问题，为保障农业生产和农产品质量安全，保护生态环境和人民群众生命安全，我国相继出台了《农药管理条例》《农产品质量安全法》等法律法规及规章，作为农药经营者有必要对其有所了解，以免出现"违法不知法"的现象。与农药经营相关的法律法规如下。

一、与农药经营相关的法律法规

（一）《农药管理条例》

按照现行《农药管理条例》规定，实行农药经营许可制度，农药经营单位应当具备《农药管理条例》规定的条件，向县级以上地方人民政府农业主管部门申请取得农药经营许可证后，方可经营农药。

农药经营者采购农药应当查验产品包装、标签、产品质量检验合格证以及有关许可证明文件，不得向未取得农药生产许可证的农药生产企业或者未取得农药经营许可证的其他农药经营者采购农药。

农药经营者应当建立采购台账，如实记录农药的名称、有关许可证明文件编号、规格、数量、生产企业和供货人名称及其联系方式、进货日期等内容。采购台账应当保存 2 年以上。

农药经营者应当建立销售台账，如实记录销售农药的名称、规格、数量、生产企业、购买人、销售日期等内容。销售台账应当保存 2 年以上。

农药经营者应当向购买人询问病虫害发生情况并科学推荐农药，必要时应当实地查看病虫害发生情况，并正确说明农药的使用范围、使用方法和剂量、使用技术要求和注意事项，不得误导购买人。

农药经营者不得加工、分装农药，不得在农药中添加任何物质，不得采购、销售包装和标签不符合规定、未附具产品质量检验合格证、未取得有关许可证明文件的农药。

经营卫生用农药时，应当将卫生用农药与其他商品分柜销售；经营其他农药时，不得在农药经营场所内经营食品、食用农产品、饲料等。

境外企业不得直接在中国销售农药。境外企业在中国销售农药的，应当依法在中国设立销售机构或者委托符合条件的中国代理机构销售。

向中国出口的农药应当附具中文标签、说明书，符合产品质量标准，并经出入境检验检疫部门依法检验合格。禁止进口未取得农药登记证的农药。

办理农药进出口海关申报手续，应当按照海关总署的规定出示相关证明文件。

（二）《中华人民共和国农产品质量安全法》

2006 年 4 月，全国人大常委会通过《中华人民共和国农产品质量安全法》，第二十一条规定："对可能影响农产品质量安全的农药、兽药、饲料和饲料添加剂、肥料、兽医器械，依照有关法律、行政法规的规定实行许可制度。国务院农业行政主管部门和省、自治区、直辖市人民政府农业行政主管部门应当定期对可能危及农产品质量安全的农药、兽药、饲料和饲料添加剂、肥料等农业投入品进行监督抽查，并公布抽查结果"。

为落实《中华人民共和国农产品质量安全法》的要求，加强农药经营管理，农业农村部每年对农药市场的农药产品质量和标签实施监督抽查，分批公布监督抽查结果。

（三）《中华人民共和国产品质量法》

1993 年 2 月，全国人大常委会通过《中华人民共和国产品质量法》，2000 年 7 月第一次修正，2009 年 8 月第二次修正。按照规定，销售者应当建立并执行进货检查验收制度，验明产品合格证明和其他标识；应当采取措施，保持销售产品的质量；不得销售国家明令淘汰并停止销售的产品和失效、变质的产品；销售者不得伪造产地，不得伪造或者冒用他人的厂名、厂址；销售者销售产品，不得掺杂、掺假，不得以假充真、以次充好，不得以不合格产品冒充合格产品。

由于销售者的过错使产品存在缺陷，造成人身、他人财产损害的，销售者应当承担赔偿责任。销售者不能指明缺陷产品的生产者也不能指明缺陷产品的供货者的，销售者应当承担赔偿责任。

因产品存在缺陷造成人身、他人财产损害的，受害人可以向产品的生产者要求赔偿，也可以向产品的销售者要求赔偿。属于产品的生产者的责任，产品的销售者赔偿的，产品的销售者有权向产品的生产者追偿。属于产品的销售者的责任，产品的生产者赔偿的，产品的生产者有权向产品的销售者追偿。

（四）《中华人民共和国消费者权益保护法》

1993 年 10 月，全国人大常委会颁布《中华人民共和国消费者权益保护法》，2009 年 8 月第一次修正，2013 年 10 月 25 日第二次修正。按照规定，经营者向消费者提供商品或者服务，应当依照《中华人民共和国产品质量法》和其他有关法律、法规的规定履行义务；对可能危及人身、财产安全的商品和服务，应当向消费者作出真实的说明和明确的警示，并说明和标明正确使用商品或者接受服务的方法以及防止危害发生的方法；经营者发现其提供的商品或者服务存在缺陷，有危及人身、财产安全危险的，应当立即向有关行政部门报告和告知消费者，并采取停止销售、警示、召回、无害化处理、销毁、停止生产或者服务等措施，采取召回措施的，经营者应当承担消费者因商品被召回支出的必要费用；经营者应当向消费者提供有关商品或者服务的质量、性能、用途、有效期限等信息，应当真实、全面，不得作虚假或者引人误解的宣传；并应当按照国家有关规定或者商业惯例向消费者出具发票等购货凭证或者服务单据。

消费者和经营者发生消费者权益争议的，可以通过下列途径解决：与经营者协商和解、请求消费者协会或者依法成立的其他调解组织调解、向有关行政部门申诉、根据与经营者达成的仲裁协议提请仲裁机构仲裁、向人民法院提起诉讼。

消费者在购买、使用商品时，其合法权益受到损害的，可以向销售者要求赔偿。销售者赔偿后，属于生产者的责任或者属于向销售者提供商品的其他销售者的责任的，销售者有权向生产者或者其他销售者追偿。消费者或者其他受害人因商品缺陷造成人身、财产损害的，可以向销售者要求赔偿，也可以向生产者要求赔偿。属于生产者责任的，销售者赔偿后，有权向生产者追偿。属于销售者责任的，生产者赔偿后，有权向销售者追偿。

（五）《危险化学品安全管理条例》

2015 年 3 月国家安全生产监督管理总局等 10 个部委联合发布的《危险化学品目录》，落实了国务院修订的《危险化学品安全管理条例》，已经划清了农药与危险化学品的关系。《危险化学品安全管理条例》第六条第一款规定，经营危险化学品的，应当办理危险化学品经营许可证。在《危险化学品目录》中共有 169 种属于农药，涉及农药原药 147 个，农药制剂 22 个。

（六）农药运输的要求

结合国家运输管理的相关法律和技术规范，根据危险性的类别、项别及危险程度，农药产品运输分为普通货物、有限数量、例外数量和危险货物 4 类。农药运输具体政策可以概括如下：

1. 严格监管属于危险化学品的农药的运输。

（1）从事危险化学品道路运输、水路运输的，应当分别取得危险货物道路运输许可证、危险货物水路运输许可证。

（2）托运人应当委托取得相应运输许可证的企业运输。

（3）危险化学品按危险货物运输。

（4）通过道路运输剧毒化学品的，托运人应当向运输始发地或者目的地县级公安局申请剧毒化学品道路运输通行证。

2. 属于危险货物但采用合适包装和标识的农药，可按普通货物运输对符合《危险货物品名表》所列入类型的农药产品，实行分类运输。

（1）符合危险货物有限数量及包装要求的，可以按普通货物运输。根据《危险货物有限数量及包装要求》（GB28644.2—2012），对内容器所盛装农药重量或容量在 5 千克或 5 升以内且每包件重量不超过 30 千克的，如符合国家标准《农药包装通则》（GB3796—2006）规定要求的包装容器和内容器，按普通货物管理，但须在有关运输文件货物说明中注明"有限数量"或"限量"一词；同时，在包件外表面的一个菱形框内标明内装物的联合国编号（前加字母"UN"）和"Ⅲ"（即包装类别Ⅲ），"Ⅲ"标在联合国编号下侧。

（2）采用例外数量运输的危险货物，作相应的标识后，按普通货物运输。根据《危险货物例外数量及包装要求》（GB28644.1—2012），对照危险货物特性，每个内包装和外包装的危险货物在相应的限定的范围以内的，如外包装标注了例外数量标记，运输单证应注明"例外数量的危险货物"并注明包件的数量，可以按普通货物运输。任何货运车辆、铁路货车或多式联运货运集装箱所能装载的以例外数量运输的危险货物包件，最大数量不应超过 1 000 个。

（3）对不符合危险货物有限数量及包装要求的，按危险货物运输。

3. 对既未列入《危险化学品目录》又未列入《危险货物品名表》的农药产品，原则上按照普通货物运输。

对于一些农药产品特别是新研发生产的农药产品，国家尚未通过修订国家标准等形式，讨论其是否符合纳入《危险货物品名表》的，生产企业为确保其运输安全，应当根据产品特性、毒性、包装规格和《危险货物品名表》相应农药条目包装类别标准等，参照以上规定，决定运输方式。

4. 禁止通过邮政或者其他快递方式寄递农药。交通、铁路、民航相关法律对危险货物运输有明确规定，未将农药单独作为一类提出运输管理要求。但《危险化学品安全管理条例》和邮政相关法律规定，禁止通过邮件、快件寄送危险化学品；邮政企业、快件企业不得收寄危险化学品。国家邮电总局颁布的《禁寄物品指导目录及处理办法（试行）》将农药单独列出，禁止通过寄递的方式运输农药。

（七）地方管理规定

目前，按照《农药管理条例》规定，各地陆续开展经营许可、限制使用农药定点经营许可工作。很多省份制订了地方的农药经营许可管理办法和限制使用农药定点经营布局规划，作为农药经营者要遵守国家法律法规规定，符合地方管理规定的要求。

二、开办农药经营单位的要求

（一）农药经营单位的资质许可要求

按照《农药管理条例》和《农药经营许可管理办法》规定，我国实行农药经营许可制度，除经营卫生用农药以外，在我国境内销售农药的，必须要取得农药经营许可证。取得限制使用农药经营许可证的农药经营者可以经营所有的农药品种，取得其他农药经营许可证的农药经营者应该按照《限制使用农药名录》（2017 版）的要求，不能经营含前 22 种农药有效成分的农药产品。一个农药经营者只能拥有一个农药经营许可证，如果农药经营许可证遗失或损坏，要及时向原发证机关申请补发，农药经营者要把农药经营许可证放置在营业场所的醒目位置。

经营限制使用农药资质要求：农药经营者要先取得限制使用农药经营许可证，然后才能经营限制使用农药。经营其他农药资质要求：2017 年 6 月 1 日前已经从事农药经营的，如果想经营其他农药，一定要在 2018 年 8 月 1 日前取得其他农药经营许可证。

农药经营者不能在互联网经营限制使用农药，如果在互联网经营其他农药，应当取得农药经营许可证。

（二）农药经营者应当具备的条件

《农药管理条例》和《农药经营许可管理办法》从人员、场所、设施设备、管理手段、规章制度等方面规定了农药经营单位应具备的主要条件。

1. 有农学、植保、农药等相关专业中专以上学历或者专业教育培训机构 56 学时以上的学习经历，熟悉农药管理规定，掌握农药和病虫害防治专业知识，能够指导安全合理使用农药的经营人员。

2. 有不少于 30 米^2 的营业场所、不少于 50 米^2 的仓储场所，并与其他商品、生活区域、饮用水源有效隔离；兼营其他农业投入品的，应当具有相对独立的农药经营区域。

3. 营业场所和仓储场所应当配备通风、消防、预防中毒等设施，有与所经营农药品种、类别相适应的货架、柜台等展示、陈列的设施设备。

4. 有可追溯电子信息码扫描识别设备和用于记载农药购进、

储存、销售等电子台账的计算机管理系统。

5. 有进货查验、台账记录、安全管理、安全防护、应急处置、仓储管理、农药废弃物回收与处置、使用指导等管理制度和岗位操作规程。

6. 农业农村部规定的其他条件。经营限制使用农药的，还应当具备下列条件：一是有熟悉限制使用农药相关专业知识和病虫害防治的专业技术人员，并有两年以上从事农学、植保、农药相关工作的经历。二是有明显标识的销售专柜、仓储场所及其配套的安全保障设施、设备。三是符合省级农业农村部门制定的限制使用农药的定点经营布局。

农药经营者的分支机构也应当符合本条第一款、第二款的相关规定。限制使用农药经营者的分支机构经营限制使用农药的，应当符合限制使用农药定点经营规定。

第二节　如何申请、延续和变更农药经营许可证

按照《农药管理条例》和《农药经营许可管理办法》的要求，自2017年8月1日起，农药经营者取得限制使用农药经营许可证后方可经营限制使用农药，其他农药经营者要在2018年8月1日前依法申领其他农药经营许可证。

一、农药经营许可证的申请

农药经营者如果具备了与经营农药相适应的条件，要先依法向工商行政管理机关申请领取营业执照，然后向县级以上地方人民政府农业主管部门申请核发经营许可证，取得农药经营许可证后方可经营农药。

（一）申请农药经营许可证的主体

从事农药批发或者零售的经营企业、部分农药生产企业（成立独立销售公司的、经营其他生产企业产品的、作为受委托加工并销

售该加工产品的）、从事农药进出口贸易的外贸企业都要依法办理农药经营许可证。但是生产企业在其生产场所内销售本企业生产的农药的、专门经营天敌生物农药的以及专门经营卫生用农药的均不用办理农药经营许可证。

（二）农药经营许可证核发部门

限制使用农药经营许可证要向省级农业部门申请办理，其他农药经营许可证要向县级以上地方农业部门申请办理。农药经营者如果在本行政区域内办理分支机构，其分支机构不需要再办理农药经营许可证。跨行政区域办理分支机构的经营单位，可向省级农业部门申请办理经营许可，并要自取得农药经营许可证一个月内，到分支机构所在地县级以上农业部门备案，其分支机构不需要再办理农药经营许可证，农药经营者要对分支机构的经营活动负责。如：吉林省榆树市农药经销商店到大安市办理经营许可证，可以向吉林省农业委员会提交农药经营许可申请相关资料（包括分支机构的资料），大安市的分支机构不需要再办理农药经营许可证，但榆树市农药经销商店自取得农药经营许可证一个月内，要到大安市农业部门备案。

（三）申请农药经营许可证提交材料

1. 农药经营许可证申请表。

2. 法定代表人（负责人）身份证明复印件。

3. 经营人员的学历或者培训证明。

4. 营业场所和仓储场所地址、面积、平面图等说明材料及照片。

5. 计算机管理系统、可追溯电子信息码扫描设备、安全防护、仓储设施等清单及照片。

6. 有关管理制度目录及文本。

7. 申请材料真实性、合法性声明。

8. 农业农村部规定的其他材料。

申请材料应当同时提交纸质文件和电子文档。

（四）农业部门对申请人提交申请材料的处理方式

1. 不需要农药经营许可的，即时告知申请者不予受理。

2. 申请材料存在错误的，允许申请者当场更正。

3. 申请材料不齐全或者不符合法定形式的，应当当场或者在五个工作日内一次告知申请者需要补正的全部内容，逾期不告知的，自收到申请材料之日起即为受理。

4. 申请材料齐全、符合法定形式，或者申请者按照要求提交全部补正材料的，予以受理。

农药经营者取得限制使用农药经营许可证的，可以经营所有的农药品种。取得其他农药经营许可证的，应该按照《限制使用农药名录》（2017 版）的要求，不能经营含前 22 个农药有效成分的产品。一个农药经营者只能持有一个农药经营许可证，如：农药经营者在取得其他农药经营许可证后，经营范围又增加了限制使用农药，在核发限制使用农药经营许可证时，原来取得的其他农药经营许可证将收回。农药经营者要把农药经营许可证放置在营业场所的醒目位置。

经营范围增加限制使用农药或者营业场所、仓储场所地址发生变更的，应当重新申请农药经营许可证。

二、农药经营许可证的延续

农药经营许可证有效期为 5 年，有效期届满需要继续经营农药的，农药经营者要在有效期届满 90 天前向原发证机关申请延续。如：农药经营许可证有效期至 2022 年 8 月 31 日，农药经营者要在 2022 年 5 月 31 日前向发证机关申请延续。申请延续时，要向原发证机关提交申请表、农药经营情况综合报告等材料。如果经营者未在规定期限内提交申请或者不符合农药经营条件要求，原发证机关将不予延续。农药经营许可证遗失、损坏的，应当说明原因并提供相关证明材料，及时向原发证机关申请补发。

三、农药经营许可证的变更

农药经营许可证有效期内，改变农药经营者名称、法定代表人（负责人）、住所、调整分支机构，或者减少经营范围的，应当向原发证机关提出变更申请，并提交变更申请表和相关证明等材料。

如果农药经营者取得农药经营许可证后设立分支机构，也要依法申请变更农药经营许可证，并从农药经营许可证变更后 30 日内，到分支机构所在地县级农业部门备案，分支机构不需要再办理农药经营许可证，但是农药经营者要对分支机构的经营活动负责。如：分支机构销售假劣农药或标签不合格农药，农药经营者要承担相关法律责任。

第三节　如何守法经营

按照《农药管理条例》规定，农药经营者应当加强行业自律，规范经营行为。作为农药经营者，需要了解和掌握在经营活动中应该履行和承担的义务，从正规渠道进货，做好标签的查验，确保销售的产品的安全性和有效性。

一、履行农药经营单位应承担的义务

（一）自觉接受依法进行的农药监督检查

《农药管理条例》规定，国务院农业主管部门负责全国的农药监督管理工作。县级以上地方人民政府农业主管部门负责本行政区域的农药监督管理工作。县级以上人民政府其他有关部门在各自职责范围内负责有关的农药监督管理工作。农药经营者应当自觉接受政府监管和社会监督。《农产品质量安全法》第二十一条第二款规定，农业部和省级农业部门应当定期对农药进行监督抽查，并公布抽查结果。《产品质量法》第十五条第一款规定，国家对产品质量实行以抽查为主要方式的监督检查制度……抽查的样品应当在市场

上或者企业成品仓库内的待销产品中随机抽取。第十六条规定，对依法进行的产品质量监督检查，生产者、销售者不得拒绝。配合执法部门对农药经营实施监管，是每个经营者应尽的强制性的义务。当执法部门进入农药经营场所实施现场检查时，如果涉及经营资质问题，经营者应主动出示经营许可证等，介绍经营条件和人员是否发生了变化，不能拒绝检查。当执法部门对经营的农药实施抽查检测时，经营者应配合执法人员提供抽检样品，介绍进货和销售等相关情况，并在规定时间内保留好留样等。当执法人员向有关人员调查了解有关情况时，经营者应当如实反映真实情况，不能拒绝和隐瞒。当执法人员检查购销台账、查阅、复制合同、票据、账簿以及其他有关资料时，经营者应当如实向有关管理部门提供有关的资料，不能以任何理由拖延或者拒绝。

（二）对经营的农药产品质量和标签负责

《中华人民共和国产品质量法》第三章第二节规定了销售者的产品质量责任和义务。《农药管理条例》规定，农药经营者应当对其经营的农药的安全性、有效性负责，自觉接受政府监管和社会监督。农药经营单位应当对经营的农药产品质量和标签负责，农药经营者采购农药应当查验产品包装、标签、产品质量检验合格证以及有关许可证明文件，不得向未取得农药生产许可证的农药生产企业或者未取得农药经营许可证的其他农药经营者采购农药。

（三）向农药购买者正确履行告知义务

农药产品是否能被安全、科学地应用于农作物病虫草害防治，是农产品质量安全的主要影响因素之一。据统计，目前我国大约有60％的农民根据经销商的推荐选购农药，因此，农药经营者在销售农药时，如果能够正确履行告知义务，教会购买者正确使用农药，是保障农业生产和农产品质量安全最行之有效的途径。

《农药管理条例》第二十七条第二款明确规定，农药经营者应当向购买人询问病虫害发生情况并科学推荐农药，必要时应当实地查看病虫害发生情况，并正确说明农药的使用范围、使用方法和剂量、使用技术要求和注意事项，不得误导购买人。

【案例】　2010年6月，某地张老汉发现自家玉米田长了杂草，便去镇上甲某经营的农资店买了5瓶烟嘧磺隆除草剂，回到家之后，他就兑上水将农药喷洒到了玉米田。过了几天，张老汉到田地里查看玉米长势，眼前的景象让他呆住了：本来还是绿色的玉米现在整体都出现了发黄的状况。张老汉的第一感觉是买的农药有问题，于是立即找到甲某询问原因。甲某从周边也施用同样农药的玉米田看，并没有出现相应的情况，甲某认为这说明该农药质量没问题，是张老汉用量太大才出现问题的，所以责任应该在于张老汉，经销商不负责任。

张老汉感觉甲某是在推脱责任，于是找到当地植保站的专家到玉米田进行实地查看。专家发现，张老汉种的是甜玉米，而周边的玉米为马齿型或硬质玉米品种；烟嘧磺隆对不同玉米品种敏感差异较大，主要适用于马齿型和硬质玉米品种，不适用于甜玉米，认为药害主要是由于甜玉米对该药敏感造成的。心痛不已的张老汉到当地执法部门进行投诉、反映，认为使用该农药导致其玉米明显减产，虽然可能是自己用药不当，但自己作为一个农民，不可能对如何正确使用农药搞得那么清楚。既然农药使用不当可能导致减产，甲某就应该在销售农药时提醒一下。

接到投诉后，执法部门联系当地植保站人员和农资店甲某，共同赶赴张老汉家调查受损情况。执法人员认为，该产品的标签上已明确标注了不能用于甜玉米，甲某在出售农药的时候，应该知道这个农药可能出现的一些负面作用，在销售农药的时候，应尽到相应的提醒义务，但是在整个销售过程中，甲某并没有履行相应的义务，所以应当承担一定的责任。最后，经过调解，农资店的甲某同意赔偿张老汉2 000元。拿到赔偿之后，张老汉并没有感觉到特别踏实，一再表示以后在使用农药时，一定先认真地阅读标签说明，然后再严格按照说明来喷施农药，不能再因为疏忽大意而带来这么多的麻烦。

（四）问题农药召回义务

按照《农药管理条例》规定，农药经营者发现其经营的农药对农业、林业、人畜安全、农产品质量安全、生态环境等有严重危害或者较大风险的，应当立即停止销售，通知有关生产企业、供货人和购买人，向所在地农业主管部门报告，并记录停止销售和通知情况。

《中华人民共和国产品质量法》规定，经营者发现其提供的商品或者服务存在缺陷，有危及人身、财产安全危险的，应当立即向有关行政部门报告和告知消费者，并采取停止销售、警示、召回、无害化处理、销毁、停止生产或者服务等措施。采取召回措施的，经营者应当承担消费者因商品被召回支出的必要费用。

当农药对农业、林业、人畜安全、农产品质量安全、生态环境等有严重危害或者较大风险时，在流通环节及时发现并采取挽救措施，尽最大努力消除可能产生的危害，确保农业生产和人们健康安全，是农药经营者应该履行的社会责任和义务。

（五）废弃物回收义务

按照《农药管理条例》规定，国家鼓励农药使用者妥善收集农药包装物等废弃物，农药生产企业、农药经营者应当回收农药废弃物。农药包装废弃物是指农药使用后被废弃的与农药直接接触或含有农药残余物的包装物（瓶、罐、桶、袋等）。农药包装废弃物应当由具有危险废物经营许可证的单位处置，农药包装废弃物回收、贮存、运输、处置费用由相应的农药生产者和经营者承担。农药生产者、经营者可以协商确定农药包装废弃物回收义务的具体履行方式。

二、做好标签的查验

（一）标签查验的内容

农药产品标签要符合《农药标签和说明书管理办法》的规定，

为避免标签不合格，农药经营者应查验以下内容。

1. 农药登记证号、产品质量标准号以及农药生产许可证号"三证号"需要标注；要与农业农村部批准登记指定的企业、指定的产品相符；农药登记证是否在有效状态，如果不在有效状态，与标签上所标注的生产日期对比，生产日期要在登记证的有效期以内。

2. 农药名称、有效成分含量和剂型要与农药登记证或核准的标签上的标注内容相符，标注位置、字体大小要符合要求。

3. 使用范围（作物、防治对象）、方法和剂量，要与登记核准的内容相符。

4. 产品性能不能有虚假、误导使用者的内容。

5. 毒性标识要与登记毒性相符，标注位置要正确。

6. 农药登记证持有人名称及其联系方式要与核准标签上的名称相符，委托加工、分装和进口产品要按规定进行标注，不能标注其他单位的名称及联系方式。

7. 生产日期及批号要规范标注。

8. 注意事项要与登记核准标签内容相符，特别是安全间隔期和每季最多使用次数等。

9. 其他与产品安全使用的相关信息，如中毒症状与急救措施、贮存要求等需要标注。

10. 限制使用农药要标注"限制使用"字样，标注位置、字体大小要符合要求。

11. 2018 年 1 月 1 日后生产产品的商标要用带®的注册商标。标注位置、字体大小要符合要求。

12. 2018 年 1 月 1 日后生产产品要标注二维码，扫描能识别农药名称、农药登记证持有人名称等信息。

13. 不能出现《农药标签和说明书管理办法》规定禁止标注的信息。

（二）标签不合格的情况

1. 假冒、伪造农药登记证号。如：假冒其他农药企业登记证号或假冒本企业农药登记证号，伪造农药登记证号，或用试验号SY×××××等。

2. 擅自以粘贴、剪切、涂改等方式进行修改或补充农药标签。如：修改生产日期或在农药临时登记证号上用不干胶粘贴农药正式登记证号等。

3. 擅自扩大使用范围或改变使用方法。如：登记黄瓜用药，在标签上印制作物为番茄、辣椒等。登记播后苗前使用土壤喷雾的除草剂，标签上印制"茎叶喷雾"。

4. 标签擅自使用未经登记的使用范围和防治对象的图案、符号、文字等。如：登记作物是甘蓝，在标签上印制番茄、黄瓜、辣椒等图案。

5. 未按规定标注农药安全使用间隔期和每季使用次数。

6. 擅自降低毒性。如：高毒或微毒农药标注"低毒"。

7. 产品性能描述不规范。如：夸大宣传或带有广告色彩的文字，"具有强烈的杀虫、杀螨效果，可防治各种害虫""无效退款，保险公司承保"等。

8. 版面制作格式、字体大小不符合要求。如：有效成分、含量及剂型单字面积小于农药名称单字面积的1/2；商标单字面积大于农药名称单字面积或标注位置不正确或未使用注册商标。

9. 标注农药商品名称。如："××毙""××死""××绝""××亡"。

10. 2018年1月1日后生产的产品没标注二维码。

【案例】 2017年9月29日，广东省某县农业局接到举报，称某农药零售店销售疑似先正达公司假冒产品。农业局执法人员立即对该农药零售店进行执法检查，发现一款标称先正达南通作物保护有限公司生产的福戈牌40％氯虫·噻虫嗪水分散粒剂，农药登记证号：PD20141973，生产日期（批号）：20170307B，规格：4g/袋。每袋包装背面都有胶纸粘贴，二维码、编码、批号均被人为磨损。

该零售店销售的该批次产品属包装和标签不符合规定的农药产

品，违反了《农药管理条例》第二十八条"农药经营者不得加工、分装农药，不得在农药中添加任何物质，不得采购、销售包装和标签不符合规定，未附具产品质量检验合格证，未取得有关许可证明文件的农药"的规定。

经过对该零售店现场检查和调查取证，零售店共购进该农药产品200袋，已售104袋，库存96袋，每袋售价8元，违法收入832元。

农业局依据《农药管理条例》第五十七条第三款规定作出如下处罚决定：没收违法经营的农药96袋，没收违法所得832元。罚款7 000元。

（三）如何利用互联网查验农药标签

1. 登陆"中国农药信息网"（www. chinapesticide. org. cn），在【数据中心】栏目，点击【登记信息】，即可出现"登记数据查询"，然后在【登记证号】数据框中输入该农药产品的农药登记证号，点击"查询"按钮，出现产品的农药登记数据后，点击"登记证号"位置，出现【查看标签】界面，点击【查看标签】即可核查农药登记核准标签内容。

2. 直接点击主页右下部分【标签数据查询】，进入"标签查询"界面，在【登记证号】数据框中输入产品农药登记证号，点击【查询】，便可查询到该产品登记备案核准标签信息，可将要购进的农药产品标签与网上公布的农药登记核准信息内容进行比对。

3. 如果在"标签数据查询"栏目中查询不到该产品时，需要通过【数据中心】栏目，进入【登记信息】子栏目，出现"登记数据查询"后，点击【包括已过有效期产品】后面方框，当出现"√"时，输入农药登记证号后，点击"查询"按钮，可查询出该产品的有效期截止日期。如果该产品生产日期在其产品有效期内，则为合法产品。

第四节　违法经营的法律责任

据调查，约 60% 的农民主要根据生产经营者的推荐来购买和使用农药。因此，生产和经营者是否能够承担社会责任，保证农药产品质量，正确指导农民使用农药，是关系农产品质量安全、人畜及环境安全的重要因素。《农药管理条例》《中华人民共和国产品质量法》《中华人民共和国刑法》等相关法律、法规规定，生产经营非法农药产品、误导使用者或者未正确履行告知义务的，农药生产经营者应承担相应的刑事、行政及民事法律责任。

一、刑事责任

（一）生产、销售伪劣农药罪

违反《农药管理条例》的情形：生产（包括委托或委托加工、分装）、经营假农药、劣质农药或者按照假农药、劣质农药处理的农药。

《中华人民共和国刑法》第一百四十七条规定，销售明知是假的或者失去使用效能的农药，或者销售者以不合格的农药冒充合格的农药，使生产遭受较大损失的，处 3 年以下有期徒刑或者拘役，并处或者单处销售金额 50% 以上 2 倍以下罚金；使生产遭受重大损失的，处 3 年以上 7 年以下有期徒刑，并处销售金额 50% 以上 2 倍以下罚金；使生产遭受特别重大损失的，处 7 年以上有期徒刑或者无期徒刑，并处销售金额 50% 以上 2 倍以下罚金或者没收财产。

1. 使生产遭受损失的判定标准　根据最高人民法院、最高人民检察院《关于办理生产、销售伪劣商品刑事案件具体应用法律若干问题的解释》（法释〔2001〕10 号）第七条规定：生产、销售伪劣农药、兽药、化肥、种子罪中"使生产遭受较大损失"，一般以 2 万元为起点；"重大损失"，一般以 10 万元为起点；"特别重大损失"，一般以 50 万元为起点。

2. 立案追诉标准　根据最高人民检察院、公安部 2008 年出台的《最高人民检察院、公安部关于公安机关管辖的刑事案件立案追诉标准的规定（一）》第二十三条关于生产销售伪劣农药案的规定，生产假农药，销售明知是假的或者失去使用效能的农药，或者生产者、销售者以不合格的农药冒充合格的农药，涉嫌下列情形之一的，应予立案追诉：①使生产遭受损失 2 万元以上的。②其他使生产遭受较大损失的情形。

【案例】　2009 年 4 月，段某购进无忧牌乙·莠（以下简称乙·莠）玉米田专用除草剂 50 箱（40 袋/箱，2 白包/袋），共计4 000白包，在明知市场上尚无蒜田专用除草剂的情况下，为牟取利益，将所购进的部分乙·莠除草剂外包装拆去，只销售无包装、无标签的"白包"粉剂，并将用于玉米田专用除草剂的"白包"粉剂，作为蒜田除草剂推荐给其他九人以同种方式销售，将无包装、无标签的"白包"粉剂和用食品袋散装的白色粉剂对蒜农进行销售。蒜农使用该"白包"粉剂后，蒜田遭到不同程度的损害。

经鉴定，段某零售该"白包"粉剂，造成蒜田损失价值293 441元，经段某推荐，其他经销商销售"白包"粉剂，造成蒜田损失共价值 2 959 223 元。

经鉴定，无包装、无标签的白色粉剂除草剂乙草胺含量24.0％，莠去津含量25.3％。

经鉴定，蒜农购买并使用的白色粉状除草剂为假农药；乙·莠登记使用范围不含大蒜，在蒜田使用，属于超范围使用；受害蒜田的蒜苗枯死与生长异常的主要原因是蒜农使用该假农药所致。

后经补充鉴定，受害蒜田蒜苗枯死及生长异常主要是由涉案的混合药剂导致，莠去津的药害症状较明显，乙草胺的药害症状由于施用时间不同，表现程度不同，但均是涉案的乙·莠所致的药害。受害蒜田的蒜苗枯死与生长异常的主要原因是蒜农使用该混合药剂所致；受害蒜农使用涉案混合药剂后的田间管理方式不同，是影响受害蒜苗生长异常的一个次要因素，当年冬季的天气变化对受害蒜田蒜苗的恢复存在间接影响因素。

段某明知是假农药而销售，致使蒜田遭受特别重大损失，其行为已构成销售伪劣农药罪，被判处有期徒刑 3 年。

（二）生产、销售伪劣产品罪

违反《农药管理条例》的情形：生产（包括委托或委托加工、分装）、经营假农药、劣质农药或者按照假农药、劣质农药处理的农药。

"生产、销售伪劣产品罪"，是指生产者、销售者在产品中掺杂、掺假，以假充真，以次充好或者以不合格产品冒充合格产品，销售金额 5 万元以上的行为。

《中华人民共和国刑法》第一百四十条规定：销售者在产品中掺杂、掺假，以假充真，以次充好或者以不合格产品冒充合格产品，销售金额 5 万元以上不满 20 万元的，处 2 年以下有期徒刑或者拘役，并处或者单处销售金额 50％以上 2 倍以下罚金；销售金额 20 万元以上不满 50 万元的，处 2 年以上 7 年以下有期徒刑，并处销售金额 50％以上 2 倍以下罚金；销售金额 50 万元以上不满 200 万元的，处 7 年以上有期徒刑，并处销售金额 50％以上 2 倍以下罚金；销售金额 200 万元以上的，处 15 年有期徒刑或者无期徒刑，并处销售金额 50％以上 2 倍以下罚金或者没收财产。

1. 构成生产、销售伪劣产品行为的判定　按照最高人民法院、最高人民检察院《关于办理生产、销售伪劣商品刑事案件具体应用法律若干问题的解释》（法释〔2001〕10 号）第一条的规定：

《中华人民共和国刑法》第一百四十条规定的"在产品中掺杂、掺假"，是指在产品中掺入杂质或者异物，致使产品质量不符合国家法律、法规或者产品明示质量标准规定的质量要求，降低、失去应有使用性能的行为。

《中华人民共和国刑法》第一百四十条规定的"以假充真"，是指以不具有某种使用性能的产品冒充具有该种使用性能的产品的行为。

《中华人民共和国刑法》第一百四十条规定的"以次充好"，是指以低等级、低档次产品冒充高等级、高档次产品，或者以残次、废旧零配件组合、拼装后冒充正品或者新产品的行为。

《中华人民共和国刑法》第一百四十条规定的"不合格产品"，是指不符合《中华人民共和国产品质量法》第二十六条第二款规定的质量要求的产品。

对本条规定的上述行为难以确定的，应当委托法律、行政法规规定的产品质量检验机构进行鉴定。

2. 销售金额与货值金额的确认 最高人民法院、最高人民检察院《关于办理生产、销售伪劣商品刑事案件具体应用法律若干问题的解释》（法释〔2001〕10号）第二条规定，《中华人民共和国刑法》第一百四十条规定的"销售金额"，是指生产者、销售者出售伪劣产品后所得和应得的全部违法收入。

货值金额以违法生产、销售的伪劣产品的标价计算；没有标价的，按照同类合格产品的市场中间价格计算。货值金额难以确定的，按照国家计划委员会、最高人民法院、最高人民检察院、公安部1997年4月22日联合发布的《扣押、追缴、没收物品估价管理办法》的规定，委托指定的估价机构确定。

多次实施生产、销售伪劣产品行为，未经处理的，伪劣产品的销售金额或者货值金额累计计算。

3. 立案追诉标准 根据最高人民检察院、公安部2008年出台的《最高人民检察院、公安部关于公安机关管辖的刑事案件立案追诉标准的规定（一）》第十六条关于生产销售伪劣产品案的规定，生产者、销售者在产品中掺杂、掺假，以假充真，以次充好或者以不合格产品冒充合格产品，涉嫌下列情形之一的，应予立案追诉。

（1）伪劣产品销售金额5万元以上的。

（2）伪劣产品尚未销售，货值金额15万元以上的。

（3）伪劣产品销售金额不满5万元，但将已销售金额乘以3倍后，与尚未销售的伪劣产品货值金额合计15万元以上的。

【案例】 某市农业局接到外省某农药企业举报，称在农药批发市场的某物流公司仓库内堆放的 30 件 25％噻嗪酮可湿性粉剂，为假冒其公司的产品。农业局执法人员立即赶往举报地点，对该物流公司进行了检查，现场发现标称为禁用农药 50％甲基对硫磷和 50％甲胺磷 11 件，20％吡虫啉可湿性粉剂、75％三环唑可湿性粉剂、2.8％阿维菌素乳油、20％三环唑可湿性粉剂、40％水胺硫磷乳油、25％噻嗪酮可湿性粉剂、80％敌敌畏乳油、40％辛硫磷乳油、40％氧化乐果乳油、15％多效唑可湿性粉剂、80％多菌灵可湿性粉剂 11 个品种 43 件，共计 54 件。

经法定检验机构检测，2.8％阿维菌素乳油、15％多效唑可湿性粉剂、80％敌敌畏乳油 3 个样品质量不合格，其余 10 个样品均未检出有效成分，为假农药。其中，在标称为禁用的 50％甲基对硫磷样品中检出 3.4％稻瘟灵，未检出甲基对硫磷成分，在标称为禁用 50％甲胺磷样品中未检出甲胺磷成分，属假标识的假农药。

根据在物流公司发现的线索，执法人员对该货的农药经营者进行了突击检查，封存了其库存的农药产品和销售凭证。因案情较大、性质恶劣，该市农业局将该案移交该市公安局。经公安机关查实，该农药经营店从外地非法生产窝点购进假劣农药，在本地销售合计 10 万余元。人民法院以销售假劣产品罪，判处该农药经营负责人有期徒刑 1 年零 2 个月，并处罚金 8 万元。

（三）销售伪劣产品未遂罪

按照最高人民法院、最高人民检察院《关于办理生产、销售伪劣商品刑事案件具体应用法律若干问题的解释》（法释〔2001〕10 号）第二条第二款的规定，伪劣产品尚未销售，货值金额达到《中华人民共和国刑法》第一百四十条规定的销售金额 3 倍（即 15 万元）以上的，以生产、销售伪劣产品罪（未遂）定罪处罚。伪劣产品已销售，销售金额不满 5 万元，但将已销售金额乘以 3 倍后，与尚未销售的伪劣产品货值金额合计 15 万元以上的，按销售伪劣产品罪（未遂）定罪处罚。

（四）非法经营罪

违反《农药管理条例》的情形：未经许可生产、经营农药；农药经营者在农药中添加物质；委托未取得农药生产许可证的受托人加工、分装农药；生产经营国家禁用农药。

按照2013年最高人民法院、最高人民检察院《关于办理危害食品安全刑事案件适用法律若干问题的解释》第十一条第二款、第三款规定，生产、销售国家禁止生产、销售、使用的农药，情节严重的，依照刑法第二百二十五条的规定以非法经营罪定罪处罚；同时构成生产、销售伪劣产品罪（《中华人民共和国刑法》第一百四十条），生产、销售伪劣农药罪（《中华人民共和国刑法》第一百四十七条）等其他犯罪的，依照处罚较重的规定定罪处罚。

农药实施经营许可制度，对未取得农药经营许可证擅自经营农药的，应按照非法经营罪的规定予以处罚。按照《农药管理条例》规定，禁用的农药，按假农药处理。但根据最高人民法院、最高人民检察院《关于办理危害食品安全刑事案件适用法律若干问题的解释》规定，生产、销售国家禁止生产、销售、使用的农药，情节严重的，构成非法经营罪。

按照最高人民检察院、公安部2010年5月出台的《关于公安机关管辖的刑事案件立案追诉标准的规定（二）》第七十九条关于非法经营案的规定，违反国家规定，进行非法经营活动，扰乱市场秩序，从事其他非法经营活动，具有下列情形之一的，应予立案追诉。

1. 个人非法经营数额在5万元以上，或者违法所得数额在1万元以上的。

2. 单位非法经营数额在50万元以上，或者违法所得数额在10万元以上的。

3. 虽未达到上述数额标准，但两年内因同种非法经营行为受过两次以上行政处罚，又进行同种非法经营行为的。

4. 其他情节严重的情形。

按照 2013 年 5 月施行的《最高人民法院、最高人民检察院关于办理危害食品安全刑事案件适用法律若干问题的解释》第十七条、第十八条规定，对于危害食品安全犯罪分子一般应当依法判处生产、销售金额 2 倍以上的罚金。对于危害食品安全犯罪分子应严格适用缓刑、免予刑事处罚；对于依法适用缓刑的，应当同时宣告禁止令，禁止其在缓刑考验期限内从事食品生产、销售及相关活动。

【案例】 2017 年 4 月，淄博市桓台县公安分局经侦大队根据线索在桓台某物流公司内扣押了 200 千克农药。办案民警对扣押的农药进行了抽样送检，经鉴定，该批农药的有效成分为氯虫苯甲酰胺。经询问该批农药购买者吴某得知，该批农药系从个人手中购买。因农药氯虫苯甲酰胺为美国杜邦公司的专利产品，生产和销售需要美国杜邦公司的授权，所以吴某从个人手中购买的氯虫苯甲酰胺必然是非法生产和销售的。公安机关抓获从事非法生产、销售氯虫苯甲酰胺的活动犯罪嫌疑人 7 名，捣毁犯罪窝点 3 处，涉案价值 5 000 余万元。

【案例】 周某某在潍坊市经营一家果树技术服务中心，多年从事技术咨询、技术推广、农药销售工作，在明知"神农丹"（学名：5%涕灭威颗粒剂）是一种剧毒农药，禁止应用于蔬菜和瓜果培植，却因姜农需求，为多挣钱，违反潍坊地区禁止销售要求私自销售。从 2006 年起，周某某在未经相关部门许可、未办理危险化学品经营许可证的情况下，大量购进"神农丹"销售给周边的农资超市和种植生姜的农民，于 2013 年案发前经营数额已达 10 万余元。

赵某等 3 人为了片面追求生姜产量，在明知"神农丹"为剧毒农药的情况下，从周某某处购进"神农丹"，将其用于生姜种植。经权威部门检测，上述 3 被告姜地种植的生姜中涕灭威（商品名：神农丹）残留量严重超标。

法院审理后认为，周某某经营的果树技术服务中心并未申请办理过危险化学品经营许可证，未经许可却私自经营法律、行政法规限制买卖的物品，且经营数额达 10 万余元，其行为已构成非法经营罪，依法应予惩处。而赵某等 3 人明知"神农丹"不能用于生姜种植，却为盲目追求经济效益，罔顾人民群众健康安全，在生姜种植过程中使用禁用农药"神农丹"，其行为已构成生产、销售有毒、有害食品罪，依法应予惩处。

鉴于 4 人归案后，如实供述自己的犯罪事实，自愿认罪且悔罪认罪态度较好，所种植的生姜已全部铲除，未持续造成恶劣后果，山东省潍坊市坊子区人民法院对"毒生姜"案作出一审判决，周某犯非法经营罪，被判处有期徒刑 1 年，并处罚金 20 000 元。赵某等 3 人犯生产、销售有毒、有害食品罪，被判处有期徒刑 6 个月，并处罚金 5 000 元。

（五）伪造、变造、买卖国家机关公文、证件、印章罪

违反《农药管理条例》的情形：伪造、变造、转让、出租、出借农药登记证、农药生产许可证、农药经营许可证的。

《中华人民共和国刑法》第二百八十条规定：伪造、变造、买卖或者盗窃、抢夺、毁灭国家机关的公文、证件、印章的，处 3 年以下有期徒刑、拘役、管制或者剥夺政治权利，并处罚金；情节严重的，处 3 年以上 10 年以下有期徒刑，并处罚金。

（六）非法制造、买卖、运输、储存危险物质罪

违反《农药管理条例》的情形：生产、经营国家禁用农药——毒鼠强。

《中华人民共和国刑法》第一百二十五条规定：非法制造、买卖、运输、邮寄、储存枪支、弹药、爆炸物的，处 3 年以上 10 年以下有期徒刑；情节严重的，处 10 年以上有期徒刑、无期徒刑或者死刑。

非法制造、买卖、运输、储存毒害性、放射性、传染病病原体等物质，危害公共安全的，依照前款的规定处罚。

按照 2003 年最高人民法院最高人民检察院《关于办理非法制

造、买卖、运输、储存毒鼠强等禁用剧毒化学品刑事案件具体应用法律若干问题的解释》第一条、第二条和第三条规定，非法制造、买卖、运输、储存毒鼠强等禁用剧毒化学品原粉、原液、制剂 50 克以上，或者饵料 2 千克以上的，或在非法制造、买卖、运输、储存过程中致人重伤、死亡或者造成公私财产损失 10 万元以上的，依照《中华人民共和国刑法》第一百二十五条的规定，以非法制造、买卖、运输、储存危险物质罪，处 3 年以上 10 年以下有期徒刑。非法制造、买卖、运输、储存原粉、原液、制剂 500 克以上，或者饵料 20 千克以上的，或在非法制造、买卖、运输、储存过程中致 3 人以上重伤、死亡，或者造成公私财产损失 20 万元以上的，属于《中华人民共和国刑法》第一百二十五条规定的"情节严重"，处 10 年以上有期徒刑、无期徒刑或者死刑。单位非法制造、买卖、运输、储存毒鼠强等禁用剧毒化学品的，依照本解释第一条、第二条规定的定罪量刑标准执行。本解释所称"毒鼠强等禁用剧毒化学品"，是指国家明令禁止的毒鼠强、氟乙酰胺、氟乙酸钠、毒鼠硅、甘氟。

【案例】 小明（未成年人，已处理）因对自己父亲的严格管教产生反感欲买药毒害父母，于是到罗某农药经营商店，谎称买鼠药毒老鼠，经销商就卖了 2 瓶鼠药给小明。不久，小明又委托同学到该店内购买了 2 瓶鼠药。此后，小明将 4 瓶鼠药稀释后涂抹在自己父母及妹妹使用的碗上，致使父母在吃晚饭时中毒死亡。

警方侦破此案后，在罗某家中搜出瓶装鼠药 78 瓶，袋装鼠药 150 袋。经鉴定，所查获的鼠药中均含有毒鼠强。经某区检察院提起公诉，罗某因非法买卖、储存危险物质罪，被法院一审判处有期徒刑 4 年零 6 个月。

二、行政处罚

行政处罚，是指国家行政机关或法定组织依法对违反行政管理法律规范的当事人所施加的制裁措施。行政处罚的法律依据为《行政处罚法》，处罚种类有：警告；罚款；没收违法所得、没收非法财物；责令停产停业；暂扣或者吊销许可证、暂扣或者吊销执照；行政拘留；法律、行政法规规定的其他行政处罚。

农药经营者一旦违反农药管理法律法规规定，对尚不够刑事处罚的，由农业行政主管部门或者法律、行政法规规定的其他有关部门依法予以行政处罚。处罚包括警告、责令改正、责令停止经营、罚款、没收违法所得、违法经营的农药和用于违法经营的工具、设备等、吊销农药经营许可证等。根据农药经营者的具体违法行为，行政执法部门依照《中华人民共和国产品质量法》《农药管理条例》等法律法规，可以给予相应的行政处罚。

（一）无证经营、经营假农药或在农药中添加物质

《农药管理条例》第五十五条规定，农药经营者有下列行为之一的，由县级以上地方人民政府农业主管部门责令停止经营，没收违法所得、违法经营的农药和用于违法经营的工具、设备等，违法经营的农药货值金额不足 1 万元的，并处 5 000 元以上 5 万元以下罚款，货值金额 1 万元以上的，并处货值金额 5 倍以上 10 倍以下罚款；构成犯罪的，依法追究刑事责任。

1. 违反本条例规定，未取得农药经营许可证经营农药。

2. 经营假农药。

3. 在农药中添加物质。

有前款第二项、第三项规定的行为，情节严重的，还应当由发证机关吊销农药经营许可证。

取得农药经营许可证的农药经营者不再符合规定条件继续经营农药的，由县级以上地方人民政府农业主管部门责令限期整改；逾期拒不整改或者整改后仍不符合规定条件的，由发证机关吊销农药经营许可证。

《农药经营许可管理办法》第二十一条规定，限制使用农药不得利用互联网经营。利用互联网经营其他农药的，应当取得农药经营许可证。超出经营范围经营限制使用农药，或者利用互联网经营限制使用农药的，按照未取得农药经营许可证处理。

【案例】　　庄河市大郑镇子刚农资经销处经营假农药案：2017年7月27日，根据群众举报线索，大连市农业执法支队对庄河市大郑镇子刚农资经销处进行执法检查发现，该经销处销售的"细星牌"氢氧化铜水分散粒剂农药产品不符合《农药管理条例》有关规定。经调查，该产品的登记证号为 LS20051355，通过中国农药信息网查询不到该产品登记记录，按假农药处理。根据《农药管理条例》第二十八条、第五十五条有关规定，大连市农业执法支队对庄河市大郑镇子刚农资经销处给予没收登记证号为 LS20051355"细星牌"氢氧化铜水分散粒剂农药产品 42 袋，并处 5 000 元罚款的行政处罚。

（二）经营质量不合格的农药

《农药管理条例》第五十六条规定，农药经营者经营劣质农药的，由县级以上地方人民政府农业主管部门责令停止经营，没收违法所得、违法经营的农药和用于违法经营的工具、设备等，违法经营的农药货值金额不足 1 万元的，并处 2 000 元以上 2 万元以下罚款，货值金额 1 万元以上的，并处货值金额 2 倍以上 5 倍以下罚款；情节严重的，由发证机关吊销农药经营许可证；构成犯罪的，依法追究刑事责任。

（三）设立分支机构未依法变更或未备案、采购农药渠道不正规、采购、销售无合格证或者标签违规农药、不履行召回义务

《农药管理条例》第五十七条规定，农药经营者有下列行为之一的，由县级以上地方人民政府农业主管部门责令改正，没收违法所得和违法经营的农药，并处 5 000 元以上 5 万元以下罚款；拒不改正或者情节严重的，由发证机关吊销农药经营许可证。

1. 设立分支机构未依法变更农药经营许可证，或者未向分支机构所在地县级以上地方人民政府农业主管部门备案。

2. 向未取得农药生产许可证的农药生产企业或者未取得农药经营许可证的其他农药经营者采购农药。

3. 采购、销售未附具产品质量检验合格证或者包装、标签不符合规定的农药。

4. 不停止销售依法应当召回的农药。

（四）台账不健全、卫生用农药未分柜销售、农药废弃物不回收、经营食品等

《农药管理条例》第五十八条规定，农药经营者有下列行为之一的，由县级以上地方人民政府农业主管部门责令改正；拒不改正或者情节严重的，处 2 000 元以上 2 万元以下罚款，并由发证机关吊销农药经营许可证。

1. 不执行农药采购台账、销售台账制度。

2. 在卫生用农药以外的农药经营场所内经营食品、食用农产品、饲料等。

3. 未将卫生用农药与其他商品分柜销售。

4. 不履行农药废弃物回收义务。

（五）外企无销售机构或代理机构销售农药

《农药管理条例》第五十九条规定，境外企业直接在中国销售农药的，由县级以上地方人民政府农业主管部门责令停止销售，没收违法所得、违法经营的农药和用于违法经营的工具、设备等，违法经营的农药货值金额不足 5 万元的，并处 5 万元以上 50 万元以下罚款，货值金额 5 万元以上的，并处货值金额 10 倍以上 20 倍以下罚款，由发证机关吊销农药登记证。

取得农药登记证的境外企业向中国出口劣质农药情节严重或者出口假农药的，由国务院农业主管部门吊销相应的农药登记证。

（六）伪造、变造、转让、出租、出借许可证明文件

《农药管理条例》第六十二条规定，伪造、变造、转让、出租、出借农药登记证、农药生产许可证、农药经营许可证等许可证明文件的，由发证机关收缴或者予以吊销，没收违法所得，并处 1 万元

以上 5 万元以下罚款；构成犯罪的，依法追究刑事责任。

（七）经营产地等违规的农药

《中华人民共和国产品质量法》第五十三条规定，伪造产品的产地的，伪造或冒用他人的厂名、厂址的，伪造或冒用认证标志、名优标志等质量标志的，责令改正，没收违法生产、销售的产品，并处违法生产、销售产品货值金额等值以下的罚款；有违法所得的，并处没收违法所得；情节严重的，吊销营业执照。

（八）拒绝接受监督检查

1. 《中华人民共和国产品质量法》第五十六条规定，拒绝接受依法进行的产品质量监督检查的，给予警告，责令改正；拒不改正的，责令停业整顿；情节特别严重的，吊销营业执照。

2. 《中华人民共和国产品质量法》第六十九条规定，以暴力、威胁方法阻碍产品质量监督部门或者工商行政管理部门的工作人员依法执行职务的，依法追究刑事责任；拒绝、阻碍未使用暴力、威胁方法的，由公安机关依照治安管理处罚条例的规定处罚。

（九）违反广告管理规定

《中华人民共和国广告法》第四十六条发布医疗、药品、医疗器械、农药、兽药和保健食品广告，以及法律、行政法规规定应当进行审查的其他广告，应当在发布前由有关部门（以下称广告审查机关）对广告内容进行审查；未经审查，不得发布。

（十）禁业规定

《农药管理条例》第六十三条规定，未取得农药生产许可证生产农药，未取得农药经营许可证经营农药，或者被吊销农药登记证、农药生产许可证、农药经营许可证的，其直接负责的主管人员 10 年内不得从事农药生产、经营活动。

农药生产企业、农药经营者招用前款规定的人员从事农药生产、经营活动的，由发证机关吊销农药生产许可证、农药经营许可证。

三、民事责任

《农药管理条例》第六十四条规定，生产、经营的农药造成农药使用者人身、财产损害的，农药使用者可以向农药生产企业要求赔偿，也可以向农药经营者要求赔偿。属于农药生产企业责任的，农药经营者赔偿后有权向农药生产企业追偿；属于农药经营者责任的，农药生产企业赔偿后有权向农药经营者追偿。

《中华人民共和国产品质量法》第四十三条规定，因产品存在缺陷造成人身、他人财产损害的，受害人可以向产品的生产者要求赔偿，也可以向产品的销售者要求赔偿。属于产品的生产者的责任，产品的销售者赔偿的，产品的销售者有权向产品的生产者追偿；属于产品的销售者的责任，产品的生产者赔偿的，产品的生产者有权向产品的销售者追偿。

《中华人民共和国消费者权益保护法》第四十条规定，消费者在购买、使用商品时，其合法权益受到损害的，可以向销售者要求赔偿。销售者赔偿后，属于生产者的责任或者属于向销售者提供商品的其他销售者的责任的，销售者有权向生产者或者其他销售者追偿。

消费者或者其他受害人因商品缺陷造成人身、财产损害的，可以向销售者要求赔偿，也可以向生产者要求赔偿。属于生产者责任的，销售者赔偿后，有权向生产者追偿；属于销售者责任的，生产者赔偿后，有权向销售者追偿。

因此，按照《农药管理条例》《中华人民共和国产品质量法》和《中华人民共和国消费者权益保护法》的规定，如果农药经营者销售假劣农药，导致药害或农产品质量安全事件，使农产品种植者造成损失的，经营者应承担相应的民事责任，承担民事责任的主要方式为赔偿损失；如果假劣农药属于农药生产者的责任，经营者赔偿后，有权向农药生产者追偿。

【学习与思考】

1. 开办经营单位有哪些要求？与农药经营相关的法律法规有哪些？

2. 如何申请、延续和变更农药经营许可证？

3. 农药经营者有哪些义务？

4. 农药经营者违法经营要承担那些责任？

附　录

一、相关法律

法律法规	发布机关	通过时间	施行时间
中华人民共和国 食品安全法	全国人大常委会	2009 年 2 月 28 日 2015 年 4 月 24 日修订	2009 年 6 月 1 日 2015 年 10 月 1 日
中华人民共和国 农产品质量安全法	全国人大常委会	2006 年 4 月 29 日	2006 年 11 月 1 日
中华人民共和国 产品质量法	全国人大常委会	1993 年 2 月 22 日 2000 年 7 月 8 日第一次修正 2009 年 8 月 27 日第二次修正	1993 年 9 月 1 日 2000 年 9 月 1 日
中华人民共和国 消费者权益保护法	全国人大常委会	1993 年 10 月 31 日 2009 年 8 月 27 日第一次修正 2013 年 10 月 25 日第二次修正	1994 年 1 月 1 日 2014 年 3 月 15 日
中华人民共和国 行政处罚法	全国人大常委会	1996 年 3 月 17 日 2009 年 8 月 27 日第一次修正 2017 年 9 月 1 日第二次修正	1996 年 10 月 1 日 公布之日 2018 年 1 月 1 日
中华人民共和国 刑法	全国人大常委会	1979 年 7 月 1 日 2015 年 8 月 29 日第九次修正	2015 年 11 月 1 日
农药管理条例	国务院	1997 年 5 月 8 日 2001 年 11 月 29 日第一次修订 2017 年 2 月 8 日第二次修订	公布之日 2017 年 6 月 1 日

二、禁止生产、销售和使用的农药名单

六六六、滴滴涕、毒杀芬、二溴氯丙烷、杀虫脒、二溴乙烷、

除草醚、艾氏剂、狄氏剂、汞制剂、砷类、铅类、敌枯双、氟乙酰胺、甘氟、毒鼠强、氟乙酸钠、毒鼠硅、甲胺磷、甲基对硫磷、对硫磷、久效磷、磷胺、苯线磷、地虫硫磷、甲基硫环磷、磷化钙、磷化镁、磷化锌、硫线磷、蝇毒磷、治螟磷、特丁硫磷、氯磺隆、福美胂、福美甲胂、胺苯磺隆、甲磺隆。

三、限制使用农药名录（32种）

甲拌磷、甲基异柳磷、克百威、磷化铝、硫丹、氯化苦、灭多威、灭线磷、水胺硫磷、涕灭威、溴甲烷、氧乐果、百草枯、2，4-滴丁酯、C型肉毒梭菌毒素、D型肉毒梭菌毒素、氟鼠灵、敌鼠钠盐、杀鼠灵、杀鼠醚、溴敌隆、溴鼠灵、丁硫克百威、丁酰肼、毒死蜱、氟苯虫酰胺、氟虫腈、乐果、氰戊菊酯、三氯杀螨醇、三唑磷、乙酰甲胺磷。

注：列入限制使用农药名录的农药，标签应当标注"限制使用"字样，并注明使用的特别限制和特殊要求；用于食用农产品的，标签还应当标注安全间隔期。

四、部分限制使用农药的特别限制和特殊要求

甲拌磷、甲基异柳磷、克百威、涕灭威、灭线磷、水胺硫磷、灭多威、氧乐果：禁止在蔬菜、果树、茶树、中草药材上使用，禁止用于防治卫生害虫。

三氯杀螨醇、氰戊菊酯：禁止在茶树上使用。2018年10月1日起，全面禁止三氯杀螨醇销售、使用。

丁酰肼（比久）：禁止在花生上使用。

氟虫腈：除卫生用、玉米等部分旱田种子包衣剂以外，禁止在其他方面的使用。

毒死蜱、三唑磷：禁止在蔬菜上使用。

氟苯虫酰胺：自2018年10月1日起，禁止在水稻上使用。

克百威、甲拌磷、甲基异柳磷：自 2018 年 10 月 1 日起，禁止在甘蔗作物上使用。

硫丹：禁止在蔬菜、果树、茶树、中草药材上使用，禁止用于防治卫生害虫。自 2019 年 3 月 26 日起，禁止在农业上使用。

溴甲烷、氯化苦：禁止溴甲烷在草莓和黄瓜上使用。自 2015 年 10 月 1 日起，将溴甲烷、氯化苦的登记使用范围和施用方法变更为土壤熏蒸，撤销除土壤熏蒸外的其他登记。溴甲烷、氯化苦应在专业技术人员指导下使用。自 2019 年 1 月 1 日起，将含溴甲烷产品的农药登记使用范围变更为"检疫熏蒸处理"，禁止在农业上使用。

乙酰甲胺磷、丁硫克百威、乐果：自 2019 年 8 月 1 日起，禁止在蔬菜、瓜果、茶叶、菌类和中草药材作物上使用。

百草枯水剂：2016 年 7 月 1 日停止水剂在国内销售和使用。

磷化铝：应当采用内外双层包装。自 2018 年 10 月 1 日起，禁止销售、使用其他包装的磷化铝产品。

2，4-滴丁酯（包括原药、母药、单剂、复配制剂）：自 2016 年 9 月 7 日起，不再受理、批准登记申请及续展登记申请。

后 记

2017年发布的新修订的《农药管理条例》（以下简称《条例》）对农药经营许可进行了重大调整，并赋予了农业部门对农药的生产、登记、经营、使用等全程监理的责任。

为适应新《条例》的要求和农业农村的变化，帮助农药经营管理人员成为专家，同时帮助农业部门更好地履行监管的责任，我们组织了农药管理、教学等一线、具有丰富实践经验的专家编写此"读本"。农业农村部农药检定所（以下简称"部所"）吴国强书记和吴志凤研究员对"读本"内容进行了整体规划，并对编写内容进行总体把关。第一章由山东省农药检定所原所长杨理健和部所周喜应研究员共同编写；第二章由部所刘绍仁研究员提供素材、刘亮高级农艺师编写；第三章由沈阳农业大学纪明山教授、浙江农林大学陈杰教授及袁静副教授共同编写；第四章由河北省农药检定所刘保峰科长和浙江省农药检定管理站丁佩科长共同编写；第五章由吉林省农药检定所刘冬华研究员和黑龙江省农药检定站杜传玉总农艺师共同编写；部所董记萍高级农艺师、付鑫羽农艺师也参与了编写工作。

　　衷心感谢部所领导对"读本"编写工作的支持！感谢专家的指点和同行的帮助与鼓励。

编　者

2018 年 6 月

图书在版编目（CIP）数据

新编农药经营人员读本/农业农村部农药检定所编．
—北京：中国农业出版社，2018.7（2020.3 重印）
ISBN 978-7-109-24302-6

Ⅰ.①新… Ⅱ.①农… Ⅲ.①农药－商业经营 Ⅳ.
①F767.2

中国版本图书馆 CIP 数据核字（2018）第 134814 号

中国农业出版社出版

（北京市朝阳区麦子店街 18 号楼）

（邮政编码 100125）

责任编辑 司雪飞 张德君

中农印务有限公司印刷 新华书店北京发行所发行
2018 年 7 月第 1 版 2020 年 3 月北京第 2 次印刷

开本：880mm×1230mm 1/32 印张：8.75
字数：232 千字
定价：36.00 元
（凡本版图书出现印刷、装订错误，请向出版社发行部调换）